彩图 1-1　糙皮侧耳

彩图 1-2　榆黄蘑

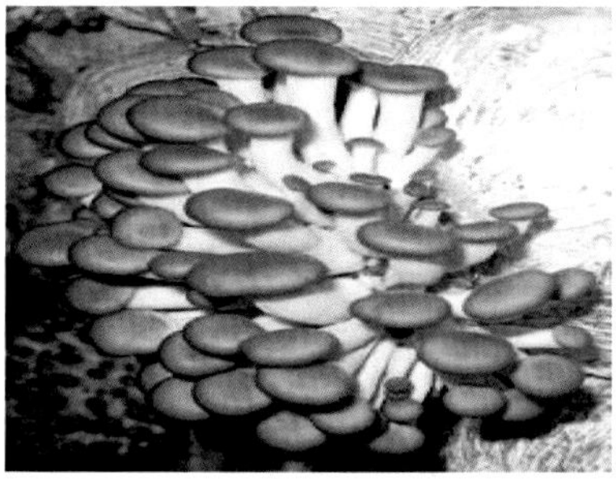

彩图 1-3　姬菇（小平菇）

彩图 1-9　不脱袋单袋菌墙双面出菇

彩图 1-10　脱袋双袋墙式栽培

彩图 1-11　地面畦内覆土式栽培

彩图 1-13　工厂化车间网纹架式出菇

彩图 1-53　接种

彩图 1-54　枝条种培养

彩图 1-55　枝条种接种

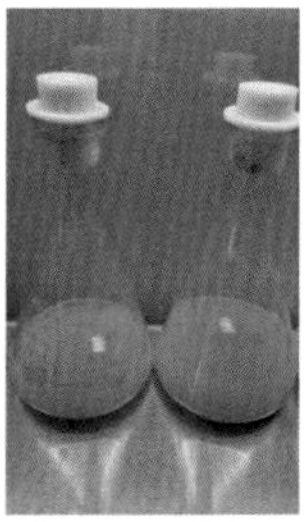

彩图 1-56　接种的摇瓶

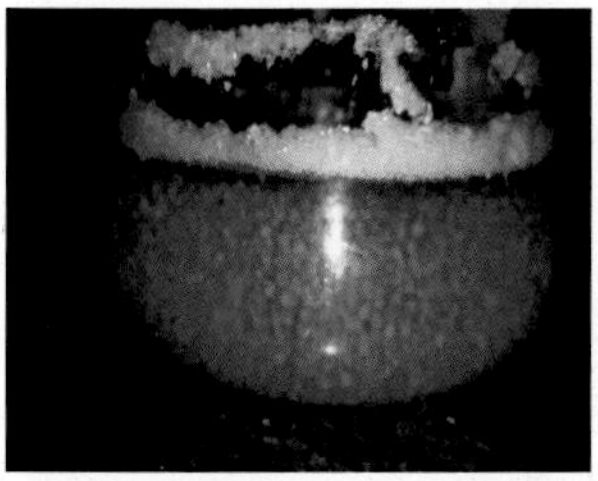

彩图 1-57 培养好的液体菌种

彩图 1-59 平菇液体菌种接种

彩图 1-71 打“品”字形洞透气

彩图 1-79　二层料三层菌种播法

彩图 1-81　穴播法

彩图 1-90　生产车间

彩图 1-91 预湿池

彩图 1-92　玉米芯预湿

彩图 1-97　装锅

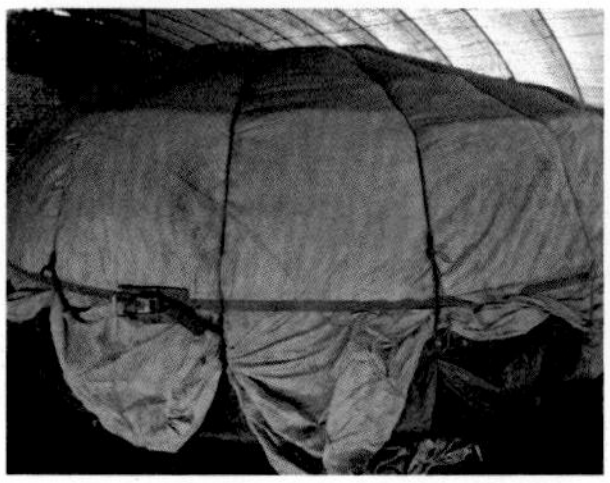

彩图 1-99 盖上帆布并用绳和皮带固定

彩图 1-121“一”字形摆放

彩图 1-122“井”字形摆放

彩图 1-123　穴播菌袋发菌

彩图 1-124　幼蕾期

彩图 1-125　幼菇期

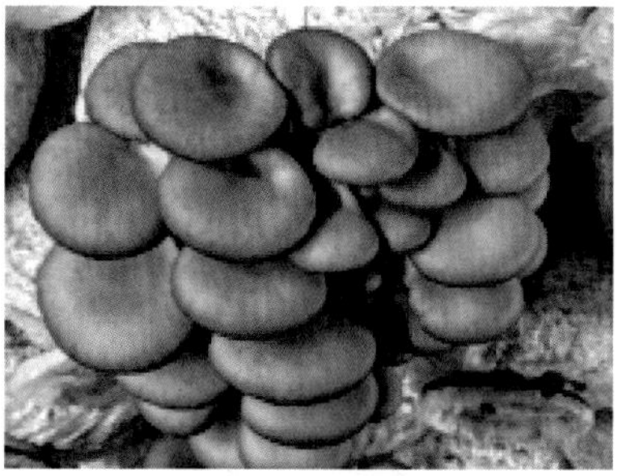

彩图 1-126　成菇期

彩图 1-127　割袋口出菇法

彩图 1-128　两端套环出菇法

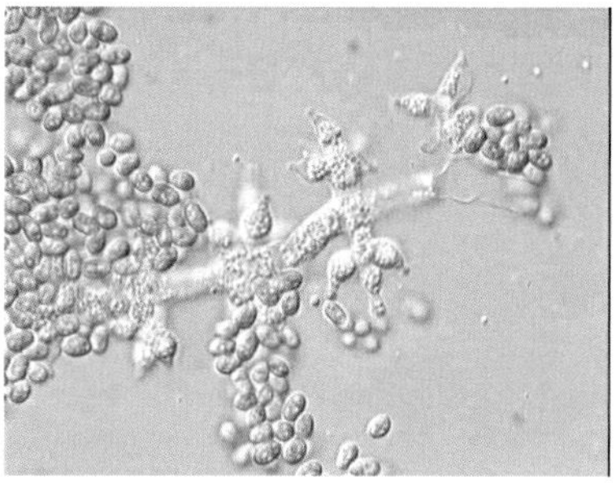

彩图 1-162　木霉孢子

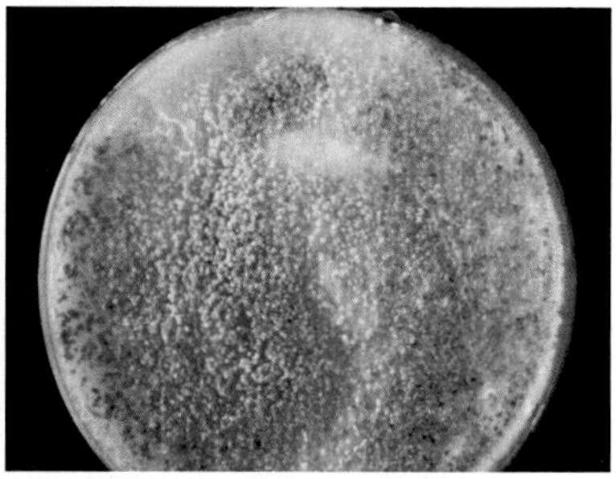

彩图 1-163　木霉菌落

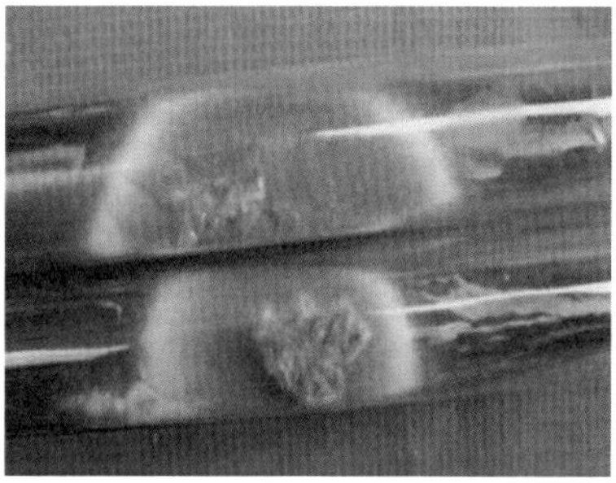

彩图 1-164　母种污染木霉

彩图 1-165 栽培种污染木霉

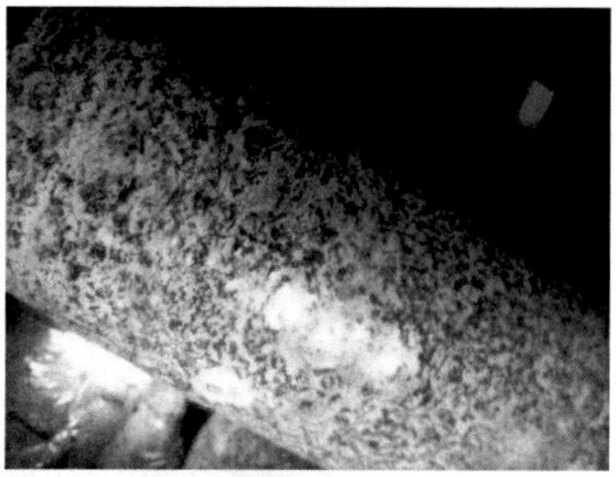

彩图 1-167 黄曲霉

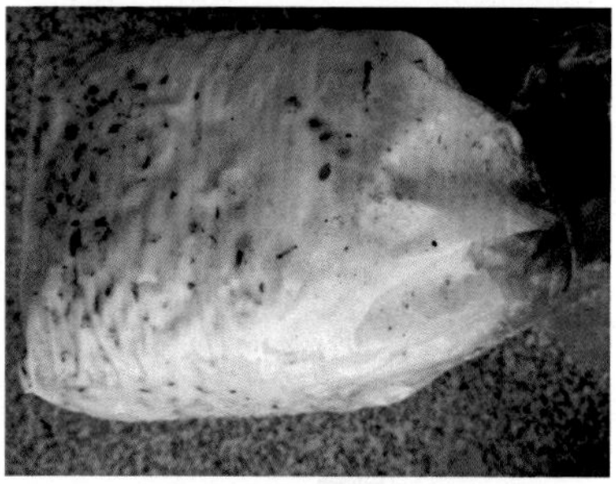

彩图 1-168 毛霉

彩图 1-169 橘红色链孢霉

彩图 1-170 白色链孢霉

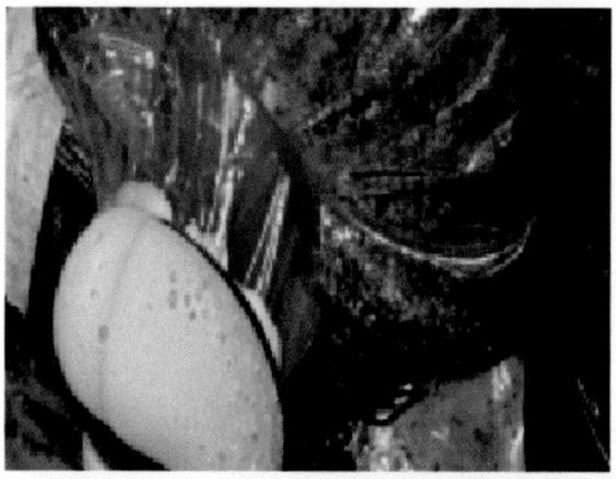

彩图 1-171 猴头菌子实体

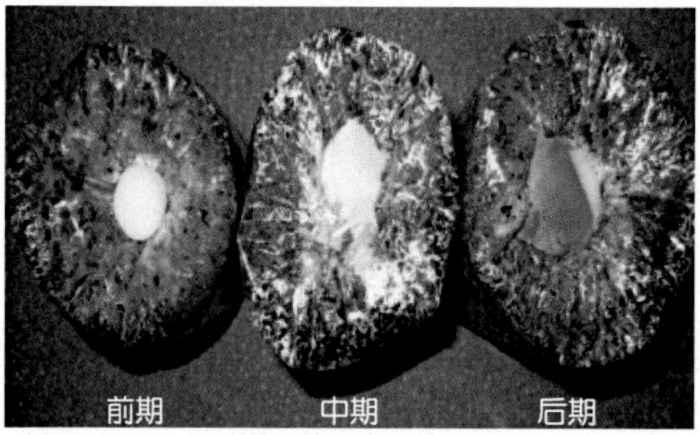

彩图 1-172 链孢霉的前期、中期、后期症状

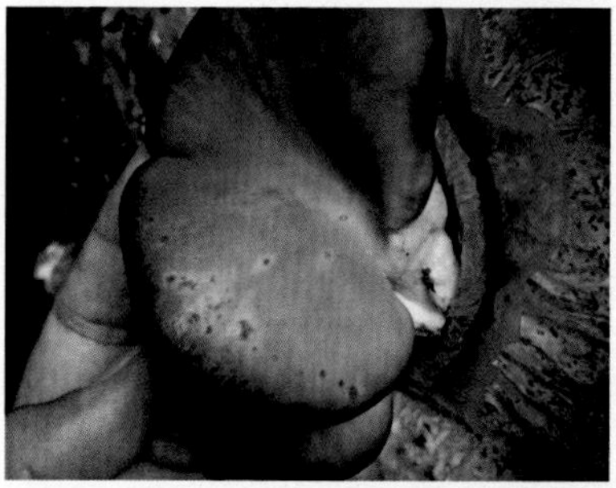

彩图 1-173 平菇细菌性褐斑病

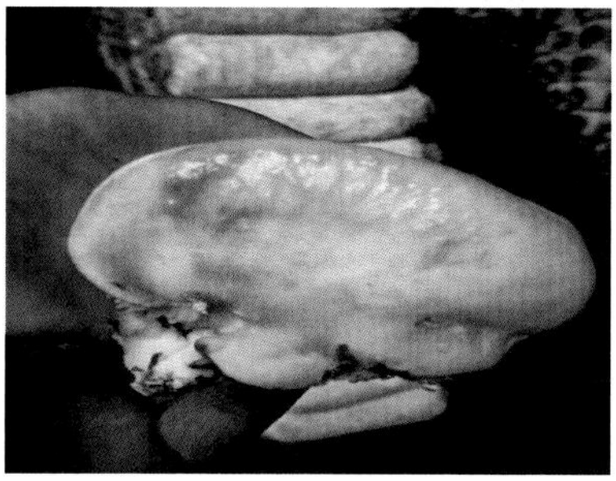

彩图 1-174 平菇细菌性腐烂病

彩图 1-183 粘虫板(黄板)

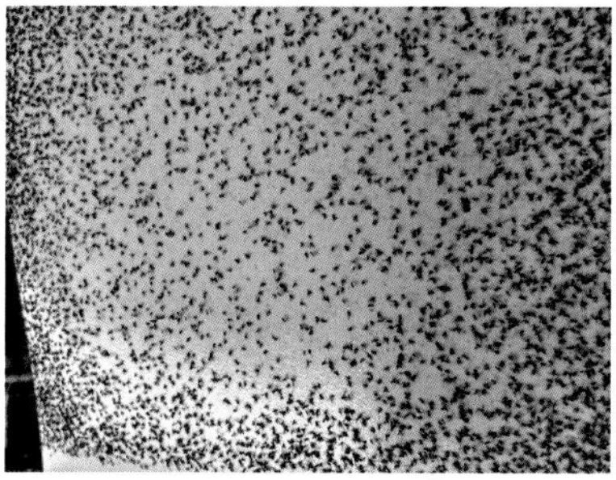

彩图 1-184 捕杀的菇蝇

彩图 2-1 立棒栽培

彩图 2-2 高棚层架栽培

彩图 2-3 冷棚地栽

彩图 2-5 优质香菇

彩图 2-6 花菇

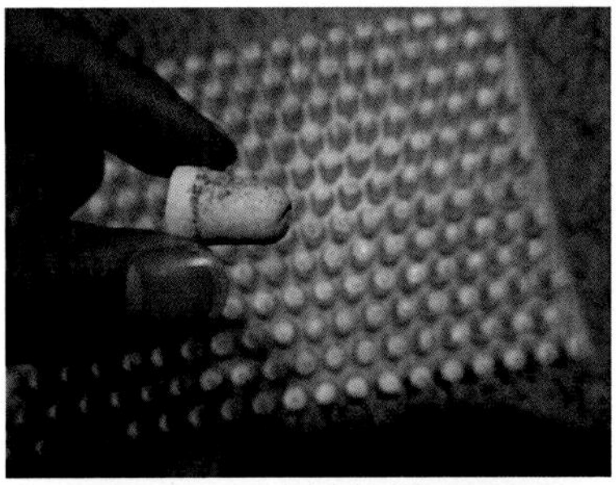
彩图 2-29 香菇胶囊菌种

彩图 2-30 泡沫盖和木屑菌种

彩图 2-67 一层三袋“井”字形堆放

彩图 2-68 一层三袋“三角形”堆放

彩图 2-72 菌丝圈背面相连

彩图 2-75 第三次刺孔

彩图 2-86 “炼筒”

彩图 2-87 脱袋

彩图 2-88　摆菌棒

彩图 2-90　转色差菌袋出菇

彩图 2-91　转色好菌袋出菇

彩图 2-97　通风透光

彩图 2-98　疏蕾

彩图 2-99　春季的香菇

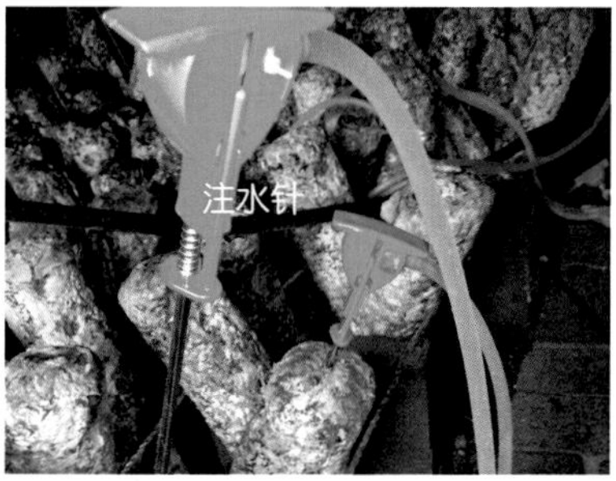

彩图 2-100　注水针

彩图 2-101　大棚内注水

彩图 2-102　出菇棚规格

彩图 2-108 脱袋

彩图 2-109 排好的袋

彩图 2-110 第 1 批菇

彩图 2-112 拍打催菇

彩图 2-121 出菇架

彩图 2-122 雾化喷淋

彩图 2-127 水帘降温系统

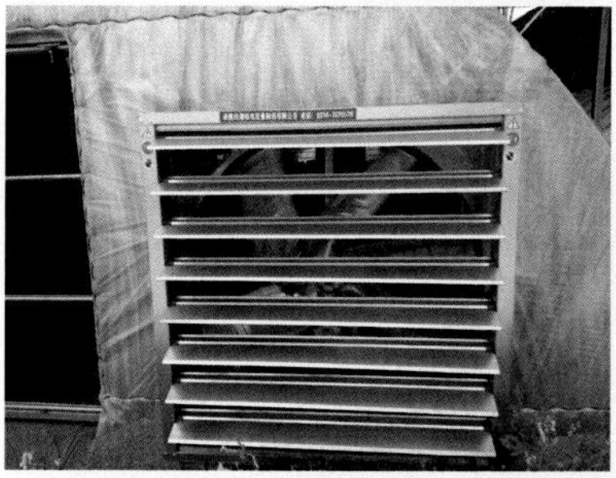

彩图 2-128 送排风系统

彩图 2-133　催花

彩图 2-134　采收的花菇

彩图 2-135　采菇

彩图 2-138　自然晒干

彩图 2-139　烘干香菇

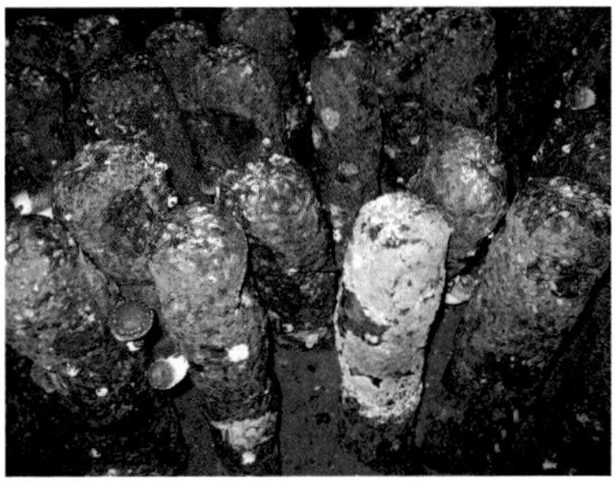

彩图 2-140　木霉

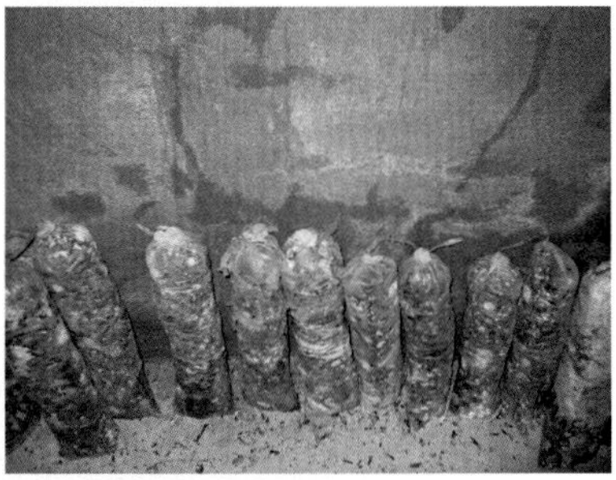

彩图 2-141　链孢霉

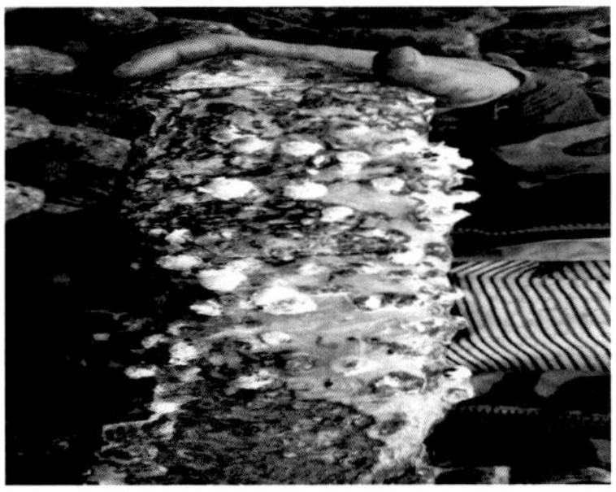

彩图 2-142　荔枝状原基

彩图 2-144 扁形菇

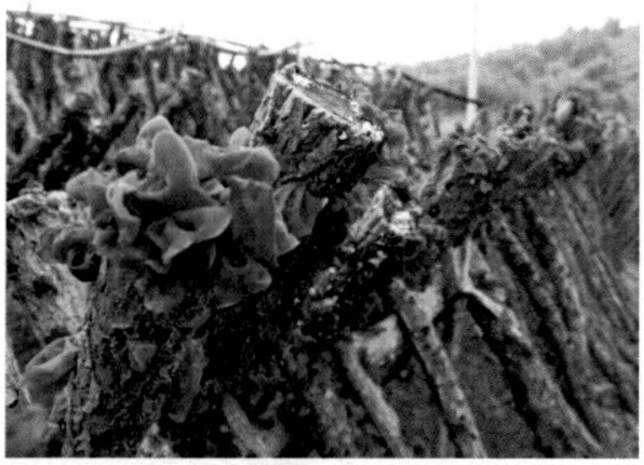

彩图 3-1 段木栽培

彩图 3-2 温室大棚栽培

彩图 3-3 林地栽培

彩图 3-4 大地栽培

彩图 3-5 “V”字形孔

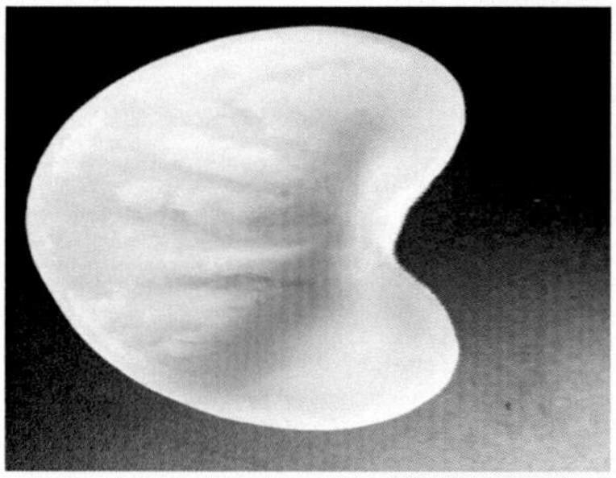

彩图 3-6 玉木耳

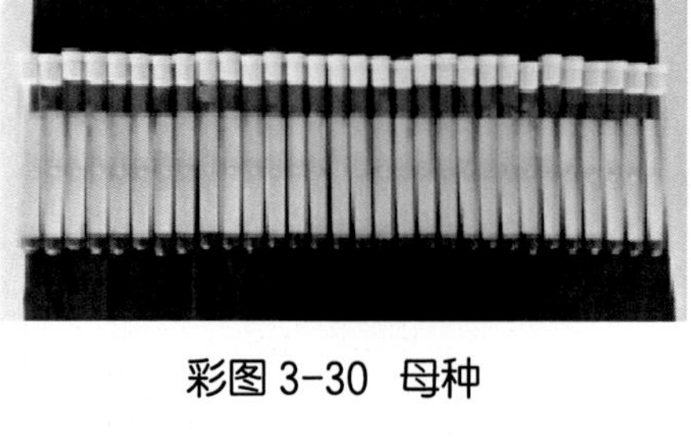

彩图 3-30 母种

彩图 3-43 液体摇瓶菌种

彩图 3-47　吊袋大棚

彩图 3-48　吊袋后大棚

彩图 3-62　菌袋码 4 层高

彩图 3-63　盖草帘子

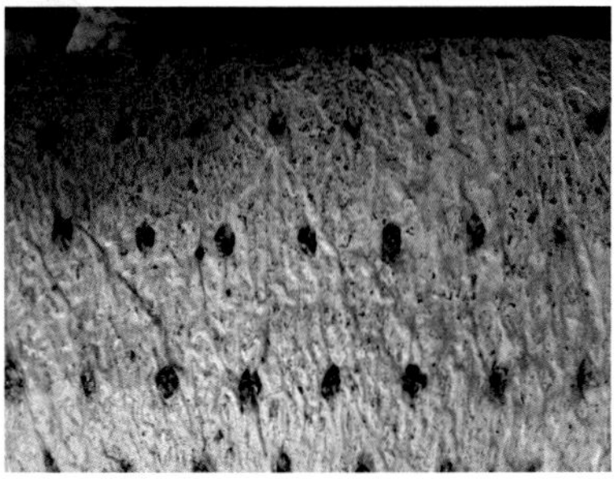
彩图 3-72　黑眼圈

彩图 3-83　挂袋

彩图 3-85　手背上的吸铁石

彩图 3-97　撤掉遮阳网

彩图 3-98 晒袋的木耳

彩图 3-100 地上出耳床

彩图 3-102 盖薄膜

彩图 3-103 盖草帘

彩图 3-110 喷头喷灌

彩图 3-112 耳片伸展期出耳现场

彩图 3-117 开顶出耳采收

彩图 3-123 出耳现场

彩图 3-124 立体栽培木耳采收

彩图 3-129　立体层架晾晒

彩图 3-139　吐黄水

彩图 3-140　耳片变黄

彩图 3-143　袋内长青苔

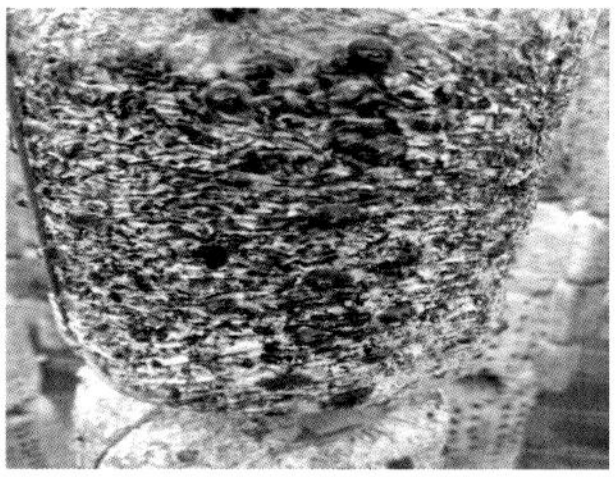

彩图 3-144　糊巴口

彩图 3-145　白粉病

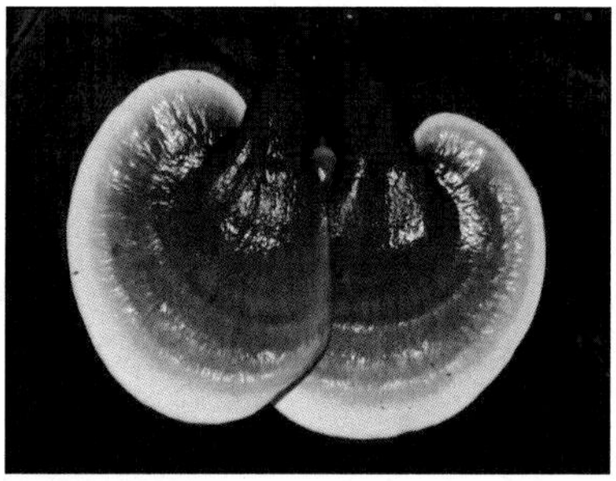

彩图 4-3　子实体

彩图 4-4　孢子

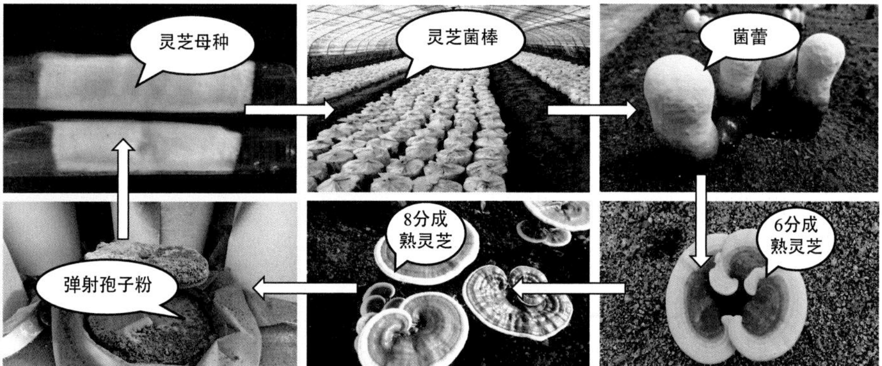

彩图 4-6　灵芝生长周期

彩图 4-8 熟料短段木覆土栽培

彩图 4-9 木屑代料墙式栽培

彩图 4-17 截段

彩图 4-18 捆扎成捆

彩图 4-19 装袋

彩图 4-20 装锅

彩图 4-21 灭菌

彩图 4-28 整地做畦

彩图 4-33 覆土

彩图 4-37 芝蕾出土

彩图 4-38 菌盖生长

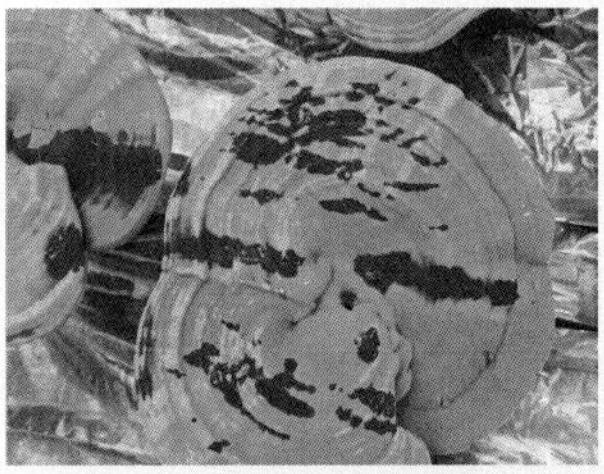

彩图 4-39 菌盖成熟

彩图 4-45　盆景一

彩图 4-46　盆景二

彩图 4-47　盆景三

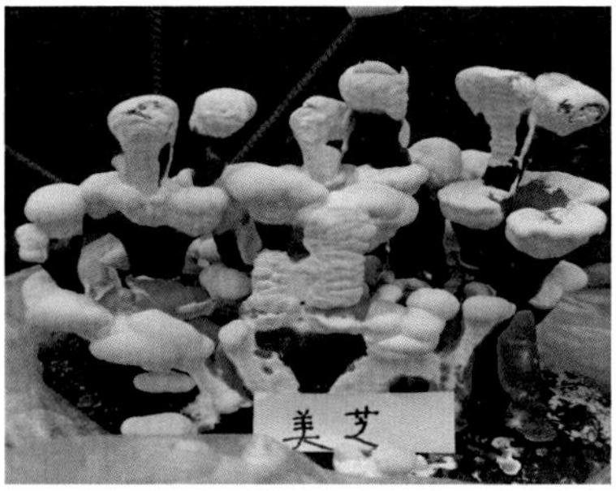

彩图 4-52　平接

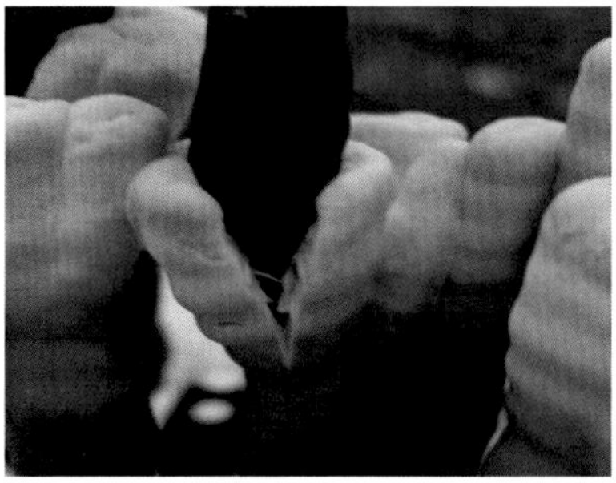

彩图 4-53　劈接

彩图 4-60　铺膜

彩图 4-61　放套筒

彩图 4-64　盖一层黑色薄膜

彩图 4-65　取下套筒

彩图 4-66 待采收的灵芝孢子粉

彩图 4-67 风机收集

彩图 4-69 低温破壁机

彩图 4-70 鹿角状分枝

彩图 4-71 连体芝

彩图 4-72 细菌感染

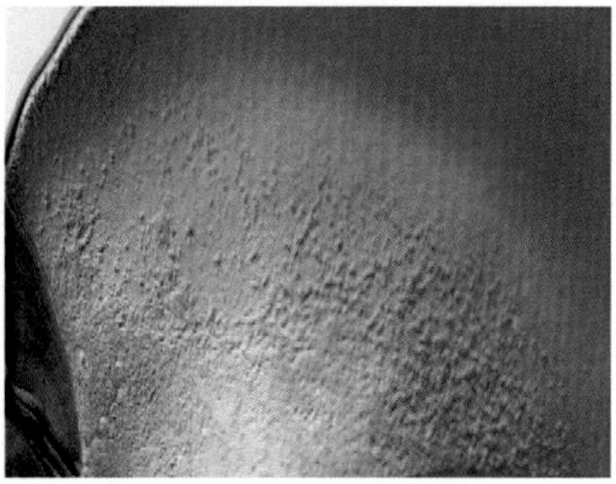

彩图 4-73 霉菌感染

彩图 4-74 虫害

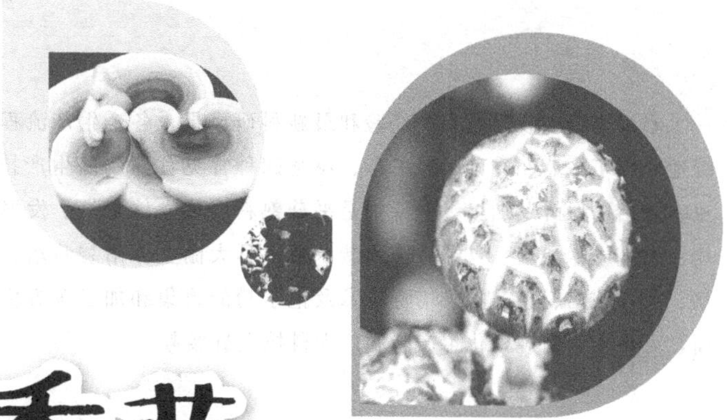

平菇、香菇、黑木耳、灵芝栽培关键技术图解

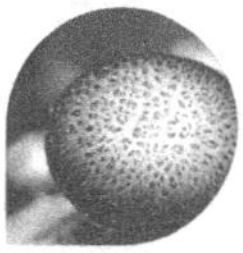

孟庆国　邢岩　侯俊　主编

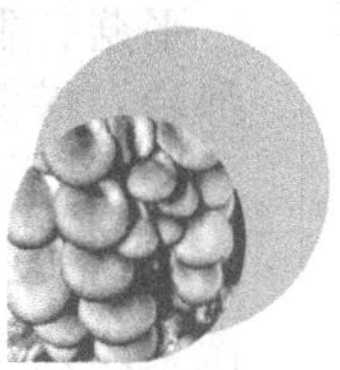

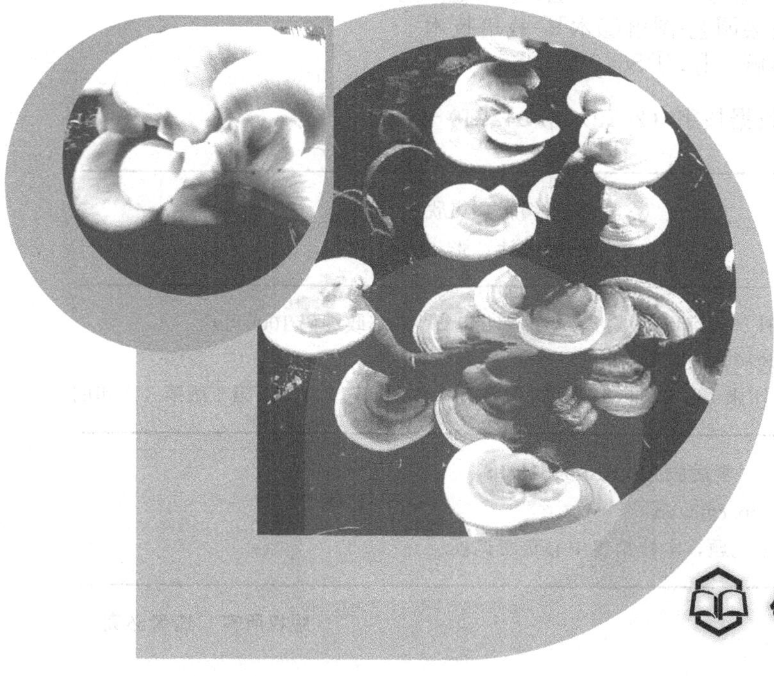

化学工业出版社
·北京·

本书充分吸收已有生产经验和最新科研成果，各个生产流程配有丰富的图片，图文结合系统地介绍了平菇、香菇、黑木耳、灵芝四种常见食药用菌生产技术，包括菌种制作、栽培、病虫害防治、保鲜及加工等，特别是平菇熟料墙式立体栽培、发酵料栽培，香菇高棚层架花菇栽培、温室立棒栽培、夏季冷棚地栽，黑木耳大棚立体吊袋栽培、大地栽培，灵芝短段木熟料栽培、代料栽培、灵芝盆景培育技术及孢子粉的收集和加工等方面都有详细介绍，应用推广价值高，可供食用菌规模化生产者和广大科技人员参考。

图书在版编目（CIP）数据

平菇、香菇、黑木耳、灵芝栽培关键技术图解/孟庆国，邢岩，侯俊主编. —北京：化学工业出版社，2019.6（2024.11重印）
ISBN 978-7-122-34038-2

Ⅰ.①平… Ⅱ.①孟…②邢…③侯… Ⅲ.①平菇-蔬菜园艺-图解②香菇-蔬菜园艺-图解③木耳-栽培技术-图解④灵芝-栽培技术-图解 Ⅳ.①S646-64②S567.3-64

中国版本图书馆 CIP 数据核字（2019）第 042940 号

责任编辑：李　丽　　　　文字编辑：焦欣渝
责任校对：边　涛　　　　装帧设计：张　辉

出版发行：化学工业出版社（北京市东城区青年湖南街 13 号　邮政编码 100011）
印　　装：北京七彩京通数码快印有限公司
710mm×1000mm　1/16　印张 16　彩插 8　字数 301 千字　2024 年 11 月北京第 1 版第 3 次印刷

购书咨询：010-64518888　　售后服务：010-64518899
网　　址：http：//www.cip.com.cn
凡购买本书，如有缺损质量问题，本社销售中心负责调换。

定　　价：59.90 元

本书编写人员

主编	孟庆国	邢 岩	侯 俊		
副主编	燕炳辰	赵洪志	纪 燕	赵 珺	许国兴
	孟凡生	孟彦霖			
参加编写人员	高 霞	李亚男	贾 倩	王 艳	付 明
	杨海东	王 静	朱永丰	孙宏强	司海静
	辛 颖	吕丽英	赵百灵	胡延平	张 明
	郭 月	韩 冰	张 璐	张秀梅	张利玲
	徐丽丽	董 义	雷凤春	耿新翠	刘 娜
	刘国宇	孟宪华	郭殿花	王 颖	孟庆丽
	赵英同	赵咏鸿	王禹凡	佟海洋	罗 福
	冯 利	贾 倩	王妮妮	叶 博	邹庆道
	杨春新	于虎元	孟庆海	孟祥波	许 远
	康喜存	孔凡玉	席海军		

前　言

平菇、香菇、黑木耳、灵芝是四种常见食药用菌，它们栽培原料广泛，产量高，经济效益好，是菇农致富、企业增效、地方经济发展的好项目。但不能忽略的是，在发展中存在菌种生产不稳定、栽培工艺标准化程度不高、病虫害以化学防治为主等不足。本书针对上述问题，对于液体菌种在生产中的应用、设施现代化、操作机械化、工艺标准化、“预防为主、综合防治”防治病虫害等方面作了重要介绍，强化食用菌生产从注重数量到保证安全品质的转变。本书在编写过程中充分吸收了已有的生产经验和最新的科研成果，系统地介绍了平菇、香菇、黑木耳、灵芝四种常见食药用菌生产技术，包括菌种制作、栽培、病虫害防治、保鲜及加工等，特别是平菇熟料墙式立体栽培、发酵料栽培，香菇高棚层架花菇栽培、温室立棒栽培、夏季冷棚地栽，黑木耳大棚立体吊袋栽培、大地栽培，灵芝短段木栽培、代料栽培、灵芝盆景培育及孢子粉的收集和加工等方面都有详细介绍，具有较高的应用推广价值，可供生产者和广大科技人员参考。

为了让读者看的懂、学得会、易操作，本书利用图文并茂形式，使学习过程不再枯燥，提高了学习兴趣！本书栽培过程各步骤关键技术要点都有的详细讲解，并借助实地照片予以具体说明。本书从前期选种、菌种制作关键步骤、栽培条件控制、期间科学管理到常见问题和处理措施、采收保鲜加工，涉及所有生产加工环节，全面而详尽。书后附有本书主要的参考资料，所有图片均来自实地栽培资料，形象直观，具有指导借鉴性。

在编写过程中，得到了相关单位专家及同行们的关注与鼎力支持。特别感谢辽宁峪程菌业有限公司董事长王明清、黑龙江春雨生物科技开发有限公司总经理杨春雨、河北平泉县希才应用菌科技发展有限公司梁晓生、辽宁朝阳县鑫源农副产品开发有限公司总经理于虎元、辽宁朝阳县双惠生态菌业公司总经理刘胜伍、辽宁凌源市金茂食用菌有限责任公司总经理郭文利、辽宁喀左谦朴食用菌合作社总经理杨宏涛等，他们为本书提供了宝贵资料和生产图片，一些富有实践经验的技术员也对本书提出很好建议，在此一并由衷感谢！

由于作者水平、才识所限，加之编写时间仓促，虽经再三斟酌，仍有涵盖未全、叙述未清等疏忽之处，恳请读者批评指正！

编者

2019 年 3 月

目　　录

第一章　平菇栽培

第一节　概　　述

平菇属于担子菌亚门、层菌纲、伞菌目、侧耳科、侧耳属真菌，俗名北风菌、冻菌、蚝菌等。侧耳属的子实体菌盖多偏生于菌柄的一侧，形似耳状而得名。侧耳属是一个大家族，共有30多种，除平菇外，还有阿魏菇、鲍鱼菇、杏鲍菇等。人们通常所说的平菇泛指侧耳属中的许多品种，其中较著名的为糙皮侧耳（图1-1）、榆黄蘑（图1-2）、姬菇（图1-3）等，本书主要介绍普遍栽培的糙皮侧耳的栽培技术。

图1-1　糙皮侧耳（彩图）

图1-2　榆黄蘑（彩图）

图1-3　姬菇（小平菇，彩图）

平菇在我国分布极为广泛，自秋末至冬、春甚至夏初均有生长，在杨树、柳树、榆树、构树、栎树、橡树、法国梧桐等树种的枯枝、朽树桩或活树的枯死部分常成簇生长，是一种适应性强的木腐生菌类。平菇肉厚质嫩、味道鲜美、营养丰富，蛋白质含量占干物质含量的10.5%，必需氨基酸的含量高达蛋白质含量的39.3%。平菇含有大量的谷氨酸、鸟苷酸、胞苷酸等增鲜剂，这就是平菇风味鲜美的原因。平菇含有多种维生素和较高的矿物质成分，其中维生素B_1和维生素B_2的含量比肉类中的含量高。平菇不含淀粉，脂肪含量极少（只占干物质含量的1.6%），被誉为“安全食品”“健康食品”，尤其是糖尿病和肥胖症患者的理想食品。20世纪初，欧洲人开始用锯木屑栽培平菇，随后我国的黄范希也进行了瓶栽尝试。1964年广江勇创造了短段木埋土栽培法，从而大大地提高了产量。1972年刘纯业采用棉籽壳为原料进行生料栽培并获得成功，这是在使用原料上的一个较大的进步。平菇栽培原料来源广泛、适应性强、栽培简单、产量高（生物学效率一般为100%～150%）、市场广阔、经济效益好，是一种特别适合初学者栽培的“入门菇”。

一、形态特征

平菇由营养器官菌丝体和繁殖器官子实体两部分组成。

1. 菌丝体

平菇菌丝由平菇孢子萌发而成，属于营养器官，相当于植物的根、茎、叶。平菇的菌丝呈白色、绒毛状、有分枝，大量菌丝相互交织组成菌丝体（图 1-4）。菌丝体生长在培养基内，主要功能是分解基质、吸收营养、大量繁殖，条件适宜时形成子实体。

图 1-4　菌丝体

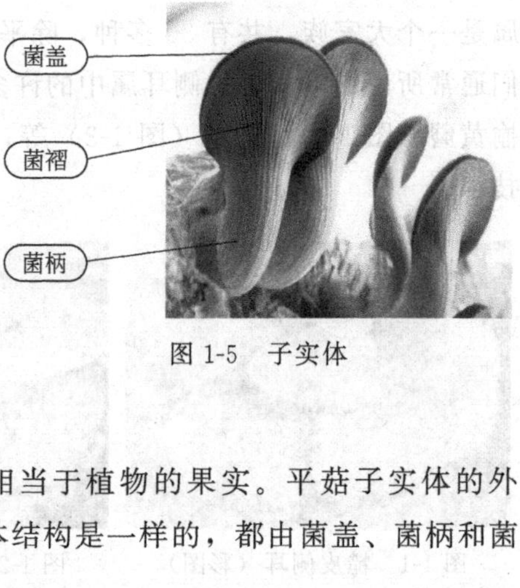

图 1-5　子实体

2. 子实体

子实体（图 1-5）是平菇的繁殖器官，相当于植物的果实。平菇子实体的外形、颜色等因品种不同而各有差异，但其基本结构是一样的，都由菌盖、菌柄和菌褶三部分组成。

（1）菌盖　呈扇形，叠生或丛生。菌盖的大小和颜色因品种的不同差异很大。菌盖一般宽 5～21cm。菌盖的颜色有白色、灰色、灰白色、灰黑色、黄色、桃红色等。多数品种的菌盖在幼时颜色较深，呈深灰色甚至黑色，随着成熟度的增大颜色逐渐变浅。菌盖与菌柄连接处有下凹，有时上面会有一层白色绒毛，这层白色绒毛是平菇成熟的标志之一。

（2）菌柄　呈圆柱形，侧生或偏生。菌柄上端与菌盖相连，有支撑菌盖的作用，下端与培养基质相连。菌柄的长度和粗细因品种及生长环境不同而异，菌柄长度一般在 2～8cm。

（3）菌褶　长在菌盖下方，呈刀片状，质脆易断，不等长。平菇的菌褶一般延伸生长，很少弯生。菌褶长短不一，常为白色，少数种类伴有淡褐色或粉红色等。

在显微镜下观察，菌褶的横切面两面是子实层，中间为髓层。子实层里的棍棒状细胞是担子，瓶状细胞为囊状体。当平菇成熟后，就会散发出许多担孢子。孢子呈杆状，光滑无色。孢子大量弹射时，好似一缕缕轻烟，菇房内呈现烟雾状。当大量孢子掉落在塑料袋上时，可见一层白色粉末。

二、营养需求

平菇系木腐性食用菌，在自然条件下，一般簇生于杨树、柳树、榆树、栎树等多种阔叶树种的枯木或活树的朽枝上。平菇生长发育需要的碳源，如木质素、纤维素、半纤维素以及淀粉和其他糖类等，主要存在于木材、稻草、麦秸、玉米秸秆、玉米芯、棉籽壳等各种农副产品中。在培养料中加入少量的麸皮、米糠、黄豆粉或微量的尿素等可满足平菇对氮源的要求。在平菇对碳源和氮源的利用过程中，要求平菇营养生长（菌丝生长）阶段碳氮比为 20∶1，生殖发育（子实体生长）阶段碳氮比为（30～40）∶1。

平菇生长发育过程中还需要矿物质元素（钙、磷、镁、硫、钾等），在配制培养基时加入 1%的碳酸钙或硫酸钙可以调节培养料的酸碱度，同时有增加钙离子含量的作用，有时也可加入少量的过磷酸钙、硫酸镁、磷酸二氢钾等无机盐。此外，平菇生长发育还需要微量元素和维生素，这些在培养料中一般也都含有，所以配料时不必另外添加。

三、对外界环境条件的要求

1. 温度

平菇菌丝在 5～35℃可生长，适宜的温度为 20～25℃。若温度超过 33℃则菌丝生长缓慢，易老化、变黄，大多数品种具有较强的抗寒能力，即使是在－15℃的低温环境下，培养基内的菌丝也不会被冻死。平菇子实体生长要求的温度是 5～25℃，适宜的温度为 15～20℃，8～10℃的温差可促使原基的形成与生长。在子实体发育的适宜温度范围内：温度偏低则菇质肥厚；温度过高，菇体成熟加快，但盖薄、质差。平菇的孢子形成以 12～20℃最好，孢子萌发最适温度为 24～28℃。

2. 水分和空气相对湿度

平菇菌丝生长发育所需的水分绝大部分来自培养料，培养料含水量一般为 60%。如果培养料含水量高则影响通气，菌丝难以生长；含水量低则会影响子实体的形成。当然，由于培养基质不同，其吸水性、空隙度、持水率也存在差异，故配制时应因料而异。采用棉籽壳为培养料时含水量为 65%～68%，玉米芯为培养料时含水量为 60%～65%，木屑为培养料时含水量为 55%～60%。

菌丝生长阶段要求培养室的空气相对湿度为 40%～50%。空气相对湿度大了，培养料就会吸水，杂菌容易繁殖；但培养室过于干燥，培养料易失水，不利于出菇。子实体形成阶段菌丝的代谢活动比营养生长阶段更旺盛，因此需要比菌丝生长阶段更高的湿度，此时空气相对湿度应为85%～95%。子实体形成阶段湿度要适宜，水分过低易造成子实体干缩，水分过高则因蒸腾作用受阻影响营养物质向子实体的传递速度。

3. 空气

平菇是一种好氧性真菌，其生长发育过程中需要足够的氧气，同时和其他菌类相比能忍耐较高浓度的CO_2，即使CO_2浓度超过1%，仍然刺激菌丝生长。菌丝生长阶段环境空气要新鲜、通风要好。子实体发育阶段也需要新鲜空气，如果CO_2浓度超过0.3%，子实体生长就会受到抑制（正常空气中CO_2的浓度为0.03%），轻则造成柄长、菌盖小，重则原基不分化或畸形，影响产量和质量。畸形菇是CO_2浓度过高造成的，但是有些菇类的生长需要一定的CO_2浓度，例如姬菇生产中二氧化碳浓度达0.2%。在平菇生长发育过程中，特别是在冬季，在设法保持棚温的同时，加强通风，保持菇棚内空气清新。

4. 光照

平菇在菌丝生长阶段不需要光线，因此发菌时应将菇棚遮光。平菇子实体生长发育阶段需要500～1000lx（$1lx=1lm/m^2$）的散射光刺激，一般在菇棚内，能看清报纸上的字即可。如果光线弱，会造成菌盖很小甚至不能形成菌盖。

5. 酸碱度

平菇菌丝喜偏酸性环境，pH值在3～9范围内均能生长，以5.5～7.5为宜。但平菇对偏碱性环境具有忍耐力，在生料栽培pH值达8～9的培养料中，平菇菌丝仍能生长，所以在生料栽培中应适当提高酸碱度。

四、平菇的生活史

平菇的生活史就是平菇从孢子发育成初生菌丝，然后生长为次生菌丝体，再发育为子实体，子实体再弹射出孢子的生活循环过程。平菇属于四极性异宗结合的食用菌，也就是说平菇的性别是由两对独立的遗传因子Aa、Bb所控制。每个担子上产生四个担孢子，分别为AB、Ab、aB、ab。担孢子成熟后，孢子从子实体上弹射出来，在合适的温度、水分和营养条件下，开始萌发，形成四种不同基因型的单核菌丝。这种单核菌丝的细胞中只有一个细胞核，菌丝较细、没有锁状联合，也不能形成子实体。随着单核菌丝的发育，当两条具有亲和力的单核菌丝结合即发生质配就形成了双核菌丝，也叫作次生菌丝。次生菌丝中有两个含有不同遗传物质的核，可以不断地进行细胞分裂，产生分枝，从而进一步地生长发育直至生理成熟。次生菌丝遇到适宜的温度、湿度、光线就开始扭结，在培养料上形成菌蕾，直至形成子实体。子实体成熟后，在菌褶的子实层中产生担子。在担子中两个细胞融合，经过核配，再经过减数分裂和有丝分裂，使遗传物质得到重组和分离，产生四个子核，每个子核在担子梗端各形成一个担孢子。当担孢子成熟后，就会从菌褶上弹射出来，这样平菇就完成了它的一个生活周期。如此循环往复，就是平菇的生活史，见图 1-6。

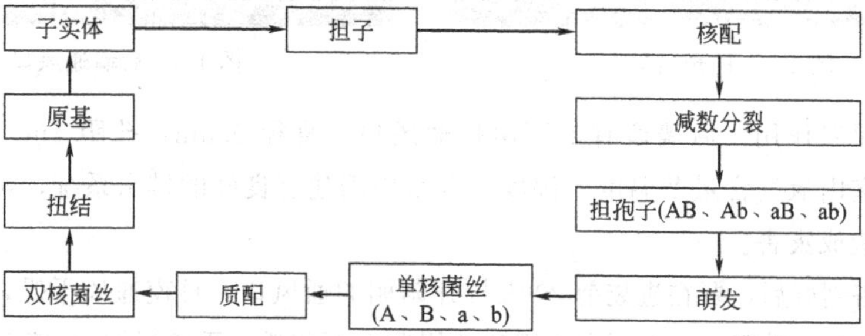

图 1-6 平菇的生活史

第二节 栽培平菇的准备工作及材料

一、主要栽培场所

栽培场所应选择在交通方便，水、电供应便利，地势高燥，地质坚硬，接近水源又易排水、无旱涝威胁的地方。周围环境清洁卫生，通风条件好，距离菇房 500m 内无畜禽圈舍，3000m 内无化工厂等有污染的工厂。可以栽培平菇的场所有：日光温室、半地下式温室、普通民房、窑洞、人防工事等。下面主要介绍日光温室和半地下式温室的建造。

1. 日光温室

日光温室（图 1-7）跨度 7～8m，脊高 3.2～3.5m，墙体厚度 80cm 以上，墙体中固有珍珠岩或泡沫保温层，有棚膜、保温被或适当厚度的草帘，既有良好的采光、升温效果，又有良好的保温作用。后墙留有上下两排通风口（图 1-8），呈“品”字形排列，孔直径 0.3m，横向孔距 4m，可进行通风，调控室内氧气及温度、湿度。夏季生产需要设置遮阳率 80%～90%的遮阳网，悬挂在温室上方约 1m 的地方，以达到降温作用。此外，棚内要有微喷设施，接有清洁水源。

2. 半地下式温室

整个温室底部位于地面下方 1m，以减少地面散热面积，提高温室的保温效果。建温室之前从地面向下挖 1m，内部跨度 7～8m，脊高 3.2～3.5m，墙体厚度 80cm 以上，有棚膜、保温被或适当厚度的草帘，既有良好的采光、升温效果，又

图 1-7 日光温室

图 1-8 后墙通风口

有良好的保温作用。后墙留有上下两排通风口，直径 0.3m，孔距 4m，可进行通风，调控室内氧气含量及温度、湿度。温室周围建有良好的排水系统，可防止雨水灌到棚内造成灾害。

菇棚搭制好后，要在进袋前 20 天打开菇棚的通风口，日夜通风干燥，或掀开棚膜让太阳曝晒。进棚前 2 天可在地面和四周撒上石灰粉，用稀释 1000 倍 50%的多菌灵水溶液喷洒，再用稀释 2000 倍敌敌畏药液喷洒，既能杀菌，也可防虫。在发菌或出菇场地进行定期消毒非常重要，尽量使环境杂菌及虫害降到最低点，以减少后患。

二、栽培原料

1. 主料

栽培平菇常用的主料有棉籽壳、废棉、玉米芯、木屑、玉米秸秆、大豆秸秆、大（小）麦秸秆、稻草、酒糟以及其他农作物秸秆和工业下脚料等。各种主料用于栽培的生物学效率不一样，最理想、最常用的是棉籽壳、玉米芯等，木屑转化率较低。合格的主料要求无污染，农药的残留量应符合国家及联合国规定的食品卫生标准，并且要求新鲜、干燥、无霉变、无虫害、疏松不板结。

（1）棉籽壳　棉籽壳也称棉籽皮，是榨油厂加工棉籽后的副产品。棉籽壳是由籽壳和附在壳表上的短棉绒以及少量混杂的破碎棉籽仁组成。据分析，棉籽壳含多聚戊糖 22%～25%、纤维素 37%～39%、木质素 29%～32%。棉籽壳具有质量稳定、结构松散、通气性能好、选用方便等特点，它是栽培平菇的上等原料，其生物学效率高达 150%～200%。不宜选择含绒量多的棉籽壳，除了预湿不易透彻之外，更主要的是影响透气性。此外，随着贮备时间延长，螨类的活动导致棉绒断裂，呈粉末状，色泽转为棕褐色，手握之，有明显的刺感。最好选用色泽为灰白色、绒少、手握之稍有刺感并发出“沙沙”响声的棉籽壳。此外，棉籽壳力求新鲜、干燥、颗粒松散、无霉变、无结团、无异味、无螨虫。尽可能不全用棉籽壳作培养基主料，至少要搭配 15%的木屑或玉米芯，原因是棉籽壳在灭菌过程中会释放出棉酚，对菌丝有一定的毒害，添加木屑将起吸附的作用。另外，含有棉籽壳的菌棒灭菌后其香味对老鼠有很强的吸引力，老鼠喜欢咬食，因此要注意鼠害。

(2) 废棉　废棉又叫飞花、落地棉，主要来源于棉花加工厂、棉纺织厂。它含有大量的短绒纤维，纤维素含量高达 92%～93%，很容易被平菇菌丝分解。废棉含有油脂，不易溶于水，也不易沥干，会使培养料间溶氧量过低，不利于发菌和散热，甚至引起培养料因厌氧细菌的增殖而腐烂变黑。故采用废棉栽培时，除了切实控制含水量外，栽培时不应拍实，也可添加 10%稻草段或谷壳，以增加其通透性。

(3) 玉米芯　玉米芯要新鲜、无霉变，整个贮存，用时粉碎成黄豆粒大小。玉米芯从生物结构来看，海绵组织居多，吸水性高达 75%（浸水 1h)，可视为保水剂，并且还有“桥”的作用，也就是可提高培养基的空隙度，便于菌丝蔓延。

2. 辅料

辅料的作用除了能补充营养外，还可以改善培养料的理化性状。常用的辅料主要有以下 8 类：

(1) 麦麸、米糠、玉米粉等　无论是选用麦麸或米糠都尽可能保证其新鲜，最好直接向面粉厂订购，不可以使用长途贩运的饲料级麸皮。从营养利用率上分析，细米糠便于菌丝充分降解，唯一不足的是米糠出壳一周后就会氧化酸败，不易保存。因此对于栽培规模偏小的企业，宁可选择易保存的麸皮，而不用米糠。目前市售的麸皮有红皮和白皮、大片和中粗之分、其营养成分基本相同，都可以采用。

注意事项：生产上多选用红皮中粗或大片的麦麸，原因是白皮麦麸易被掺入玉米芯粉、麦秆粉等物而降低了营养成分且难辨认。麦麸和米糠可以互相代替，用量一般为 20%。

由于玉米粉含氮量较高，所以在栽培中作为增产剂使用，理论上认为玉米粉内含有生物素，使栽培袋有“后劲”，用量为 2%～5%（越细越好)。使用时比例不要过高，否则会延长营养生长阶段，推迟出菇。

(2) 蔗糖　是碳源，用量为 1%。

(3) 石膏　主要用于改善培养料的结构，增加钙含量，调节培养料的 pH 值，用量一般为 1%～2%。

(4) 碳酸钙　水溶液呈微碱性。常作为缓冲剂和钙源，用量一般为 0.5%～1%。

(5) 硫酸镁　是一种镁盐，用量一般为 0.03%。

(6) 过磷酸钙　是磷肥的一种，可以补充营养，同时又是一种消氨剂，可以消除培养料中的氨味，用量一般为 1%。

(7) 尿素　补充培养料的氮元素，其用量一般为 0.1%～0.2%，添加量不宜过大，以免引起对菌丝的毒害（“烧菌”)。

(8) 石灰　主要提高培养料的碱性，防止杂菌污染，同时增加培养料中的钙含量，用量一般为 1%～4%。

使用辅料时要选用优质的原料，用量要适当。配制培养料时，麦麸、米糠、玉米粉、石膏、石灰等应先与主料干拌均匀；容易溶于水的辅料，先溶于水，然后随水逐步加入主料中，搅拌均匀即可。

三、栽培方式

1. 按对培养料的处理不同分类

（1）发酵料栽培　将食用菌培养料经过堆制发酵处理后再接种栽培的栽培方式叫作发酵料栽培。发酵料栽培是介于生料栽培和熟料栽培之间的方法，也称为半生料栽培。该方法的优点是操作简单、省工、省燃料；缺点是在出菇后期菇体容易感染病虫害。

（2）熟料栽培　以经过高压灭菌或常压灭菌后的培养料来生产栽培食用菌，这种栽培方式称为熟料栽培。该方法的优点是产量高、品质好、后劲足；缺点是费工、费燃料。

（3）生料栽培　是培养料不经过发酵或高温灭菌处理，直接接种菌种从而栽培食用菌的栽培方法。该方法的优点是操作简单、省工、省燃料，菇农容易接受；缺点是产量低、后劲不足、感染杂菌风险大，特别是在出菇后期菇体容易感染病虫害。

（4）平菇半熟料栽培　是通过将拌好的原料堆置2～3天后，经100℃高温蒸汽常压灭菌2～3h来杀死培养料内绝大多数病原杂菌和虫卵，之后再将蒸汽灭菌后的培养料趁热装袋，冷却后再进行播种栽培的一种培养方式。

各地应根据自身具体情况选择适宜的栽培方式。

2. 按对发满菌袋的栽培处理方式不同分类

（1）墙式栽培

① 不脱袋单袋菌墙双面出菇（见图1-9）　将生理成熟的菌袋的两头按大棚的横向一袋紧挨一袋在场地排成行，在行的一头留有1～1.2m宽的通道，在行与行之间留有80cm宽的通道便于管理采收。菌墙一般可堆8～12袋高。解开菌袋的两头扎口，进行出菇的水分管理。

② 脱袋双袋墙式栽培（见图1-10）　每隔50cm起一宽90～100cm的畦垄，将菌袋一端留7～8cm的塑料筒，其余部分脱去，分两行横向排放在畦垄上面，一端朝外。菌块周围用营养土填充，共排6～8层。顶部用2～3cm厚的营养土封好，中间稍低，留灌水槽。

（2）畦床栽培　畦床以东西向为宜，床面呈龟背形，中间稍高。畦床宽1.2m、深30cm、长的取值根据地势要便于管理。在投料前，畦床用5%石灰水浇灌，使其吸足水分，待床面稍干时，用敌敌畏药剂喷洒床面和四周，并在床面撒

图 1-9　不脱袋单袋菌墙双面出菇（彩图）

图 1-10　脱袋双袋墙式栽培（彩图）

石灰粉进行消毒。播种可采用层播法，一般三层料，三层种，料厚度为 15～20cm，播种量为 15%～20%（各层菌种的用量比例是上层：中层：下层＝2：1：1）。先在菇床铺一层 5cm 厚的培养料，撒一层菌种，菌种上又铺一层 5cm 厚的培养料，料上又播菌种，菌种上又铺培养料，最后料上再撒一层菌种封面。播种后，立即用经消毒的报纸覆盖，上面再覆盖消过毒的塑料薄膜，进行发菌管理、出菇管理。

（3）地面畦内覆土式栽培（见图 1-11）　在栽培棚内，每间隔 50cm 挖宽 80～100cm、深 20cm 的畦沟，灌足底水。把菌袋全部脱去放于畦沟内，菌袋之间保留 1～2cm 间隙，袋间用营养土填实，灌水，再在畦面上覆 2cm 菜园土。

图 1-11　地面畦内覆土式栽培（彩图）

（4）利用层架和网纹架出菇　在大棚内层架（图 1-12）或在工厂化车间网纹架（图 1-13）上出菇，比传统墙式栽培提高了土地利用率。该方式通风效果好、采菇方便、棚（房）内整齐干净、出菇后期没有菌墙倾倒问题，而且菌袋不接触地面，减少了病虫害发生，是一种出菇新方式。

图 1-12　大棚内层架式出菇

图 1-13　工厂化车间网纹架式出菇（彩图）

四、生产安排

（一）生产工艺流程

平菇栽培流程为：备料备种、棚室准备等→拌料、装袋、灭菌→冷却、接种→发菌管理→出菇管理。

（二）生产周期安排

平菇的播种时间，因各地气候不同，生产周期安排不同。在自然条件下，根据平菇的生物学特性，自然气温 20～25℃是理想播种温度，15～20℃是适宜的出菇温度，最好播种后约 40 天正遇适宜出菇温度。目前，自然条件下，除了夏季，一年其他季节都可栽培，播种可分为秋播、冬播和春播。秋播的最适播种期在 8 月下旬至 9 月下旬，此时日平均气温已降至 20℃以下，对杂菌生长不利，一般经 35～40 天方可出菇，从事大批量商品菇生产最好在这段时间内播种。8 月上旬以前播种的，因日平均气温在 25℃以上，虽然出菇较快，但在发菌期间平菇容易遭到杂菌污染。冬播在 10 月下旬至 11 月下旬播种。10 月下旬播种的，约经两个月方可出菇，春节前后进入盛产期，有较好的鲜菇市场；11 月下旬播种的，需 80～90 天，至翌年 3 月初气温回升时方可出菇。春播在 2 月以后播种，因气温较低，发菌慢，一般可在 4 月中下旬出菇。

北方地区栽培时期多为 8 月中旬到 10 月上旬，因为在这段时间栽培出菇时间较长，可延长到翌年春季。因此，必须抓住 8 月中旬至 9 月上旬这段时间进行播种，以求获得尽可能长的出菇适期。在秋季栽培（前期温度高适合养菌，后期温度低适合出菇）的生产叫“顺季节生产”，容易管理，栽培周期长，效果好。而在春季栽培［前期温度低（菌袋培养期），后期温度高（菌袋出菇期）］的生产叫“逆季节生产”，不容易管理，栽培周期短。

也有一部分北方种植户播种时间在 10 月下旬，因为这时新玉米芯已经下来，营养丰富，不容易感染杂菌。大棚温度较低，容易养菌，容易成功。另外 11 月末价格也较高，错开了 9 月份栽培的大量平菇冲击，效益比较稳定。分析原因：第一是 10 月末新玉米芯已经下来，比 8～9 月份用陈玉米芯营养要丰富，不容易感染杂菌，产量要高；第二是 10 月末低温养菌利于菌丝充分吸收营养，并且 11 月末出菇到第二年的 3 月末之间温度都很低，菇质好，病虫害少。

五、平菇生产的设备

（一）拌料机

袋栽平菇以棉籽壳、玉米芯、木屑为培养料，大量生产时人工拌料，劳动量大，效率低，因此，最好使用拌料机拌料，省时省力，效率高，且拌料均匀，料中含水量也易准确掌握。常用的拌料机有以下两种：

1. 过腹式拌料机

过腹式拌料机（图 1-14）体积小，移动方便，是生产上常用的拌料机。拌料时，须先将干料混合拌匀后再加入所需水，然后铲取培养料倒入开启的拌料机内，通过高速旋转的叶片将培养料混合拌匀后排出。一次没有拌匀的，可再拌一次，直到拌匀为止。

2. 料槽式拌料机

料槽式拌料机（图 1-15）是将培养料一并加入料槽内，开启电动机，利用旋转的叶片翻动拌匀培养料，再加入水至搅拌均匀为止。该种拌料机规格有很多种，一次拌料 200～1000kg 不等，用户应根据生产量大小选择。

图 1-14 过腹式拌料机

图 1-15 料槽式拌料机

3. 其他拌料机

还可以用装袋机来拌料，也可以用小麦脱粒机拌料，也有人用建筑上用的砂浆混合机拌料。

（二）装袋机

装袋机是近几年发展起来的新设备，用于直径 15～25cm 的塑料筒袋装料，和人工装料相比具有装料松紧一致、均匀、速度快、效益高等特点。常用的装袋机如下：

1. 简易式装袋机

简易式装袋机（图 1-16）利用电动机带动螺旋轴将培养料从出料筒排出进入塑料袋内的方式装袋。有不同大小出料筒的装袋机，生产上可根据自己的栽培方式选用不同的装袋机，还有多功能装袋机，即可更换出料筒和螺旋轴的装袋机。

2. 冲压式装袋机

冲压式装袋机（图 1-17）是将培养料装入料筒内，然后培养料进入出料筒，利用下压装置将培养料压入套在料筒上的塑料袋内，这种装袋机还可以与拌料机和

图 1-16　简易式装袋机

图 1-17　冲压式装袋机

输送培养料的装置连接，进行全程自动化作业。

（三）灭菌设备

灭菌设备分为高压灭菌设备和常压灭菌设备两种类型。高压灭菌设备主要用于制种，生产上常用的为常压灭菌设备。

1. 高压灭菌设备

高压灭菌设备（图 1-18）主要有手提式高压灭菌锅、卧式高压灭菌锅和立式高压灭菌锅，主要用于制种。生产上用的大型灭菌锅由高压蒸汽锅炉和灭菌仓组成，规格大小可根据生产需要而定。灭菌仓的结构基本相同，主要由锅体压力表、安全阀和放气阀等组成，灭菌效率高、时间短，但费用高，适合工厂化生产，一般菇农不必采用。

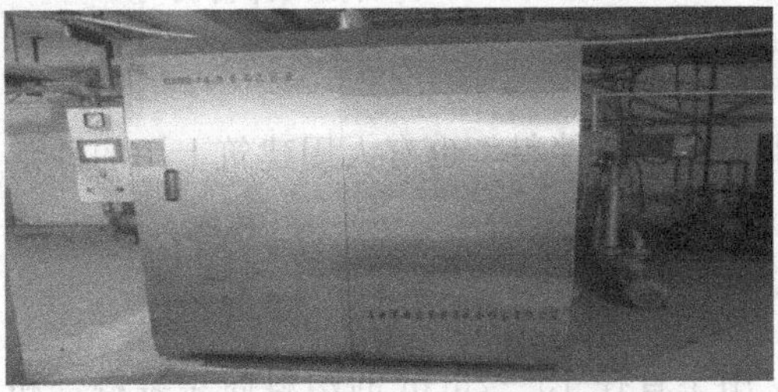

图 1-18　高压灭菌设备

图 1-19　常压灭菌设备

2. 常压灭菌设备

常压灭菌设备（图 1-19）主要由蒸汽发生器和灭菌仓两部分组成。目前生产平菇用的常压灭菌设备很多，形式多种多样，规格有大有小，但常用的主要是灭菌仓，下面主要介绍灭菌仓。

在灭菌灶旁边平地上，制作灭菌仓。先在地面上排放砖，再在砖上排放竹竿或木棒，然后铺上一层编织袋，将料袋整齐堆码在其上，顶部堆成龟背形，最后盖一层塑料薄膜和一层彩条塑料薄膜，四周用沙袋压实，防止蒸汽大量排出。灭菌时，将输送蒸汽的管伸入灭菌仓内的料袋横隔底部，当塑料薄膜鼓胀似气囊状、料温达到100℃时，灭菌2000个菌袋保持10h即可。在灭菌期间，小火维持使塑料薄膜始终保持气囊状，即可达到100℃。灭菌仓内可以用保温板制成灭菌柜，或可用铁皮制作灭菌柜，也可以用砖、水泥垒成的灭菌室，长3m、高2m、宽3m。

（四）臭氧灭菌机

臭氧灭菌机（图1-20）又叫氧原子环境消毒机，是以空气为原料，通过电离把氧气变为具有强氧化作用的臭氧。臭氧具有迅速破坏细菌细胞壁和核酸的功能，使室内全方位消毒，不留死角，避免了因药物消毒带来的各种异味和化学药剂对人体的刺激和危害，而且臭氧也是一种暂态物质，常温下能自然分解，20min内又能还原成氧气。臭氧灭菌机可在接种室、接种箱、培养室缓冲间等可密封的空间内任意使用。

臭氧灭菌机开机灭菌30min，就可杀灭空间内全部杂菌，但臭氧有毒，开机过程中，人不能进去操作，等半小时臭氧完全还原成氧气后即可进入接种，无任何气味。

（五）离子风接种机

离子风接种机（图1-21）通过尖端放电，利用直流高压静电除尘原理，每立方米产生含50万个负氧离子、风速为0.5～1m/s的无菌离子风。这种从机内发出的离子风对人体无任何刺激和不良反应，无菌率达100%，在此风力下可进行无菌操作。操作者在机前接种不受任何条件限制，工效提高了3～5倍。如果在开机接种前1h用臭氧灭菌机对室内消毒15min进行预先全方位杀菌，效果更好。因此菇农又称离子风接种机为超净工作台。离子风接种机是一种新型高效的接种设备，可真正达到环保、彻底杀菌的效果。

图1-20 臭氧灭菌机

图1-21 离子风接种机

（六）微喷设施

每个棚顶上部铺设3～4条喷雾水带，在喷雾水带上间隔1.5～2m安装一个“G”形喷头。该系统启动后，整个安装空间即刻成雾状，空气相对湿度在1min内迅速达到85%以上，几分钟即可完成整个大棚的喷雾工作，使广大菇农不再“泥一把”“水一把”辛苦劳动在菇棚内。平菇微喷系统推广后，被菇农称为“懒人种菇”系统。大面积推广表明，微喷不仅可以提高菇体质量，而且可以增加平菇产量。微喷设施见图1-22。

图1-22 微喷设施

第三节 菌种制作技术和菌种的选择

一、菌种的概念

菌种是人工培育的纯菌丝体及其培养基的混合体。菌种是平菇栽培的基础条件，就像农作物的种子一样，只有选用生产优良的菌种，才能保证稳产高产，获得良好的栽培效益。如果没有优良的菌种，再好的栽培技术也不可能得到理想的经济效益；反之，如果有高产的良种，加上科学的生产管理，则可以达到事半功倍的效果。

二、菌种的分级

平菇菌种通常采用三级扩大培养方法进行繁殖。根据菌种扩繁程序，把菌种分为母种、原种和栽培种三级，即母种扩繁接种制备原种、原种扩繁接种制备栽培种。其主要目的是为了实现菌种数量的扩大，以满足生产对菌种的需要，同时增强菌种对培养料的适应性。

（一）母种

通常把试管培养的菌种称为母种或一级菌种，它是由平菇的子实体组织分离或孢子分离、在含有琼脂的培养基上培育生长的具有结实能力的纯菌丝体，培养容器一般为玻璃试管。母种常用于扩大培养或用于菌种保藏。直接用组织分离或孢子分离培养而成的母种叫原始母种，原始母种转接扩繁1次而成的母种称为一级母种，一级母种再转接扩繁1次而成的母种称为二级母种，生产上常用三级或四级母种作为生产用母种。如果过多地转接和培养，可能会导致菌种退化，故生产中使用的母种传代次数不宜过多。母种的显微镜观察和菌丝形态特征见图 1-23、图 1-24。

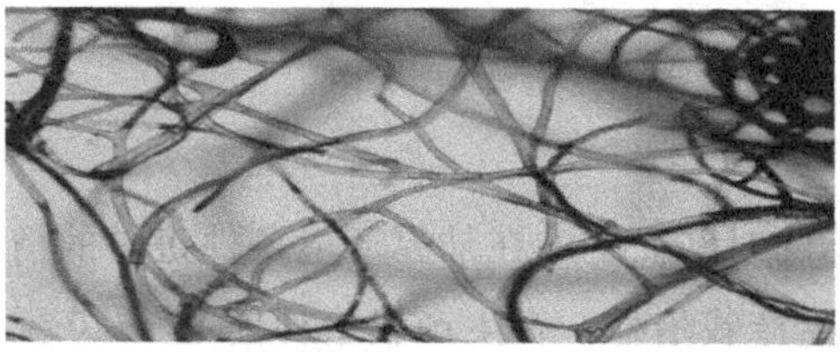

图 1-23 母种显微镜观察

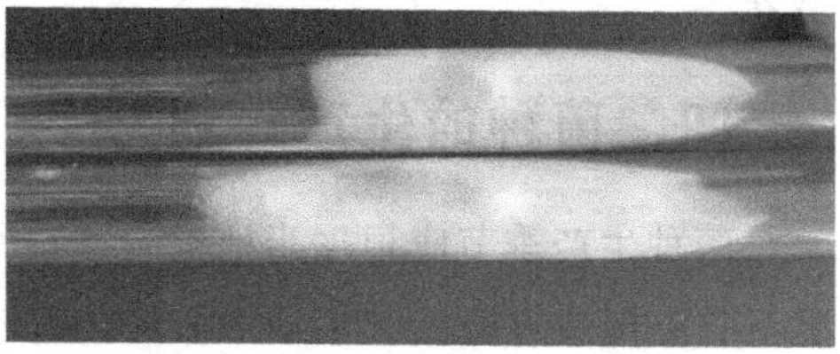

图 1-24 母种菌丝形态特征

（二）原种

原种（图 1-25）又称二级种，是将母种接种到玉米芯、木屑、棉籽壳、麦粒培养基上培养获得的具有结实能力的菌丝体及培养基质，培养用的容器一般为玻璃或塑料制成的菌种瓶。通常 1 支母种可以转接 5 瓶原种，原种可以用来扩繁接种栽培种。在生产中也可将母种接到液体培养基或枝条种中进行原种的培养。培养液体菌种的容器一般为摇瓶、发酵罐，培养枝条种的容器一般为塑料袋。

（三）栽培种

栽培种（图 1-26）又称三级种或生产种，是将原种接种到和原种相同或相似的培养基上培养获得的具有结实能力的菌丝体及培养基质。栽培种作为栽培物的接种物直接用于生产，绝不能用栽培种来扩大繁殖栽培种，否则会导致生活力下降，造成减产。栽培种常用塑料袋。通常 1 瓶原种可以接种 20 袋栽培种。

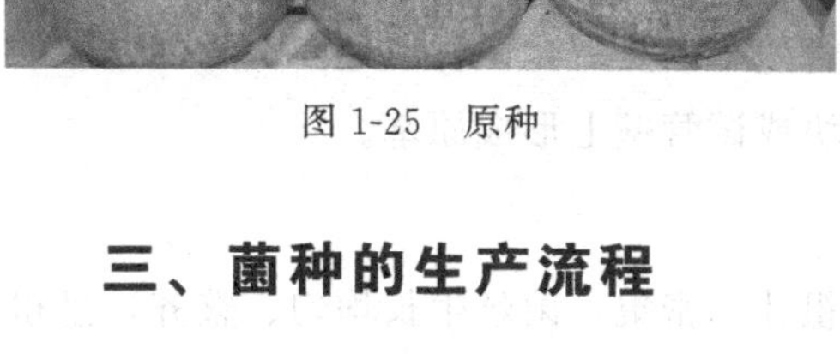

图 1-25 原种

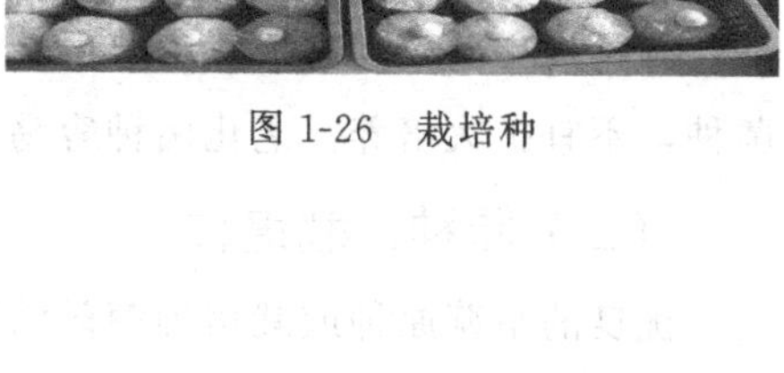

图 1-26 栽培种

三、菌种的生产流程

不论哪一级菌种，生产工艺都大致相同，包括培养基的制备、接种和培养三个主要环节。

① 母种生产工艺流程 马铃薯葡萄糖琼脂培养基→分装试管→121℃灭菌 0.5h→摆斜面培养基→接种培养。

② 原种生产工艺流程　原种培养基→装瓶→126℃灭菌 1h→接种培养。

③ 栽培种生产工艺流程　栽培种培养基→装瓶或装袋→126℃灭菌 1h→接种培养。

四、菌种的生产计划

菌种生产季节应根据当地适合栽培平菇的时间而定，在外界环境条件正常的情况下，一般应在开始栽培前 30～40 天安排生产栽培种，在生产栽培种前 30～40 天生产原种，在生产原种前 15～20 天购买或生产母种。菌种生产时间非常重要，一定要按照菌种生产计划严格执行。以 9 月上旬播种为例，菌种的生产计划如下：6 月初制作生产用母种→7 月初开始生产原种→8 月初生产栽培种→9 月初栽培种培养好→9 月上旬播种。

菌种生产多少也应进行周密计划，由平菇的栽培数量来定。一般按如下比例进行计算母种、原种、栽培种的数量：1 支母种→5 瓶原种→100 袋栽培种→1000 个栽培袋。在生产中，母种、原种、栽培种应适度多制一些，以留有生产余地。

五、优质菌种的标准

宏观检查菌种质量的方法可概括为“纯、正、壮、润、香”五个字。具体方法是：“纯”指菌种的纯度高、无杂菌感染、无抑制线、无退菌现象等；“正”指菌丝无异常，具有亲本的特征，如菌丝纯白、有光泽、生长整齐、连接成块、具有弹性等；“壮”指菌丝粗壮、生长旺盛、分枝多而密，在培养基上萌发、定植、蔓延速度快；“润”指菌种基质湿润，与瓶壁紧贴，瓶颈略有水珠，无干缩、松散现象；“香”指具有该品种特有的香味，无霉变、腥臭、酸败气味。

（一）母种

优质母种菌丝洁白、浓密、粗壮、生长整齐、爬壁力强、不产生色素，菌丝生长较快，在 20～22℃条件下，在培养基上 5～7 天长满。

菌种气生菌丝多且形成很厚的菌被将管壁布满是老化菌种或经多次无性繁殖的菌种，不宜扩大培养。老化菌种容易在种块或试管壁上形成原基。

（二）原种、栽培种

优良的平菇原种或栽培种菌丝洁白、粗壮、密集，菌丝生长均匀、整齐，呈粗羊毛状，爬壁性强，不易产生很厚的菌被，香味浓郁。在 22～25℃条件下，一般 30～35 天长满。多数品种在培养基上方表面形成绒毛状气生菌丝，低温品种气生菌丝常分泌黄褐色色素，特别是在高温季节，低温品种常出现红褐色或黄褐色的气生菌丝或黄水，属于正常现象。

若培养基上方出现大量珊瑚状子实体或从瓶盖缝隙处长出子实体，说明菌龄过大，应尽快使用。若培养基干缩、瓶底积存黄水，说明菌种老化不能使用。上部菌丝稀疏、灰暗、无力、干瘪，下部菌丝正常，说明初期培养温度过高，通气不良，或有细菌污染。如果出现黄、绿、橘红色，说明已被青霉、木霉和链孢霉污染，必须淘汰。菌丝在瓶中生长一半左右，不再向下生长，说明培养基过干、过湿、过紧，可用上部正常菌种，不再继续培养。

六、菌种分离和生产

菌种分离和生产包括平菇菌种的分离，平菇母种、原种、栽培种的生产，液体菌种、枝条种的制作。

（一）菌种分离（平菇母种的分离）

平菇的菌种分离方法有单孢分离法、多孢分离法和组织分离法。单孢分离法技术比较复杂，较常用的是多孢分离法和组织分离法。

1. 多孢分离法

多孢分离法是把平菇的许多孢子接种于同一培养基上，使它们萌发、自由交配来获得纯菌种的方法。

（1）培养基准备　多孢分离法一般采用锥形瓶分离法。在锥形瓶内准备好培养块，培养基厚度一般为0.8～1.0cm，灭菌冷却后备用。

（2）种菇选择　选择某一品种出菇早、朵形好、长势旺盛的平菇子实体，从中选取菌盖完整、接近成熟的单个菌盖，去掉菌柄。

（3）种菇消毒　在接种箱内或超净工作台上进行操作，用无菌水将平菇菌盖冲洗干净，再用75%酒精将菌盖揩擦消毒。

（4）孢子采集　在接种箱或无菌超净工作台上无菌操作。用小剪刀将平菇菌盖剪成2cm×2cm×2cm的小块，取孢子的平菇要有菌褶。用细铁丝将平菇种块悬吊在锥形瓶中，使平菇的菌褶朝下，弹射的平菇孢子能够落在锥形瓶底部的培养基上。

（5）培养菌丝　将处理好的锥形瓶置于恒温培养箱中，设置温度25℃。平菇的子实体块产生的大量的孢子在适宜的温度下开始萌发。正常情况下7天左右就会见到锥形瓶内的培养基上有孢子开始萌发成菌丝。当菌丝生长到一定量时，可转接到母种试管上，试管上长好的菌丝即可作为平菇的母种，在生产上扩繁应用或保存。

2. 组织分离法

组织分离法是通过平菇的菇体组织分离培养而获得纯菌种的方法。该方法操作方便，菌丝萌发快，后代不易发生变异，遗传性状稳定。目前生产中这种分离方法应用最为普遍。

（1）种菇选择　利用组织分离培育平菇菌种，要选择能代表该品种原有遗传特性的平菇个体，以长势好、菇形完整、色泽适中、刚进入成熟初期为标准（图1-27）。

（2）种菇的处理与消毒　将挑选好的平菇去掉杂质，放置1～2h，使菇体失去过多的水分。用无菌水冲洗，然后用75%酒精对平菇子实体进行表面消毒。

（3）分离与移接　将分离用的接种刀在酒精灯焰上灼烧至发红，冷却后用小刀把平菇菌盖割开，在菌褶与菌柄交接处挑取绿豆块大小的菌肉组织，迅速放入母种培养基斜面上。

（4）菌丝培养　将接种过平菇组织块的试管放入25℃恒温培养箱中，组织块经过2～3天即可萌发出白色的菌丝（图1-28），继续生长3～5天，挑选菌丝生长健壮、浓密洁白、长势旺盛、无杂菌污染的试管，再进行转接，菌丝满管后，就得到了所需平菇的母种。

图1-27　选择种菇

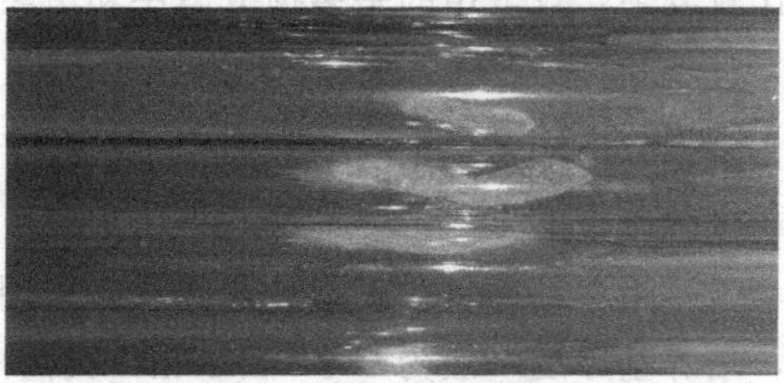

图1-28　白色的菌丝

（二）母种的制作

母种的生产包括培养基的制作和母种的扩繁。制备母种培养基基本程序是：各种药品的称量→配制→制取（水煮、过滤）→分装→灭菌→冷却→灭菌效果的检查。母种扩繁的基本程序是：母种试管的表面处理→接种→培养→检查→淘汰污染和不正常个体→成品。

1. 母种培养基常用配方

① 马铃薯200g，葡萄糖20g，琼脂18～20g，磷酸二氢钾3g，硫酸镁1.5g，pH 6.5～7.0，水1000mL。

② 马铃薯200g，葡萄糖20g，蛋白胨5g，琼脂18～20g，磷酸二氢钾3g，硫酸镁1.5g，pH 6.5～7.0，水1000mL。

2. 母种生产方法

（1）切土豆、称药品及原料　将土豆洗净、去皮、挖去芽眼（芽眼处的龙葵碱对菌丝有毒害作用），准确称取各种药品及原料（图1-29、图1-30），并将土豆切成1cm^3小块（图1-31）。

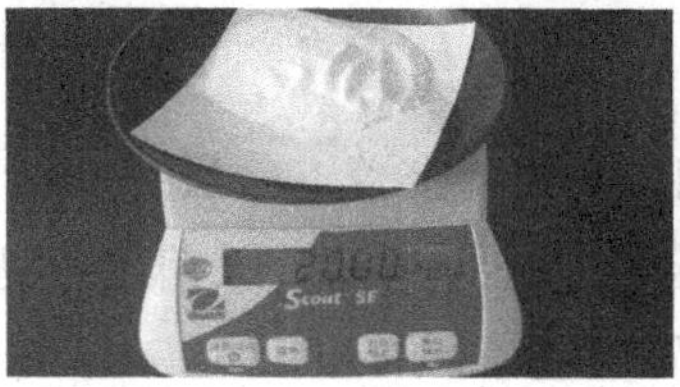
图 1-29 称药品

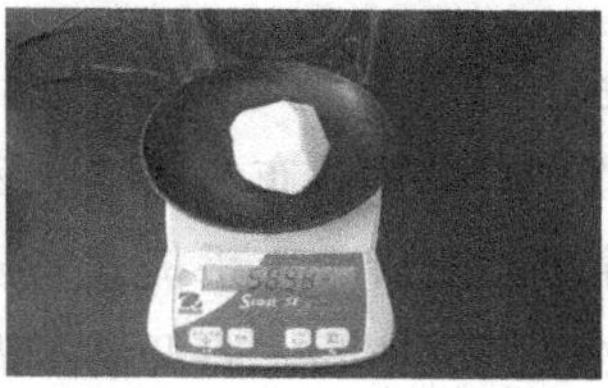
图 1-30 称土豆

图 1-31 土豆切块

(2) 煮土豆、溶解药品 将 200g 土豆在 1200mL 水中煮沸 30min（标准为熟而不烂），然后用 6 层纱布过滤，倒掉残渣并洗净铝锅。将滤液倒入锅内，同时加入溶解的琼脂粉和称好的葡萄糖、磷酸二氢钾、硫酸镁，继续加热并搅拌至全部溶化，停止加热，将水补足至 1000mL。如加入蛋白胨须用冷水溶化后加入，避免蛋白胨因结块而分散不均（见图 1-32～图 1-37）。

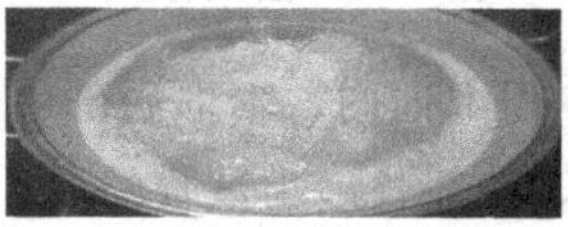
图 1-32 煮土豆

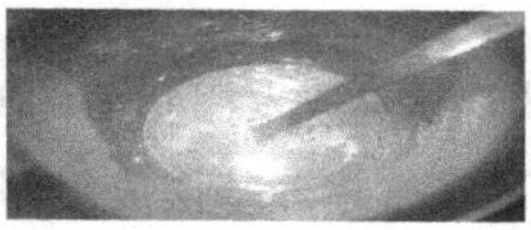
图 1-33 溶解蛋白胨

图 1-34 溶解琼脂粉

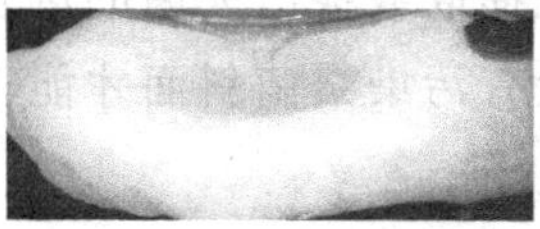
图 1-35 过滤

图 1-36 滤液

图 1-37 混合滤液和药品

(3) 分装试管、塞棉塞、包牛皮纸

① 分装试管 将母种培养基趁热时尽快分装试管。将玻璃漏斗夹在滴定管架上，下接一段乳胶管，用弹簧夹夹住胶管，左手握试管，右手控制培养基流量，使每支试管装量相当于试管长度的 1/4（见图 1-38）。

图 1-38 分装试管

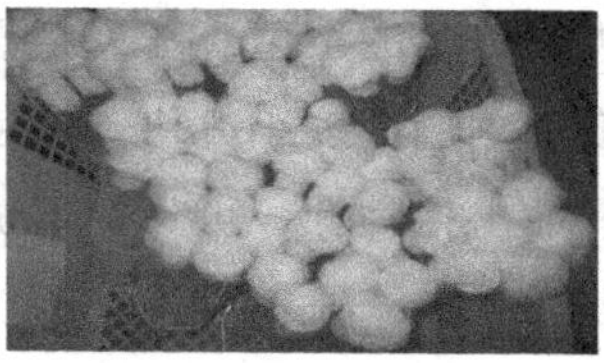
图 1-39 塞棉塞

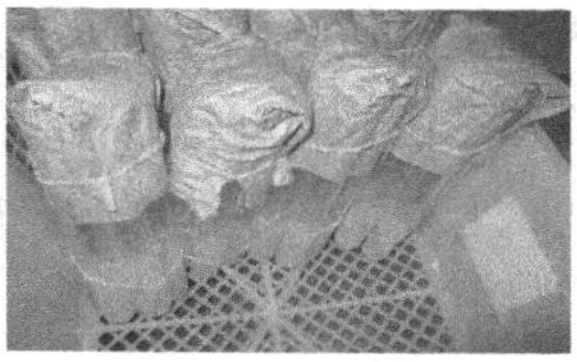
图 1-40 包牛皮纸

② 塞棉塞 棉絮可用未经脱脂的原棉。方法是把棉絮做成棉塞塞入试管，松紧度以用手抓棉塞试管不脱落为度。棉塞要紧贴管壁不起皱，棉塞塞入管中的部分约为 2cm，外露部分约 1cm（见图 1-39）。

③ 包牛皮纸 用牛皮纸或双层报纸将棉塞端包住，用粗棉线将试管扎成一捆

（见图 1-40）。

（4）灭菌、摆试管、检验

① 灭菌　将制好的试管培养基用纱布包扎成一捆，在棉塞上盖上一层牛皮纸，以防止灭菌时冷凝水沾湿棉塞，随后放入手提式高压锅中进行灭菌，灭菌温度达 121℃维持 30min。停火自然降压至零后，打开高压锅盖（见图 1-41）。

图 1-41　灭菌

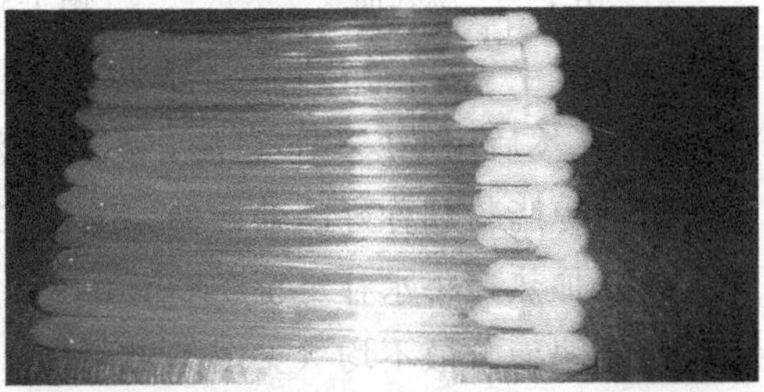

图 1-42　摆试管

② 摆试管　将灭菌后的试管趁热放入摆斜面的专用木框内，木框底部前边支一小木块使之稍倾斜，使木框内的试管培养基摆成斜面，一般长度为试管的 2/3，摆好斜面后在上面盖一层保温棉，防止试管冷却过快产生太多的冷凝水（见图 1-42）。

③ 检验　制好的斜面要进行灭菌质量检查。随机抽取数根已灭菌的试管培养基放在 28～30℃下进行 2 天的空白培养，检查确实没有污染杂菌斜面才能正式接种使用。

（5）接种、贴标签培养

① 接种　接种前，把培养基放入无菌操作台或接种箱中进行消毒。接种时，手和接种针用 75％酒精棉球擦洗，点燃酒精灯使火焰周围空间形成无菌区。左手平行并排拿起母种试管和供接种用的斜面试管，两支试管斜面要向上，管口要齐平。右手大拇指和食指持接种针，在酒精火焰上灼烧灭菌。将左手试管移至火焰旁，用右手的小指、无名指和手掌，在火焰旁分别夹下两试管的棉塞，将试管口在火焰上稍微烤一下，以杀灭管口上的杂菌。随后将管口移至距火焰 1～2cm 处，用冷却了的接种针将母种纵横切割成许多小方块，然后挑取一小块，迅速移入被接种的试管斜面的中前部，轻轻抽出接种针，再烤一下试管口，迅速塞上过火焰的棉塞（见图 1-43）。如此连续操作，1 支母种一般可接种 15～20 支试管。尽量挑选菌龄短的菌丝块进行生产。

② 贴标签培养　试管从接种箱取出前，应逐支在试管正面的上方贴上标签，写明菌种编号、接种日期，随后把试管置培养箱（室）中 23～25℃下培养，7～10 天长满斜面。

（6）菌种保藏　挑选无污染的培养斜面，棉塞用硫酸纸包扎后放置在 4℃的冰箱中保藏。一般 2～3 个月可用。

图 1-43 接种

(三)原种、栽培种的制作(固体菌种)

1. 原种及栽培种主要配方

(1)木屑培养基 阔叶木屑 78%,麸皮 20%,糖 1%,石膏 1%,pH 值6.5~7,含水量 60%~65%。

(2)玉米芯培养基 玉米芯 78%,麸皮 20%,糖 1%,石膏 1%,pH 值6.5~7,含水量 60%~65%。

2. 生产方法

(1)菌种瓶、袋的选择 原种常用 500mL 的标准菌种瓶,栽培种一般选用 17cm 长、33cm 宽、0.004cm 厚的聚丙烯袋。

(2)装瓶、装袋

① 装瓶 菌种瓶洗净控干后,装入培养料到瓶肩,将瓶内、外壁擦拭干净,盖上带有透气孔的盖。

② 装袋 装入培养料到高度 20cm,套上双套环。

(3)灭菌方法 灭菌有两种方法:一是高压灭菌;二是常压灭菌。常压灭菌 100℃,保持 10~15h;高压灭菌 1.5MPa,保持 2h。

(4)接种方法

① 原种扩接方法(超净工作台内接种,由试管到瓶或塑料袋) a. 消毒手和母种试管外壁;b. 点燃酒精灯;c. 拔掉母种棉塞,在酒精灯火焰上灼烧试管口和接种匙,将母种固定;d. 拔掉菌种瓶棉塞,取 2 块 $1cm^2$ 菌种,至菌种瓶内;e. 塞上棉塞,贴好标签。

② 栽培种扩接方法(超净工作台内接种,由瓶到瓶或塑料袋) a. 原种瓶棉塞进行消毒处理;b. 消毒手和原种瓶外壁;c. 点燃酒精灯;d. 拔掉原种棉塞,在酒精灯火焰上灼烧原种瓶口和接种匙,将原种瓶固定;e. 拔掉菌种瓶棉塞,将表面的老菌种块和菌皮挖掉,用接种匙捣碎菌种,取满勺菌种至栽培袋内;f. 塞上棉塞,贴好标签。

(5)养菌方法 接种后的菌袋最好放入清洁、黑暗的房间培养,培养温度20~25℃,空气湿度 60%~70%,每天通风换气 1~2 次。另外,每隔 7~10 天应翻堆检查一次，发现问题及时处理。22～25℃恒温培养，500mL的二级菌种菌种瓶一般25～30天长满。

培养的原种与栽培种见图1-44、图1-45。

图1-44 原种

图1-45 栽培种

（四）平菇枝条种的制作及使用

1. 枝条种的概念、优点

枝条种是指用竹签、木条、雪糕棒等制作的食用菌菌种，通常枝条种用来制作三级种，平菇、木耳等常规品种都可以使用枝条种。枝条种可以提高接种效率，具有萌发快、接种方便快捷等优点。接种时，只需用无菌镊子夹起一根枝条插入培养基中间即可，操作方便简单，有利于减轻污染（不需要打开全部袋口，培养基暴露的时间短，减少污染机会）。接种后，枝条可以深入培养基内部，菌种从上、中、下多点萌发，菌丝从里向外呈立体辐射状蔓延，满瓶、满袋时间一般可提早5～7天，提高了出菇同步性。枝条种对制作技术要求较高，一般采用高压灭菌的方式。

2. 平菇枝条种制作步骤

制作步骤：选择种木→枝条的浸泡、水煮→辅料制作→装料、装袋→灭菌→接菌→培养。

（1）选择优良种木　杨木、桑木、柞木、椴木、柳木等能够栽培食用菌的木材都可以制作枝条种，杨木的价格较低，较为常用。现在有专门生产食用菌专用枝条的厂家，也可以用一次性筷子或冰糕棍，枝条长度一般为12～15cm，宽0.5～0.7cm，厚0.5～0.7cm，枝条的规格要根据栽培袋的大小进行选择。

一次性筷子见图1-46，冰糕棍见图1-47。

（2）枝条浸泡、水煮

① 浸泡法　将采购来的整包枝条装在塑料筐内，提前浸泡在pH值为10的石灰水大盆中（图1-48），然后上面用重物压实，加清水至水淹没枝条10cm。一般连续浸泡24h后检查枝条是否泡透，方法是用锤子把浸泡后的枝条砸开，看其有没有白芯，如有应继续浸泡，如无说明已泡透。若是在低温季节，浸泡时间还须相应延长至36h，使含水量达到60%，达不到此要求的可煮枝条补水。含水量达到标准

图 1-46 一次性筷子

图 1-47 冰糕棍

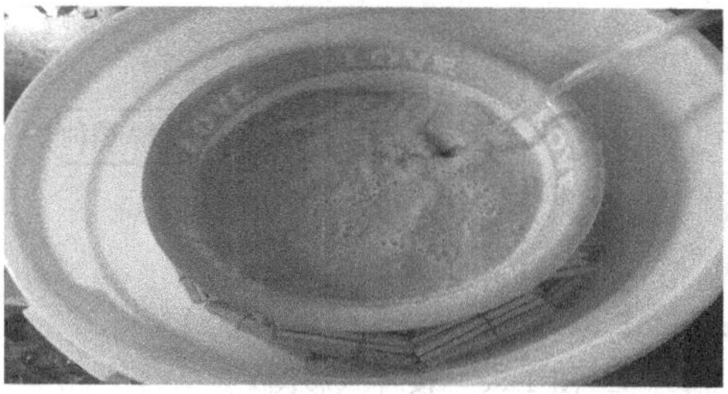

图 1-48 用 pH 值为 10 的石灰水浸泡

图 1-49 枝条捞出

后，去掉覆盖物用塑料筐将枝条捞出（图 1-49），沥水后准备拌料装袋。

② 水煮法 先将量好的水倒入大锅内，再将蔗糖、磷酸二氢钾、硫酸镁溶解于水中（配方：100kg 水加蔗糖 1kg、磷酸二氢钾 0.3kg、硫酸镁 0.15kg），将枝条倒入锅内（图 1-50），加热煮沸 30～40min，随机从锅内抽取数根枝条，用刀纵切检查枝条吸收营养液的情况，煮沸到枝条无白芯为止，再捞出沥水。

（3）制作辅料、将枝条和辅料拌匀 辅料主要填充在种木间隙以补充营养、利于菌丝定植，添加量以 30% 为宜。辅料配比：棉籽皮（木屑）78%、麸皮 20%、石膏 1%、石灰 1%（石灰要根据实际情况进行调整）。棉籽皮要提前预湿，拌料要均匀，含水量达到 60%～65%，pH 值为 8.0～9.0。装袋（瓶）前，将枝条和辅料拌匀，必须让枝条表面能粘上辅料（图 1-51）。

（4）装袋（图 1-52） 选 17cm×33cm 聚丙烯塑料袋，厚 0.005～0.007cm，厚度不能低于 0.005cm，每个袋内装枝条约 200 根。为杜绝感染，可在菌袋外再加一层塑料袋。装袋时，将枝条与少许辅料混拌，使枝条粘有辅料，然后放入在底部垫有少量（2cm 厚）辅料的袋里，袋的四周侧面用辅料填实，再在枝条表面盖少量辅料，以覆盖枝条为准，也称之“过桥”。当装到袋子七八成时，套上颈圈，塞上棉塞或塑料塞，装入筐中灭菌。

（5）灭菌 常压灭菌 100℃、15h；高压灭菌 126℃、2h。判断是否灭菌彻底，看栽培包原基形成之前“吐”水是否是白色的：是白色的表示灭菌已彻底；如果吐

图 1-50 锅煮枝条

图 1-51 将枝条和辅料拌匀

图 1-52 装袋

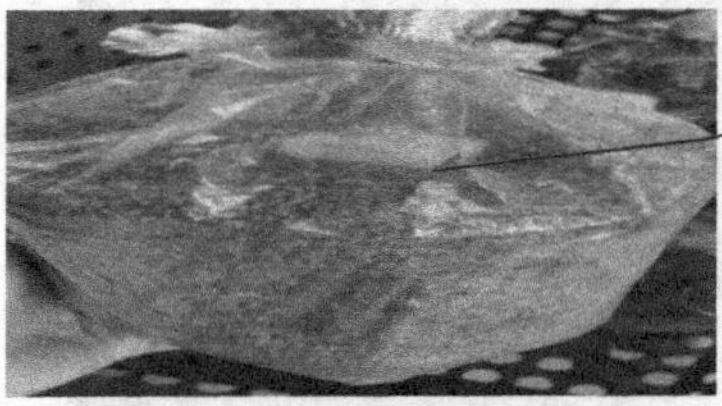

图 1-53 接种（彩图）

“黄水”说明灭菌不彻底，随后会出现绿色木霉感染。

（6）接种 待料温降到 25℃以下时，按无菌操作接种，一支母种可以接种 5 袋（图 1-53）。

（7）培养 在暗光、20～25℃、适度通风、40%～50%空气相对湿度条件下培养。枝条培养基透气性好，菌丝生长迅速，培养时间比常规原种缩短 5～7 天。枝条种培养见图 1-54。

（8）采用枝条种接种 枝条种长满后可以用来接种栽培种。枝条种应在长满瓶（袋）10 天后再进行使用，使菌丝体有一个后熟阶段，充分“吃入”枝条中。这样的菌种接种成活率高，发菌速度快。很多人用枝条种接种犯了一个最大的错误就是长满袋就用，常常发生死菌（不萌发）现象。枝条种接种时首先将菌袋表面用酒精棉球擦拭消毒，削去菌袋颈圈，去掉表面老菌皮，然后将枝条种取出接入灭好菌的菌袋孔内，并在表面撒一层固体菌种封面，盖上盖。枝条种接种见图 1-55。

（五）平菇液体种的生产及使用

1. 摇瓶液体种的制作要点

（1）培养基配方 马铃薯 200g，葡萄糖 20g，蛋白胨 5g，磷酸二氢钾 2.0g，硫酸镁 1.0g，维生素 B_1 1 片，pH 值 6.8～7.0，水 1000mL。

（2）制作培养基 将土豆在水中文火煮沸 30min（标准为熟而不烂），然后用 6 层纱布过滤，将滤液倒入锅内，同时加入按配方称好的各种成分，继续加热并搅

图 1-54　枝条种培养（彩图）

图 1-55　枝条种接种（彩图）

拌至全部溶化后，停止加热，将水补足。将培养液分装入锥形瓶中，500mL 锥形瓶内装 150mL 培养液，每瓶加 10 个玻璃珠，然后用硅胶透气塞塞紧瓶口。

（3）灭菌、冷却　将锥形瓶装入灭菌锅，上面盖上报纸，排气后，待温度升至 121℃开始计时，维持 30min。当压力降至零时开始放气，打开锅盖冷却到 30℃以下时取出锥形瓶放在超净工作台上冷却。

（4）摇瓶接种　选取新培养好的试管斜面菌种 1 支，在无菌条件下每瓶迅速接入 2～3cm^2的母种一块（图 1-56），每支母种可接种 5 个摇瓶。

（5）培养　接种好的菌种瓶可置于摇床上培养，旋转式摇床的频率为 180 r/min，培养温度为 25℃，一般培养 5～6 天。当菌丝球均匀地布满透明的橙黄色营养液（图 1-57）时停止培养。

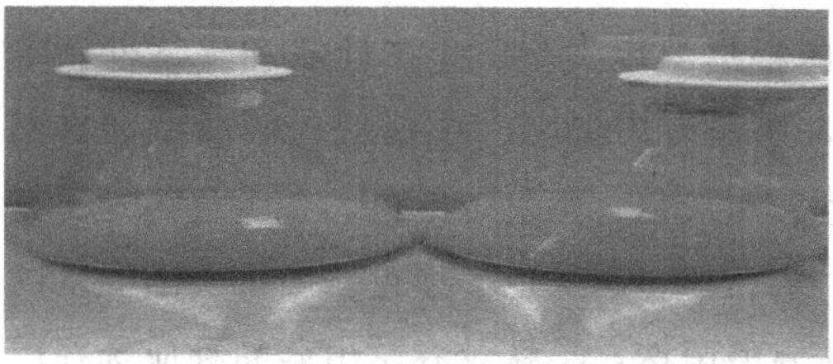
图 1-56　接种的摇瓶（彩图）

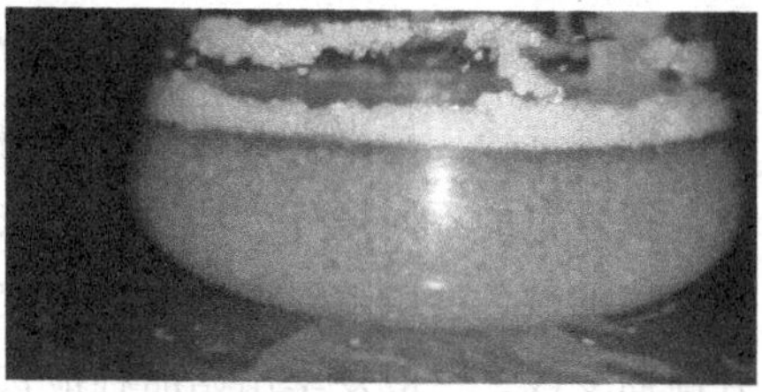
图 1-57　培养好的液体菌种（彩图）

2. 发酵罐的制作要点

（1）工艺流程　发酵罐清洗和检查→空消（对发酵罐体灭菌）→液体培养基配制→装罐→实消（培养基灭菌）→接种→发酵培养→取样检测→发酵终点确定→接种。

（2）配方　马铃薯 100g，红糖 15g，葡萄糖 10g，麦麸 40g，蛋白胨 2.0g，磷酸二氢钾 2.0g，硫酸镁 1.0g，维生素 B_1 1 片，泡敌 0.3mL，pH 值 6.8～7.0，水 1000mL。

（3）装罐、灭菌　按培养基配方将培养料装入发酵罐中，70L 发酵罐装 50L 培养液，在 121℃条件下热力灭菌 1h。

（4）接种　培养料冷却到 25℃以下，严格按照无菌操作要求进行发酵罐接种，每个发酵罐接1000～1500mL原种。

（5）培养　培养条件：温度25℃，pH值6.5，培养时间72～90h，罐压0.02～0.04MPa，通气量1∶0.8。培养的发酵罐见图1-58。

（6）采用液体菌种接种　液体菌种培养好后可以用来接栽培种。接种前包括菌袋的冷却过程，所有的空气过滤消毒系统须严格按照开机程序运作，工人进出也须严格按照净化车间人员进出消毒程序进行。接种时将冷却到25℃以下的菌袋连筐从灭菌小车上搬到接种专用线上，员工在接种室内空气高效过滤器下，使用自动液体接种机将发酵培养好的液体菌种在罐压0.20MPa条件下喷洒在袋口表面，每袋接种约25～30mL。接种环境要求绝对洁净，控制在万级水平。接种后整筐菌袋从流水线运至室外，由专人用周转车搬到培养室培养。平菇液体菌种接种见图1-59。

图1-58　培养的发酵罐

图1-59　平菇液体菌种接种（彩图）

七、菌种选择

我国是最大的平菇生产国，平菇品种资源十分丰富，已经发现可以食用的平菇有30多个品系，200多个种类。生产中应根据温度类型、生产性状和经济性状等进行菌种选择。按出菇温度的不同来分，平菇有广温型、中温型、低温型和高温型。按颜色的不同可分为洁白色、灰白色、深灰色、黑色、红色、金黄色等。平菇子实体的颜色会跟随温度的变化而变化，灰白色、深灰色、黑色一般都会随温度的升高而变浅。一般夏季出菇品种应选择高温型菌株，早秋及春季出菇品种应选择广温偏高型菌株，秋冬季出菇应选择广温偏低型菌株。

第四节　出菇菌袋的制作

一、平菇发酵料栽培菌袋制作

（一）发酵料的制作

1. 平菇发酵料栽培菌袋制作工艺流程（见图1-60）

图1-60　平菇发酵料栽培菌袋制作工艺流程

2. 建堆场地的选择、制作季节

建堆场地最好是紧靠菇房的水泥地面，避风向阳，水源干净并排水良好。每 $100m^2$ 的栽培面积的培养料，要保证有 $45m^2$ 的堆料面积。建堆前首先对场地和工具进行彻底消毒，其次将原料曝晒 24h。

在自然条件下，菌袋制作季节最好掌握在 8～11 月进行，最佳播种季节为 9～10 月，不提倡在夏季高温季节播种，此时温度高、成功率低。

3. 原料配方

在生产中配方有很多，下列配方供参考：

① 棉籽壳 40%，玉米芯 45%，麸皮 10%，过磷酸钙 0.5%，石膏粉 0.5%，尿素 0.5%，蔗糖 0.5%，石灰 3%。

② 玉米芯 80%，麸皮 15%，过磷酸钙 0.5%，石膏粉 0.5%，尿素 0.5%，蔗糖 0.5%，石灰 3%。

配料时要控制麸皮含量，在高温季节配料时麸皮添加量一般不超过 15%；石灰添加量可达到 2%～4%；尿素代替氮肥时，添加量不超过 0.5%；石膏、过磷酸钙添加量控制在 1%以下。

4. 建堆

现以鑫源公司发酵料栽培平菇为例，介绍一下发酵料建堆过程。

(1) 建堆时间　确定当地适宜播种期后，再向前推 7～10 天，即为建堆时间。

(2) 建堆方法　建堆前玉米芯最好先预湿，由于玉米芯颗粒粗，不易吸水，预湿的目的就是让原料提前吸足水分，建堆时容易起热。否则建堆时就需要泼大量水，既增加了建堆难度，又会导致料堆建好后大量漏水，造成肥料流失，降低培养料的营养水平，而且建堆后由于料内水分不足造成堆温不正常，影响发酵效果。玉米芯的预湿在建堆前 1 天进行，含水量以 60%为宜。建堆时，先将主料和辅料混合均匀，然后加水和化学药品，做到"三均匀"（即主料和辅料均匀、干湿均匀、化学药品在料中均匀），并达到两个指标（含水量 65%～70%和 pH 值达到 10）。

料堆要求南北走向，受光均匀。一般堆高 1.5～1.8m（低温季节高些，高温季节低些），宽 2～2.5m（低温季节宽些，高温季节窄些），四边上下最好陡直，堆顶呈龟背形，不要建成三角形，因为三角形堆顶高温区少，发酵效果差。建堆完毕，在料面上喷稀释 500 倍的 80%敌敌畏、稀释 1000 倍的 50%多菌灵防虫防病。之后用草帘盖住料堆保湿，雨天用塑料膜防雨（雨后立即撤去，防止闷料厌氧）。建堆后，为了增加透气性，用直径 5cm 的木棒在料堆顶部及两侧间距 0.5m 打通气孔，每隔 0.5m 插一孔，孔与孔之间呈"品"字形，以利通气发酵。低温或多雨季节最好在棚内发酵，利于升温和防雨。具体步骤见图 1-61～图 1-66。

图 1-61　准备主料

图 1-62　准备辅料

图 1-63　原料预湿

图 1-64　拌料

图 1-65　打“品”字形洞

图 1-66　建好的堆

5. 翻堆

（1）翻堆的原因　建堆24h后，堆内温度上升，料堆内、外产生了温差，进而促使空气从料堆侧面流进料堆中部并从顶部排出而产生“烟囱效应”。料堆经过几天的“烟囱效应”造成发热后，料堆内外的温度、水分差别太大，就必须把料堆扒开、抖散、充分地混合，然后再堆起来，这就是要求反复翻堆的理论基础。

（2）翻堆的目的　就是通过对料的多次翻动，把外层冷却区与好氧发酵区（放线菌活跃区、最佳发酵区）和厌氧发酵区的料互换位置，排出料堆发酵时产生的废气，检查和调节培养料的水分、pH值，加入辅料改善料堆各部位的通气、供氧，满足微生物的繁殖活动和要求，促使料堆温度再次升高，促进培养料分解转化、腐熟均匀。

（3）料堆的层次及发酵特点　料堆中的温度不均匀，从外到内一般分为外层冷却区、放线菌活跃区、最佳发酵区、厌氧发酵区，不同区域分布图如图1-67所示。

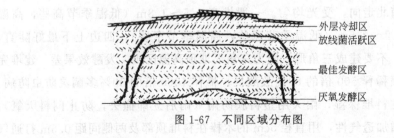

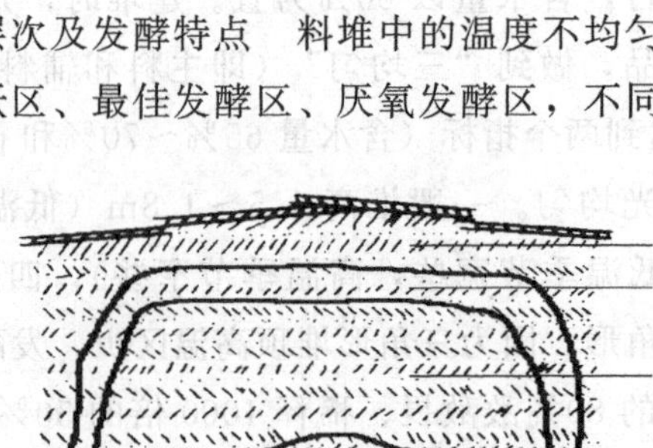

图 1-67　不同区域分布图

不同区域的发酵特点如下：

① 外层冷却区　是和外界空气直接接触的料堆表层，也是微生物的保护层，

厚度7～15cm。由于风吹日晒，水分损失较多，温度一般约35℃，透气干燥。

② 放线菌活跃区　温度约50℃，料上产生白色放线菌。

③ 最佳发酵区　温度70～80℃，该层中微生物不能存活，但化学反应很活跃，该区发酵效果最好。

④ 厌氧发酵区　是料堆中下部温度较低而且呈过湿状态的料层，温度一般20～30℃，常常会因缺氧而进行厌氧发酵，有氨臭味，这层料不适合平菇菌丝生长。

（4）翻堆时间和方法　平菇多在春秋堆制发酵，一般在建堆后48～72h应进行翻堆，生产中根据距料表面一尺（33.3cm）处温度达到65～70℃并维持24h后进行。翻堆时必须将料松动，以增加料中含氧量，同时把料堆上部分的料翻到下面，将料堆下部分的料翻到上面，以便培养料均匀发酵（图1-68、图1-69）。全部发酵过程大约6～10天，高温季节1～2天翻堆一次，低温季节2～3天翻堆一次，一般情况翻堆3次即可。然后把培养料扒开摊平降温，待排出废气、料温降到25℃以下即可进行栽培。

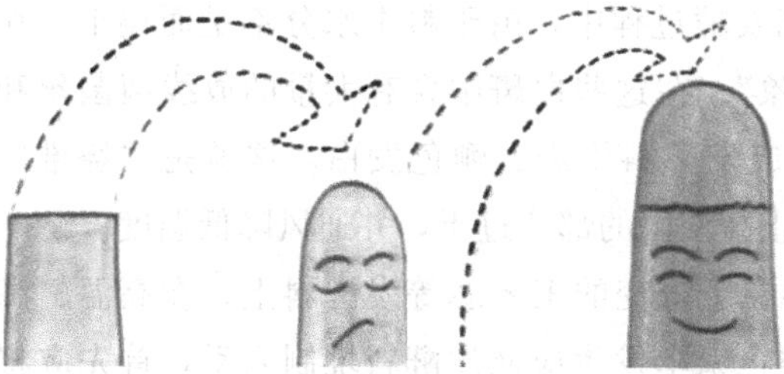

图1-68　翻料示意图

图1-69　翻料

（5）发酵料的质量标准　开堆时可见适量白色放线菌（图1-70），质地松软、有弹性、浅褐色、无异味、有芳香味、料含水量65%、pH值6.5～7.0。

图1-70　白色部分为“放线菌”

（6）调料　在发酵料发酵好后，还要对发酵料进行调料。先将发酵料散开散热，之后向料内喷稀释1000倍的50%多菌灵和杀虫剂，喷得要均匀。若料偏酸，还应向料内喷洒0.5%的石灰溶液，调节发酵料酸碱度为微碱性。之后即可进入装袋播种阶段。

6. 发酵过程中遇到的问题及解决方法

（1）酸臭味的处理　发酵料堆制后升温缓慢，5～6 天后堆温仍低于 60℃，并出现酸臭味、培养料发黏。这是由于发酵料的含水量过高，堆积过于紧密，通气不良造成的厌氧发酵。补救措施是立即铲开料堆，抖开发酵料进行摊晒，降低含水量，再重新堆制。堆制时要留有通气洞（图 1-71），增加其透气性。

图 1-71　打“品”字形洞透气（彩图）

（2）“烧堆”的处理　在发酵料堆制发酵过程中，由于料中水分不足而偏干，在料堆中出现大小不等的白斑即“白化现象”。在这些白斑中含有大量的放线菌菌丝和孢子，放线菌大量繁殖使料温升高，造成发酵料干燥、颜色发白，这就是“烧堆”。发现有这种情况，必须浇足水分，以防止高温区的部位过干，并通风降低温度。

（3）鬼伞的处理　鬼伞孢子大量存在于霉变的玉米芯等发酵料上，在高温、高湿和碱性环境下极易发生（图 1-72）。防止鬼伞发生应从发酵料堆制入手，首先应将料晒干，杀死鬼伞孢子。发酵时若发现料堆周围有鬼伞发生，应及时摘除其子实体（图 1-73），并将发生鬼伞的培养料翻入料堆中心，让高温杀死其菌丝和孢子。发酵时适当通风换气供应充足的氧气，以免发酵料产生厌氧发酵，使料内氨气充分散发。

图 1-72　鬼伞

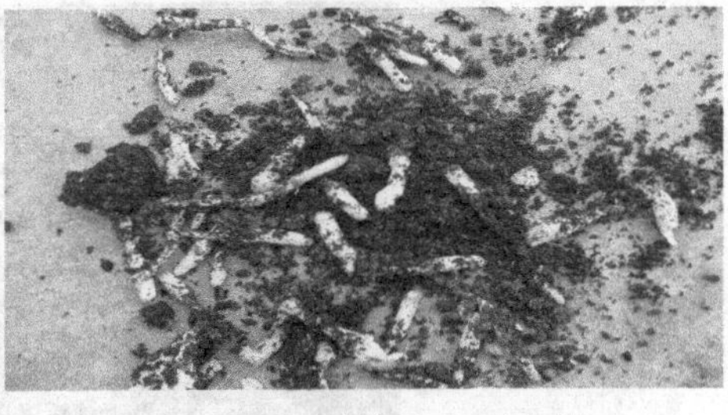

图 1-73　拔出的鬼伞子实体

（二）利用发酵料制作平菇菌袋

1. 塑料袋的选择

通常用长 50cm、宽 22cm、厚度 0.004cm 的聚乙烯塑料袋（图 1-74）制作平

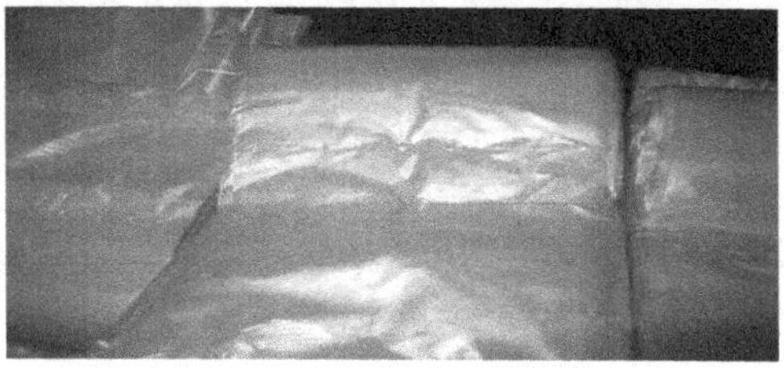

图 1-74 塑料袋

菇菌袋。如果接种四层，提前将塑料袋用缝纫机轧 12 行，每 3 行一组，共 4 组，用前用塑料绳先系好一头。

2. 播种前菌种的处理

播种前将菌袋外壁、盛菌种的盆、接触菌种的手套等用 0.1%高锰酸钾或 2%来苏儿溶液消毒擦拭干净，将菌种掰成 1cm 见方小块（图 1-75、图 1-76），去掉菌种表面的老化膜（老菌皮），放入消过毒的盆中。

注意事项：

① 在菌种的处理中一定要禁止用脚踩菌种（图 1-77）、用手搓碎菌种。有的工作人员为了提高速度，将菌种用脚踩碎，降低了菌种活力，菌种播种后萌发慢、吃料慢，影响了发菌速度和产量。

图 1-75 菌种

图 1-76 掰成小块

图 1-77 用脚踩菌种

② 去掉菌种表面的老化膜（老菌皮）。菌种表面的老菌皮是老化的菌丝体，活力差，不能当菌种使用。有些菇农在生产中认为老化膜也是菌种，扔掉可惜，当作菌种用，结果造成菌丝不吃料，同时由于老化膜有营养，被杂菌利用，菌袋被感染造成损失。

3. 装袋接种

（1）装袋接种方式　装袋接种（图 1-78）方式主要有层播法和穴播法。层播法有三层料四层菌种、二层料三层菌种、一层料二层菌种，方法基本类似。穴播法是中间挖穴放种，穴距 8～10cm，“品”字形排列，余种撒盖料面。

层播法：待料温降到 25℃以下，将料摊开进行接种。接种一般采用层播法，接种量为 20%。一般情况可三层播种，上下各一层，中间一层，投种比例为

图 1-78 装袋接种整体图

2∶1∶2，两头多，均匀分布，中间少，周边分布，将菌种装到提前用缝纫机轧的微孔处。袋的两头用绳系好，或加上颈圈、盖上双层报纸、再用皮套系好。如果袋两头是用绳子系的，需要用针在袋两头打 3～5 个微孔进行透气，如果套颈圈就不用打微孔。二层料三层菌种播法见图 1-79、图 1-80，穴播法见图 1-81、图 1-82。

图 1-79 二层料三层菌种播法（彩图）

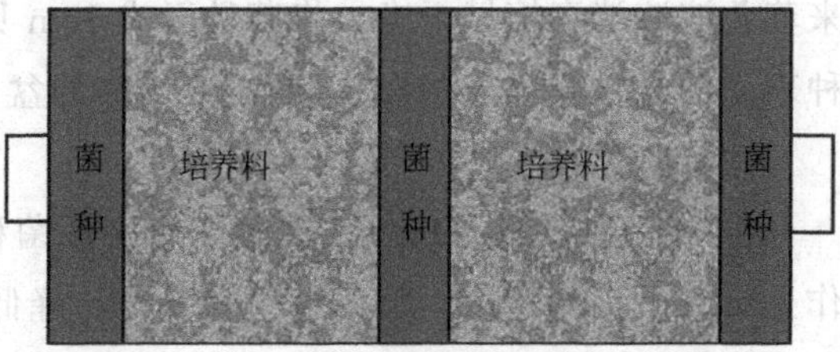

图 1-80 二层料三层菌种播法示意图

图 1-81 穴播法（彩图）

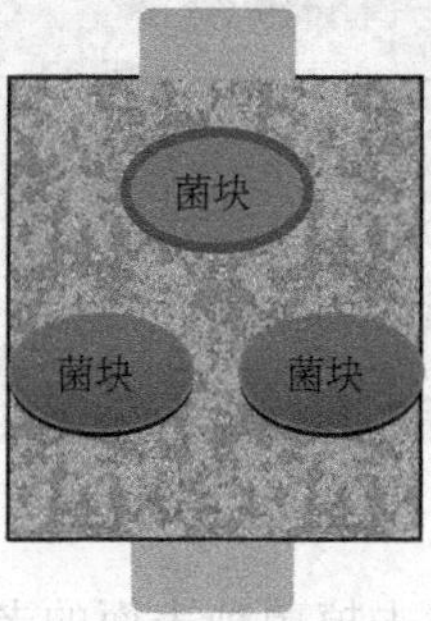

图 1-82 穴播法示意图

（2）生产中的分工

① 供料工 把好调料关，边供料边调节发酸和水分不均匀的料。

② 供种工 要用大盆或桶盛 0.2%的高锰酸钾，将菌袋在消毒液中浸蘸消毒，剥袋后放在专用小桶中。

③ 装袋工 每人一个专用小桶盛种，按规定方法装袋。

④ 搬袋摆袋工 铺地膜，地膜上撒石灰粉，轻拿轻放，菌袋摆成“井”或“品”字形，尽量避免“针眼”被挤压，以利通气。

（3）大批量生产时，建议采用自动播种装袋机 自动播种装袋机（图 1-83）

包括原料、菌种出料部分和装袋、出料控制部分，可自动完成原料、菌种的装袋工序，并使原料和菌种的量搭配均匀、准确，可大大提高装袋效率，从而避免繁重的手工劳动和各种农药、化肥等对人体皮肤的危害。每台机器由五人操作，套袋、填料、备种、投种、扎口各 1 人，生产效率高。

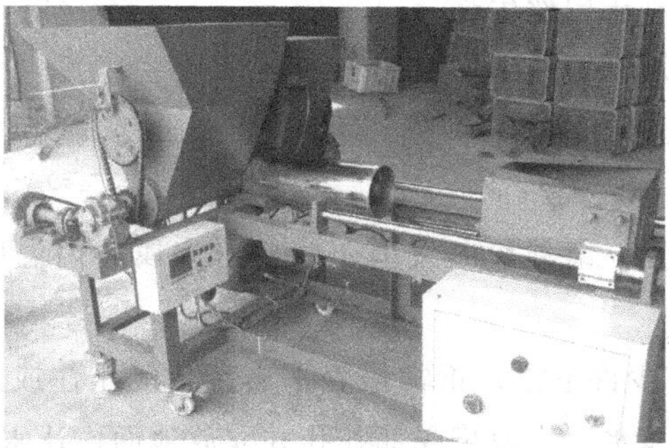

图 1-83　自动播种装袋机

4. 发菌管理

接种后的菌袋搬入经消毒的培养室，室温控制为 20～24℃，空气相对湿度为 60%，保持空气新鲜，暗光培养。正常情况下，25～30 天菌丝即可长满菌袋。

（1）培养室消毒　培养室应事先清扫干净，并消毒处理。具体方法：10mL 甲醛加 5g 高锰酸钾可熏蒸 $1m^3$ 空间，熏蒸时间一般为 12～24h；利用气雾消毒盒进行熏蒸，使用量为 $4\sim6g/m^3$。为防止杂菌侵染，培养室内最好 5～7 天喷 1 次灭菌药物，如 3%～5%的来苏儿等。

（2）适温发菌，合理排放菌袋　平菇菌丝在 15～22℃温度下生长，此时杂菌处于被抑制状态，平菇菌丝粗壮、浓密。通常料温为 15℃时，菌袋一层一层叠放在一起“一”字形发菌（图 1-84），每垛 5 层，垛间距 60cm；料温 20℃时，菌袋“井”字形摆放（图 1-85），每垛 5 层，垛间距 60cm；当料温 25℃以上时，菌袋最好单层散放。堆垛后每隔 5～7 天倒垛一次，将上下互换，并将菌袋旋转 180°，使菌袋受温一致，发菌整齐。因为平菇菌丝生长过程中分解培养料，释放能量，袋内料温比空气高 3～5℃，所以测量时注意气温的同时更要注意料温变化，防止烧菌。穴播发菌见图 1-86。

图 1-84　“一”字形发菌

图 1-85　“井”字形发菌

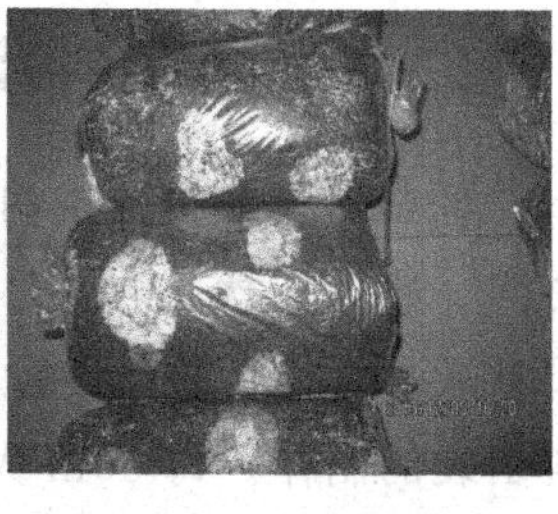

图 1-86　穴播发菌

（3）及时通风　菌种是通过透气孔吸取氧气而萌发生长的，所以适度的通风是决定发酵料栽培成功的关键因素。一般每天通风 2～3 次，每次 30min。

（4）保持适宜的相对湿度和光线　空气相对湿度保持在 60%～70%，既要防止湿度过大造成杂菌污染，又要避免环境过干而造成栽培袋失水。培养室光线宜暗不宜强，光线过强不利于菌丝生长。

（5）加强倒袋翻堆和捡杂工作（图 1-87）

① 接种后 2～3 天，检查菌种是否萌发，如未萌发，多属未打透气孔，应立即打孔。

② 接种后 3～5 天，菌种块萌发但不吃料，多属袋内温度太高，应立即降低温度。

③ 如发现袋中有少许毛霉，正常培养平菇菌丝能压住或盖没污染区并正常出菇。如发现菌袋底部积水，将菌袋底部扎孔并立放地面，让水通过透气孔流出。

④ 绿霉轻微污染的菌袋可用 50%多菌灵可湿性粉剂稀释 1000 倍注射，污染严重的菌袋应及时清理出场地烧毁。

（6）加强菌丝后熟培养（图 1-88）　菌丝发满料袋后继续培养 7～10 天，菌丝更加粗壮、浓密、洁白，达到后熟目的。平菇发满菌袋不宜着急出菇，要有一个低温后熟期。因为此时只是在栽培袋表面长满菌丝，料还没有“吃透”，需要进一步培养。通过后熟可让菌丝浓白，从而储藏足够养分，达到生理成熟，此阶段通常持续 7～10 天。当手拍袋有“嘭”响声，切开菌块，剖面菌丝断面整齐，看不到基质的颜色，闻有菇香气味时即完成后熟阶段。

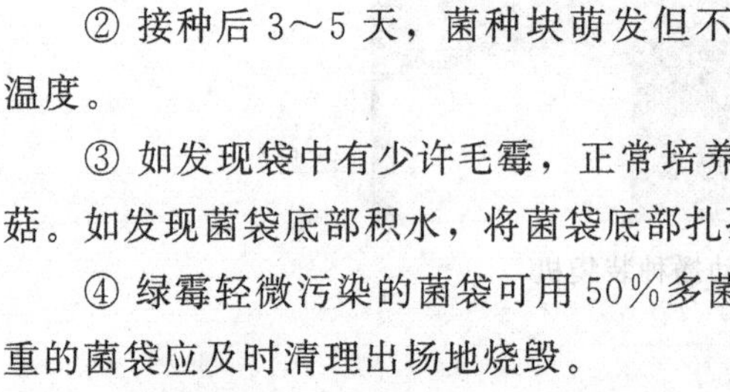

图 1-87　倒袋

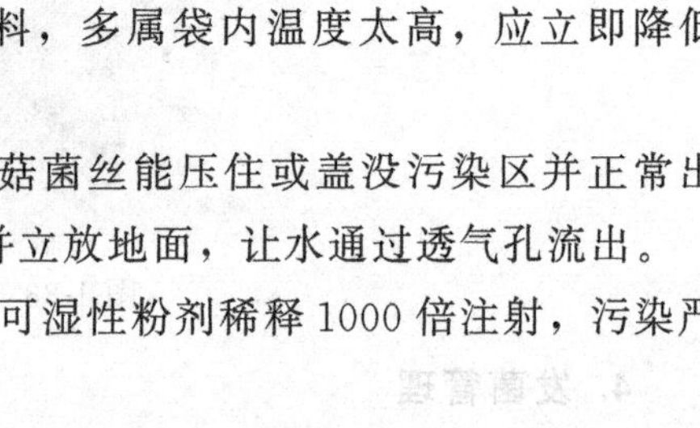

图 1-88　菌丝后熟培养

二、平菇熟料栽培菌袋制作

平菇熟料栽培菌袋制作的场地选择参照发酵料栽培菌袋制作即可。菌袋制作的时间一般选在秋播的 8 月中旬至 9 月下旬。下面以辽宁省朝阳县大庙鑫源公司和朝阳县天承食用菌种植专业合作社为例，介绍一下一个 50m 长、8m 宽的大棚平菇熟料菌袋的制作。每 50m 大棚大约装 1 万～1.2 万袋菌袋，每袋大约装干料 1.5kg，需培养料约 15000～18000kg，需拌料台 10m^2。一共需要 6 个锅，每锅可以装 2000

袋菌袋。现以生产 2000 袋菌袋为例，介绍菌袋制作要点。平菇熟料栽培菌袋制作工艺流程见图 1-89、生产车间见图 1-90。

图 1-89　平菇熟料栽培菌袋制作工艺流程

图 1-90　生产车间（彩图）

1. 需要的物质和菌种

① 菌袋　通常用长 50cm、宽 22cm、厚 0.004cm 的聚乙烯塑料袋，袋两头均开口，需 7kg。

② 皮套　用旧自行车里带剪成或买，需 1.5kg。

③ 纸盖　2 层旧报纸或 1 层牛皮纸，每袋需 2 个纸盖，共需 4000 个。

④ 套环　可以自己用纸箱包装带粘成直径 5cm 的圆圈作环，还可以用由专业生产厂生产的一次注塑成型、硬度大、不易破损的塑料套环，直径 5cm，圈高 1cm。每袋 2 个，需 4000 个。

⑤ 煤　500kg。

⑥ 菌种　需三级种 200 袋（规格宽 17cm、长 33cm），每袋约 0.75kg。（熟料栽培用种量少，一般为培养干料质量的 5%，一袋干料 1.5kg，按照 5%的菌种量，需要菌种 0.075kg，2000 个栽培袋需要菌种 200 袋。）

2. 主要原料及配方

在生产中配方有很多，下列配方供参考：

① 棉籽壳 90%，麸皮 8%，过磷酸钙 1%，石膏粉 1%。

② 玉米芯 80%，麸皮 16%，过磷酸钙 1%，石膏粉 1%，石灰 2%。

③ 木屑 77%，麸皮 20%，过磷酸钙 1%，石膏粉 1%，石灰 1%。

④ 玉米芯 30%，木屑 50%，麸皮 10%，玉米面 3%，豆饼粉 3%，过磷酸钙 1%，石灰 2%，石膏 1%。

现以配方④为例，介绍一下以玉米芯、木屑为主料，一锅 2000 袋（3000kg 料）的配方。

主料：玉米芯 900kg，木屑 1500kg。

辅料：麸皮 300kg，玉米面 90kg，豆饼粉 90kg。

小料：过磷酸钙 30kg，石灰 60kg，石膏 30kg。

3. 拌料工序操作规程及管理细则

(1) 主要工作内容　原料预湿、运料、配料、拌料。

(2) 质量标准　含水量 60%～65%，配料要精确，混料要均匀。

(3) 操作规程

① 预湿　由于玉米芯颗粒粗，有干料的话蒸不透，导致灭菌不彻底，造成污染，所以玉米芯预湿要充分。首先将预湿池清洗干净，将料放入池内，加入总料重 2%的石灰水预湿，每池玉米芯可浸泡 8～12h（一般下午下班前将玉米芯预湿，第 2 天上班开始拌料），高温时应减少预湿时间。然后将预湿好的料用运输车运到搅拌车间进行搅拌。预湿池见图 1-91，玉米芯预湿见图 1-92。

图 1-91　预湿池（彩图）

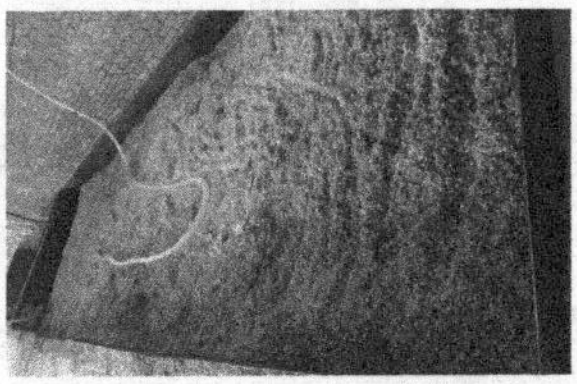

图 1-92　玉米芯预湿（彩图）

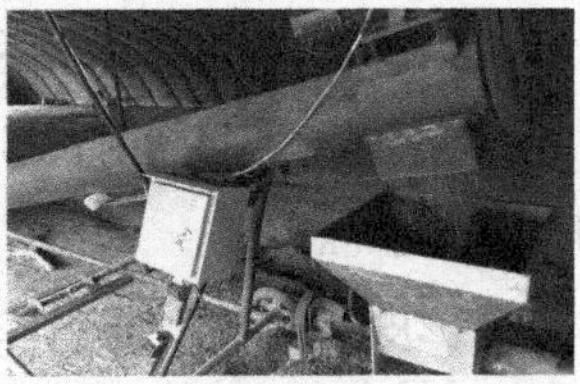

图 1-93　输送到装袋机中

② 运料　将预湿后的玉米芯运到拌料车间，运料时要求每车装料一致，防止原料撒落。

a. 车辆由专人驾驶，其他人不经允许不得驾驶，否则出现事故由本人负责。

b. 驾驶员要按交通法规进行驾驶，注意安全，如违章驾驶出现事故，由本人负责。

c. 车辆在驾驶前，驾驶人员应先检查车况、油况，确认安全后方可行驶。行驶后应对车辆进行保养。

③ 配料　要根据领导指令按照原料配方进行配料。配料要求准确无误，不允许私自窜改配方。造成严重后果的，要包赔全部损失。

④ 拌料　工作前先检查拌料机各个部件是否正常，没有问题后方可工作。工作后，应对拌料机进行保养，需要加油的部位要加油，确保第二天机器的正常运行。拌料机由指定人员操作。拌料时，首先把预湿后的主料（玉米芯、木屑）与辅料（麸皮、玉米面、豆饼粉）混合均匀，然后加水和小料（过磷酸钙、石灰、石膏）拌匀，使含水量达到 60%～65%，pH 值达到 7.5～8.0。待全部原料倒入一级搅拌机后，先搅拌 10min 使物料充分混合。经过一级搅拌后，立即输送到二级搅拌机内，搅拌 10min 后输送到装袋机中使用（图 1-93）。为了提高吸水速度和均匀性，每次拌料不宜太多，如有条件最好使用三级搅拌，每一级搅拌时间为

10min，三级搅拌在30min以上，既能保证培养料的均匀性，又能散热降温，并不断将搅拌好的培养料提供给后续设备使用。

⑤ 出料前要把前日余料清理干净后方可出料，不允许把前日余料压在新料下。尽量做到不压料或少压料，防止培养料酸败。

⑥ 每日要填好拌好料的报单，把所用的各种原料分项填好数量以及工作人员名单、有效工作时间等，当日报给主管人员。

⑦ 工作完成后要及时把责任区内的卫生清理干净，把废弃的袋子整理好，放入库房。

⑧ 工作完成后把设备清理干净，必要时用水清洗（关闭电源，注意安全）。把工具摆放整齐，妥善保管。

4. 装袋、装锅工序操作规程及管理细则

(1) 主要工作内容　装袋、系绳、扎口、装锅（图1-94～图1-97）。

(2) 质量标准　装袋松紧一致，重量根据不同规格的要求必须达标（装好料的平菇菌棒质量为3.0～3.15kg），扎口要绑紧。装锅时锅边应垛好，防止倒塌。

(3) 操作规程

① 系绳　长短要适宜，平菇菌棒用绳一般要求每根长为25～27cm，防止浪费。

② 装袋方法　有两种：手工装袋和机器装袋。装袋时应注意松紧度，如不达标应及时调整。同时注意装料量，平菇菌棒为3.0～3.15kg/棒，不可过多或过少。装袋要快，装好袋后要及时灭菌。否则容易造成培养料酸败，尤其在高温季节更是如此。

a. 手工装袋要点是：先将料袋一端用线绳扎住，打开另一端袋口。用塑料瓶做成的斜面装料斗向袋内装培养料，边装边用手稍加力压实，注意松紧适宜，层层压实。当料至袋口7～9cm时，将料表面压平，把袋口薄膜稍微收拢后用线绳扎紧。

b. 机器装袋要点是：松紧适中。装料太实，则透气性差，菌丝生长慢，出菇迟；装料太松，则菌丝松散无力，产量不高。

装袋机使用前应首先检查是否正常，需上油的部件必须上油。机器在运转时严禁把手伸进料中扒料或捡取异物。严禁接触电机皮带和转动齿轮。移动装袋机器时，必须停机移动。同时注意电源线，防止压破或扯断电源线。长距离移动必须断开上级电源。

目前在平菇生产中使用了一种装袋机，可以实现装袋、窝口、用接种棒封口一起完成，可以省去人工封口的工序，提高了劳动效率，接种时直接将接种棒拿出放入菌种即可。

普通装袋机装袋见图 1-94，平菇装袋窝口机见图 1-95。

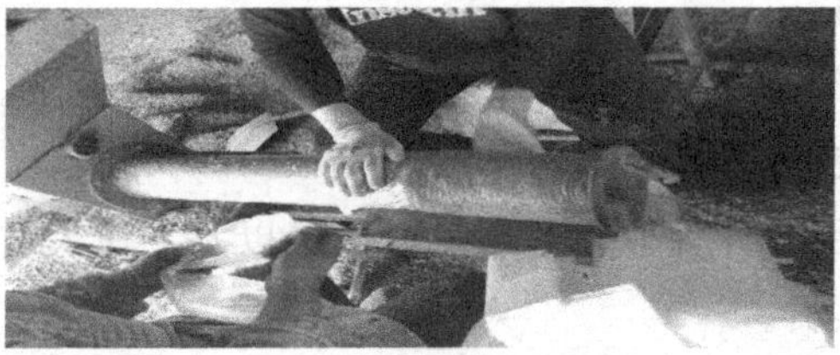

图 1-94 普通装袋机装袋

图 1-95 平菇装袋窝口机

③ 扎口 扎口前看清袋内料量，多了倒出，少了添加，必须使每袋的装料量达到 3.0～3.15kg。人工扎口时用细绳绕袋 2 周后拉紧，再系好活扣并拉紧，防止开袋。绑绳散落在地上应及时收回，防止浪费。目前规模化生产主要使用封口机封口（见图 1-96）。

④ 用料时应把前日的余料用完再用新料，防止培养料的酸败。当天的料尽量当天用完。

⑤ 装锅 装袋、装锅应轻拿轻放，严禁野蛮操作，防止菌袋破裂。将菌袋根据锅炉工的要求装入指定的锅中。装锅时要按要求把袋码好，防止倒塌（见图 1-97）。

图 1-96 机器封口

图 1-97 装锅（彩图）

⑥ 工作完成后必须把工作区域内的卫生清理干净，同时把所有的工具收拾好，摆放整齐，把装袋机内的余料清理干净。

⑦ 每日必须按要求填好装袋的数量、人员名单、工作时间等，报给主管领导。装袋车间日报表见表 1-1。

表 1-1 装袋车间日报表 日期： 年 月 日

<table>
<tr><th>组别</th><th>姓名</th><th>装袋的数量</th><th>破损数</th><th>装锅数</th></tr>
<tr><td rowspan="3"></td><td></td><td></td><td></td><td></td></tr>
<tr><td></td><td></td><td></td><td></td></tr>
<tr><td></td><td></td><td></td><td></td></tr>
<tr><td></td><td>当日合计</td><td></td><td></td><td></td></tr>
</table>

记录人

(4) 奖罚条例

① 奖 对工作认真负责，遵守公司相关规定的人员年终公司将给予一定的奖励。

② 罚 如果发现有违反本规定者给予一定的处罚。

5. 灭菌工序操作规程及管理细则

(1) 主要工作内容 指导、监督装锅，封锅灭菌，开锅，指导出锅。

(2) 质量标准 灭菌必须彻底一致，100℃保持 12h。

(3) 操作规程

① 首先要根据锅炉使用情况指导装锅位置，同时监督装锅质量和数量。

② 封锅 封锅时要先检查塑料袋是否有漏点，发现漏点应及时用细绳扎好。破损严重及时报请换新。封锅要求两层塑料膜一层布，皮带要扣紧、封绳要均匀(图 1-98、图 1-99)。

图 1-98 盖上塑料

图 1-99 盖上帆布并用绳和皮带固定（彩图）

③ 灭菌 升温速度要注意（4h 内达到 100℃），保温要平稳，不可中途断火断气，100℃保持 12h，然后再焖锅 6～10h。

④ 锅炉 使用前应检查锅炉是否正常，炉中的水位、水箱的水位是否到位，一切正常后才可加水、点火烧锅（图 1-100、图 1-101）。使用后要及时对锅炉做好保养、维修。

图 1-100 加水

图 1-101 点火烧锅

⑤ 送气前检查各阀门及开关是否工作正常，锅内水量是否充足，打开送气阀门、排气阀门。

⑥ 烧锅炉阶段要勤加煤、少加煤、勤清渣，保持炉内燃面的平整，炉内水位、水箱水位必须控制在刻度线之内，不可过高或过低。特别要注意不可烧干锅，以防

烧坏锅炉。煤不可一次添加过多，燃烧要彻底。炉渣中不允许有大量未烧尽的燃煤。风室内炉灰必须及时清理，防止炉灰接触炉排而烧坏炉排。

⑦ 要及时指导出锅人员所需出料的锅号，以防影响正常的生产。

⑧ 节约用煤并记好每一锅的用煤量。

⑨ 要认真、详细地做好每一锅的灭菌、用煤记录。

⑩ 工作时间严禁睡觉。

⑪ 必须搞好整个区域以及煤场的卫生，工具要摆放整齐，妥善保管。

⑫ 炉灰必须要运到指定地点，特别要注意炉灰是否有火源，必须处理好，以防引起火灾。

（4）奖罚条例

① 奖　对工作认真负责、没有发生任何事故（生产、安全等）的人员年终给予一次性奖励，对于节约用煤的人员按节约量进行奖励。

② 罚　如果发现有违反本规定者给予一定的处罚；对浪费燃煤超过指标者给予一定的处罚。

对于没有灭菌设备的种植户，可以租用锅炉，在距离自己家近的地方搭建简易灭菌锅灭菌。一户灭菌后，可将锅炉移动到下一户进行灭菌，既节约成本，又方便种植户。搭建简易灭菌锅，先在平地上铺一块4.5m×4.5m 的塑料，用砖搭成4m×4m、高 12cm 的框，里面插花立砖，把锅炉的产气管放进去，上面放一层硬塑网（图 1-102），铺上一层透气性好的编织袋（图 1-103）。将装好的菌包摆在上面，蒙一层大棚膜再加一层雨篷布，雨篷布四周用沙袋压实进行灭菌（图 1-104）。

图 1-102　放一层硬塑网

图 1-103　铺编织袋

图 1-104　灭菌

6. 出锅工序操作规程及管理细则

（1）主要工作内容　出锅、运输、进棚摆垛、消毒、接菌所需物资的运输。

（2）标准及要求　出锅要及时，摆垛要整齐，消毒要彻底。

（3）操作规程

① 要根据灭菌人员指导，按锅号进行出锅。

② 运输车辆必须由指定人员驾驶，否则出现任何事故由本人负责。

③ 驾驶员必须按照交通法规驾驶车辆，否则因驾车造成的任何事故由驾驶人负责。

④ 驾驶员要爱岗敬业、爱护车辆，要及时检查和维护车辆，以此提高车辆的使用率。如有人为造成车辆损失而使生产受到影响的，除包赔车辆损失外，还要根据生产受到影响的程度进行处罚。

⑤ 出锅前必须对车辆、传送带、出锅范围内的地面用消毒液进行彻底消毒。

⑥ 运输时，每车要根据车辆的载重量的限度进行装棒，严禁超载。车辆在运输过程中如有菌棒散落，必须立即捡起。

⑦ 装载菌棒时应轻拿轻放，不许野蛮装卸，如因野蛮装卸造成了袋破裂和开口，须按损失的数量进行处罚。

⑧ 出锅要及时，根据生产的需要按时、按量在规定的时间内出完锅，不可延时。

⑨ 出锅过程中，如出现开口袋，须及时扎好，不可放置过长时间，以防污染。

⑩ 进棚后，菌棒要摆放整齐。

⑪ 出完锅后，应及时把工作区域内的卫生清扫干净，把破裂的料袋送回装袋处重新装袋。

⑫ 出锅任务完成后，应把车辆清扫干净并进行全面的保养，以确保次日工作的顺利进行。

⑬ 每日出完锅后应及时按要求把出锅的数量、运往地、工作人员名单、工作时间等相关数据报给主管人员。

（4）奖罚条例

① 奖　对工作认真负责、遵规守纪、表现突出的人员，公司年终要给予一定的奖励。

② 处罚　对违反本规定者要给予一定的处罚。

出锅见图 1-105，冷却见图 1-106。

图 1-105　出锅

图 1-106　冷却

7. 接菌工序操作规程及管理细则

（1）工作内容　接菌。接菌人员必须要有无菌操作观念和较强的责任心，要对公司负责，对种植户负责，更要对自己负责。

（2）标准　成活率达 97%以上。

（3）操作规程

① 接菌前需要对需接种的棚区进行彻底的消毒。

② 接菌前把接菌所需的菌种和纸张、出菇圈、皮套等工具准备好。

③ 接菌前双手要用75%酒精消毒，工具用消毒剂进行消毒。

④ 接菌时要按要求量接入菌种，不可过多或过少。

⑤ 接菌时要轻拿轻放，要做到轻、快、稳、准。

⑥ 接菌时菌种要撒均匀，接种面覆盖率要达到90%以上。

⑦ 塑料圈要安正，紧靠料面。袋口塑料要整平拉紧，报纸要放正，皮套要套好，严防脱落。

⑧ 菌棒要摆垛整齐。

⑨ 中途上厕所或中途休息后重新接种时，双手要重新消毒。

⑩ 接菌过程中应尽量减少移动，严禁打闹。

⑪ 接菌时还应仔细观察菌种是否有感染杂菌现象，如发现异常应弃之不用。

⑫ 冷却后的菌棒应尽早接完，不可放置过长时间。

⑬ 接菌后及时清理好工作区域的卫生，收好工具及其他物品，并妥善保管。

⑭ 把接好的菌棒做好标记，标清数量及责任人。

⑮ 每日按要求填好日报单、接菌数量、用种数量、人员、工作时间、棚主姓名，报给主管领导。

（4）奖惩条例

① 奖　对工作认真负责、菌棒成活率高的人员，年终公司给予一定的奖励。

② 罚　对违反本规定者，要给予一定的处罚。

下面以鑫源公司为例，介绍一下菌袋两头接种具体步骤，供参考：

① 把灭好菌的菌袋放入棚内，搭建简易接种棚（图1-107），并按规定消毒。

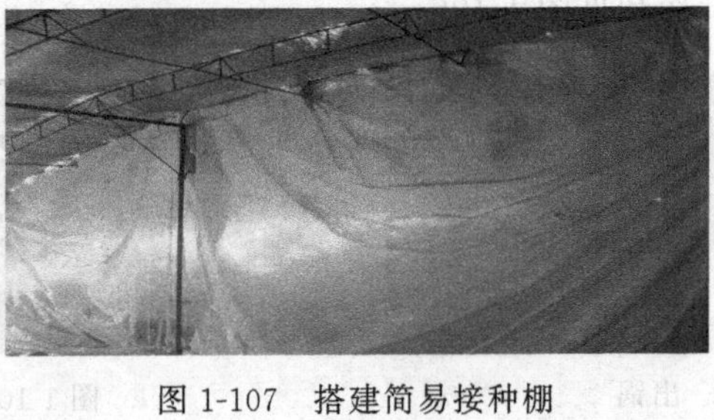

图1-107　搭建简易接种棚

② 将菌袋表面、划袋用的刀片用75%酒精消毒（图1-108、图1-109），然后用刀片划开菌袋，将菌种掰成玉米粒或黄豆粒大小放入消毒后的盆内（图1-110）。

③ 解开细绳打开袋口（图1-111），用消毒好的勺子将菌种接入菌袋内（图1-112），让菌种均匀地覆盖培养料的表面（图1-113），利于菌种萌发后覆盖表面形成优势，防止杂菌污染。

图 1-108 菌袋消毒

图 1-109 刀片消毒

图 1-110 将菌种放入盆内

图 1-111 打开袋口

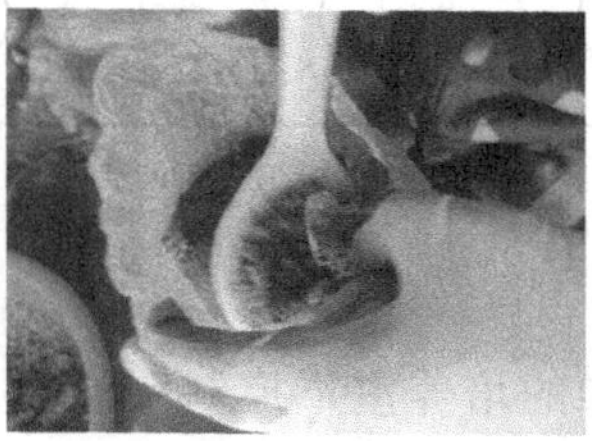
图 1-112 将菌种接入菌袋

图 1-113 覆盖表面

④ 套上颈圈，盖上报纸，套上皮套，然后将菌袋翻转过来，将另一端按同样方法接种。将接种后的菌袋摆放在菌垛上，进行发菌管理（图 1-114～图 1-119）。

图 1-114 颈圈和报纸

图 1-115 皮套

图 1-116 套上颈圈

图 1-117 盖报纸、套皮套

图 1-118 摆垛

图 1-119 摆垛的菌袋

两头除了套上颈圈外，还可以将菌种接入袋口，然后用细绳扎紧袋口，扎口后用带有 5～6 个针的小拍子在袋两头菌种块处刺孔。注意：a. 刺孔位置不要偏离菌种部位，以免引起杂菌污染；b. 凡接种的袋口都要刺孔，不能漏掉，万一漏掉，在后几天的观察中要及时补刺。

除了两头接种方法外，平菇还可以采用打穴接种法，该方法接种速度快、发菌速度快。灭菌后的菌袋堆放在接种室或接种帐内冷却、熏蒸杀菌。接种时，用75%酒精擦拭菌袋一侧，在菌袋一侧打 4 个接种穴，接种穴直径 1.5cm、深 2cm。将去掉老化表层的菌种掰成与接种穴大小适合的菌块塞入接种穴中，注意要塞满接种穴且不松动。发菌过程参照两头接菌即可。打穴接种菌袋见图 1-120。

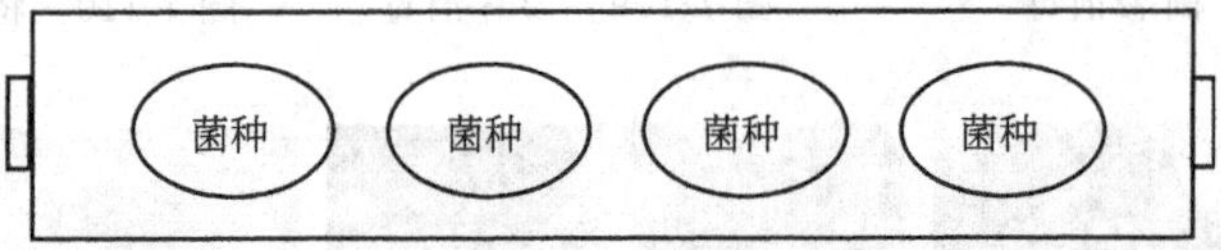

图 1-120 打穴接种菌袋

8. 发菌培养

接种后的菌袋搬入经消毒的培养室，控制室温为 20～24℃、空气相对湿度为40%～50%，保持空气新鲜，暗光培养。料温为 15℃时，菌袋一层一层叠放在一起“一”字形摆放（图 1-121），每垛 5 层，垛间距 60cm；料温为 20℃时，菌袋“井”字形摆放（图 1-122），每垛 5 层，垛间距 60cm；当料温在 25℃以上时，菌袋最好单层散放。堆垛后每隔 5～7 天倒垛一次，将上下互换，并将菌袋旋转 180°，使菌袋受温一致，发菌整齐。正常情况下，25～30 天菌丝即可长满菌袋。菌丝发满料袋后继续培养 7～10 天，菌丝更加粗壮、浓密、洁白，达到后熟目的。如果发现有杂菌污染的菌袋，应及时搬出室外进行处理。在高温天气菌袋可散开平放，防止烧菌。穴播菌袋发菌见图 1-123。

图 1-121 “一”字形摆放（彩图）

图 1-122 “井”字形摆放（彩图）

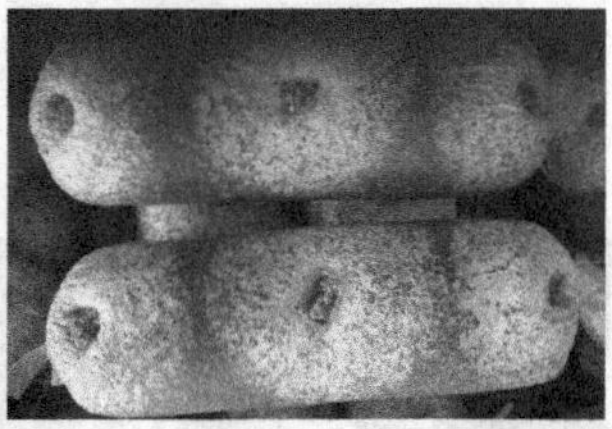

图 1-123 穴播菌袋发菌（彩图）

三、平菇生料栽培菌袋制作

平菇生料袋栽栽培是生产中方法最简单、成本最低，同时也是技术较难掌握的一种方法，制作的流程如下：准备原材料→拌料→装袋→灭菌→接种→发菌管理。其优点是方便、快捷、操作简单，菇农易接受；缺点是每年或最多两年要更换一次场地。笔者结合自身的实践经验和当前的实际情况谈一下生料菌袋的制作技术要点。

1. 建堆场地的选择

平菇老产区杂菌基数高，种菇有“一年好、二年坏、三年就下马”之说，所以要在发菌或出菇场地进行定期消毒，尽量使杂菌及虫害降到最低点。具体方法：可在发菌或出菇场地撒上石灰粉，用稀释1000倍的50%多菌灵溶液和稀释2000倍的80%敌敌畏乳油药液喷洒。多年实践证明，用连续栽培两年以上的场地再进行生料栽培，杂菌污染率及发病率将会增加，因此每年更换场地是非常必要的。

2. 菌袋的制作季节

一般北方的早春和晚秋较为适宜制作菌袋，以3～4月、10～11月为好。此时温度较低，杂菌感染率低，而平菇菌丝在较低的温度下也可生长，这样达到既能发菌又能减少污染的目的。如果温度在25℃以上，杂菌生长较快，尽管此时平菇菌丝生长速度较快，但污染率高，生料栽培不易成功。

3. 原料和配方

原料首选棉籽壳，其营养丰富，碳氮比适宜又呈微碱性，栽培容易成功。其次可选玉米芯，要求新鲜无霉变，用时粉碎成黄豆粒大小。木屑由于碳氮比不适合，其营养结构不易被平菇菌丝分解，不宜使用。麦麸营养丰富，不但可补充氮源，而且含有较多容易利用的物质，可作为平菇培养初期的补充碳源，使吸收利用效果更好。玉米粉中可溶性碳水化合物含量比麸皮高，可增加菌丝活力，实际生产中和麸皮混用，在高温季节使用量要适当减少，防止感染杂菌。石膏可直接补充平菇生长所需的硫、钙等营养元素，防止酸性发酵，能改善培养料的蓄水性和通透性。石灰主要是提高培养料的碱度，防止杂菌污染，中和菌丝代谢过程中产生的有机酸，同时增加钙质，对提高产量有一定作用。还可加入1%过磷酸钙。在生料栽培中要适当增加碱度，高温季节可添加3%～5%碱性物质。常用配方如下：

配方一：棉籽壳96%，石灰2%，石膏1%，过磷酸钙1%。

配方二：玉米芯82%，麸皮13%，石灰3%，过磷酸钙1%，石膏1%。

4. 选用优质菌种

老化、退化、伪劣菌种不能用于平菇生料栽培，栽培中要用优质菌种。一般来说，菌皮过厚、菌丝生长稀疏、已长菇体、带虫卵及杂菌的菌种都不能当作菌种。

5. 建堆拌料

拌料场地应防雨防晒，最好是水泥地面。人工拌料时，拌前几遍翻拌要快，要均匀。拌料力求达到“两均匀一充分”，即主料与辅料均匀、干湿均匀，料吸水充分。拌好的料含水量为60%～65%（以用手握料手缝有水渗出不下滴为宜），pH

值为9～10。多菌灵遇石灰效果降低，应与石灰分别加入。装袋的料要翻堆一次，否则易造成缺氧，菌种萌发慢。

6. 装袋接种

通常用长45cm、宽22cm、厚0.004cm的聚乙烯塑料袋，提前用缝纫机轧12行微孔，每3行一组，共4组。塑料袋用前最好先系好一头，系时留1.5cm的头。装袋前首先用0.1%的高锰酸钾溶液洗净菌种袋，将菌种掰成杏核大小，放入消毒的盆中。若菌块过大，菌种易提前老化形成菌皮，影响菌棒质量；若菌块太小，菌丝损失严重，延长生长迟缓期。最好有关人员精心挑选菌种，菌种要现掰现用。

播种量一般为干料重的15%～20%（即1000kg干料需要150～200kg菌种），不同培养基的菌种播种量有一定差别（木屑菌种20%，棉籽壳和玉米芯菌种15%）。一般情况可四层播种，上下各一层，中间两层，投种比例为3∶2∶2∶3，两头多，均匀分布，中间少，周边分布，将菌种装到微孔处。

7. 发菌管理

菌袋接种后进行发菌管理，在此阶段主要注意温度和通风，具体措施如下：

(1) 严格控制料温　温度最好控制在20～22℃，一般每隔5～7天倒垛一次，不但要把菌棒上下里外换位，还要将每个菌棒的朝向换位，防止菌棒下面积水。室内温差不要太大，否则易产生冷凝水，引起菌袋污染。

(2) 保持适宜相对湿度和光线　空气相对湿度保持在40%～50%，既防杂菌污染，又避免造成菌袋失水。光线宜暗不宜强，菌丝在暗光下正常生长，光线过强不利于菌丝生长。

(3) 加强翻堆和捡杂　若袋中间有少许毛霉，平菇菌丝能压住污染区的可保留。菌袋积水用针扎破低部，让水流出。绿霉轻微污染的菌袋可用50%多菌灵可湿性粉剂稀释1000倍注射，污染严重的菌袋应及时清理出场地烧毁。

(4) 加强菌丝后熟管理　菌丝发满料袋后解开两端袋口的细绳，及时通氧，翻堆放热，轻拍菌棒赶走杂气。7～10天菌丝更加粗壮、浓密，部分菌袋出现子实体原基，表明已经由成熟期转入出菇期。

四、平菇半熟料栽培菌袋制作

平菇半熟料栽培是将拌好的原料堆置2～3天后，经100℃高温蒸汽常压灭菌2～3h来杀死培养料内绝大多数病原杂菌和虫卵，之后再将蒸汽灭菌后的培养料趁热装袋，冷却后进行播种栽培的一种培养方式。常选择春秋两季温度较低的季节选用该法，高温季节不宜使用。工艺流程：培养料选择→培养料配制→半熟料制作→装袋播种→发菌管理。制作要点如下：

1. 原料配制

配方可参照平菇熟料栽培，在用高温蒸汽蒸培养料之前，先将培养料堆置2～3天。一方面可使培养料充分吸水；另一方面可利用发酵产生热量杀死部分杂菌。培养料堆置后，用上料机将培养料传入常压灭菌锅内灭菌。

2. 灭菌

蒸料时，锅内放入铁帘或竹帘。先往锅内注水，水面距帘15cm，帘上铺放编织袋或麻袋片，用旺火把水烧开，然后往帘子上撒培养料，见汽撒料，少撒、勤撒、撒匀，锅装满后，用较厚的塑料薄膜和帆布把锅包严，外边用绳捆绑结实。锅沸腾后，排尽冷气，塑料薄膜鼓起呈馒头状，这时料温达到100℃，开始计时，保持3h后停止供热蒸汽，闷一晚便可出锅。

3. 装袋

第二天趁热装袋，可利用装袋机装袋提高效率。通常用长50cm、宽22cm、厚0.004cm的聚乙烯塑料袋。装袋时，操作装袋机的人要注意手戴隔热手套，以防烫手。之后其余人趁热再将袋口用套圈和无棉盖封好，或使用线绳用活扣系好。

4. 接种

封好口的料袋趁热及时转运至消毒后的阴凉室内降温，料袋上可喷一些杀菌药。当料袋内温度降到30℃以下时，尽快接种。接种具体方法可参照平菇熟料接种。

5. 发菌

菌袋发菌期间，气温维持在20～25℃，且菌袋间留有空隙。棚内悬挂温度计，袋温不能超过28℃。如果太高一定要及时采取遮阴、喷雾降温、增大菌袋间距离等措施。发菌期间湿度以60%为宜。菇棚内光线应为弱光或黑暗条件。一般菇棚每天通风2～3次，保持发菌环境空气清新，约30天菌丝长满菌袋。

第五节　出菇管理

栽培菌袋菌丝培养透后，不能马上让其出菇。此时，菌丝仅仅处于培养料的颗粒表面，还没有将培养料彻底分解，营养累积不足，所以还必须经过10天达到生理成熟，才能够进入出菇管理阶段。如果菌丝培养时间不够，特别是将尚未达到生理成熟的菌袋强行开袋出菇，容易造成第一、二潮菇出现死菇现象。

出菇管理分为：原基分化管理、菇蕾形成管理及子实体生长管理阶段。出菇管理要点主要是拉大昼夜温差达10～15℃，促进原基分化；出菇场地最好保持室温12～18℃，空气相对湿度85%～90%，给予500～1000lx的散射光，适度通风。一般情况下7～10天原基分化成菇蕾，再过5～7天，子实体迅速生长达到成熟。幼蕾期见图1-124，幼菇期见图1-125，成菇期见图1-126。

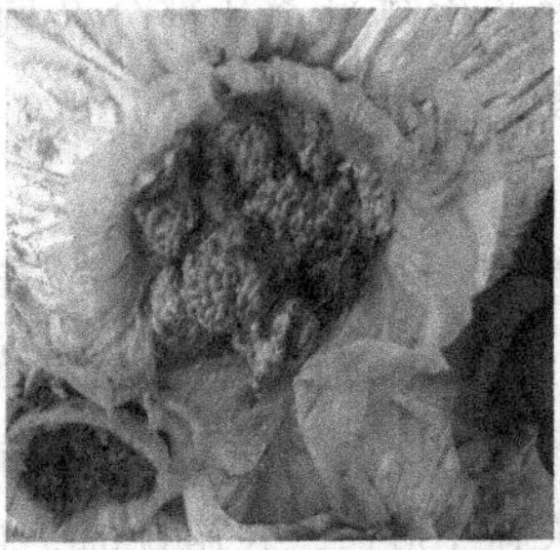
图1-124 幼蕾期（彩图）

图1-125 幼菇期（彩图）

图1-126 成菇期（彩图）

一、出菇前袋口处理

平菇出菇前袋口处理方式多样，有割袋口、划口、打孔出菇方式，还有套环出菇方式。

（1）割袋口出菇法　在菌丝满袋后，将长出料面的菌袋用小刀划掉（见图1-127）。该方法优点是操作方便；缺点是料面暴露大，出菇后容易失水。

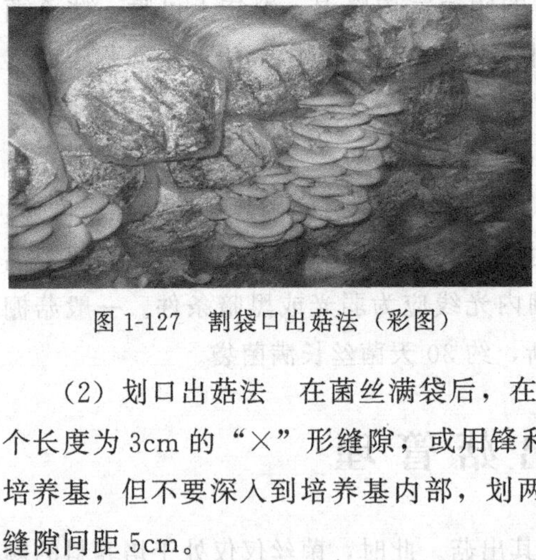
图1-127 割袋口出菇法（彩图）

图1-128 两端套环出菇法（彩图）

（2）划口出菇法　在菌丝满袋后，在菌袋两端的菌丝面上，用锋利的小刀划2个长度为3cm的“×”形缝隙，或用锋利的小刀在菌袋两端划破塑料薄膜，直到培养基，但不要深入到培养基内部，划两道平行的缝隙，每道缝隙长度3～5cm，缝隙间距5cm。

（3）两端打孔出菇法　菌丝满袋后，在菌袋两端出现菇蕾的地方用筷子粗的铁钉分别打4个眼，子实体从小口处长出。该方法优点是出菇多、产量高、菇形好。

（4）两端套环出菇法　在制作菌袋时套上专用套环，菌丝满袋后去掉套环进行出菇管理的方法（见图1-128）。该方法一是发菌速度快，菌丝健壮；二是由于定位出菇，菇形好；三是与割袋口出菇法相比，裸露出菇面小，菌袋失水少；四是与划口出菇法相比，无效菇少，产量高；五是产量集中，生产周期缩短，病虫害发生率降低。

本书主要介绍套环定位出菇的管理方式。

二、修建摆垛的埂和作业道

在出菇前，应该修一道宽 40cm、高 5～8cm 的埂，地面上铺一层塑料薄膜（图 1-129）（防止菇体带泥或有利于洁净管理），薄膜边缘要宽出菌墙 10cm，防止菇体带泥，减少土传虫害。两个出菇垛中间留有 80cm 宽的作业道。

图 1-129 铺塑料薄膜

三、摆放菌袋

菌袋达到生理成熟（表面出现黄色水珠）后，将成熟度一致的菌袋间隔 1cm，一层一层地堆码成菌墙垛式排放（图 1-130），低温季节 10～12 层（图 1-131），高温季节 4～5 层（图 1-132）。在摆放菌袋时要注意以下几点：

图 1-130 摆放菌袋

图 1-131 低温季节 10～12 层

图 1-132 高温季节 4～5 层

① 上垛前要观察近期天气变化，是否连续降温或有阴雨天气，避免高温上垛。因为上垛后的目的是出菇，如果温度湿度适宜可正常出菇，若不顾天气变化，急于上垛，料温升高，菌丝形成菌皮，会造成养分损失，并推迟出菇时间。

② 夏季和气温高时出菇最好在每层之间用两根竹竿隔开，以防袋层之间升温而影响出菇。

③ 为了有利于出菇管理，出菇菌袋排放还应注意将生理成熟接近的菌袋相对集中码放，防止菌墙出菇参差不齐。如果把生长不一致的菌袋码放在同一垛时，要选取长势成熟的菌袋码放在垛的中下层（温度低、湿度大），利于出菇；

把尚未达到出菇要求的菌袋摆放在上层（温度高、湿度小），防止“二次烧包”，继续养菌。

④ 为了防止菌墙倒塌，要充分利用墙体作依托，在菌墙两侧钉木桩固定。

⑤ 要在菌垛之间保持通风。

四、催蕾、原基期管理

当菌丝达到生理成熟时，可进行催蕾管理。菌袋进棚后，棚内要保持温度在10～23℃，最佳温度在12～18℃，拉大温差达8～10℃，湿度保持在85%～95%，提供散射光，适度通风。

1. 具体方法

先往出菇地面灌一次大水，保持地面长时间湿润，然后根据实际情况向空间喷雾，使空间相对湿度达到85%～90%（图1-133）。菌垛也应适当地淋水，使原基迅速分化。为顺利出菇，应保持棚内地面潮湿，袋口常保持湿润状态。

打开通风口适度加强通风换气，间隔打开帘子增加适度的散射光（图1-134）。

平菇菌袋经过7～10天的培养，两头开始出现桑葚状原基，这时可以将套环上的报纸揭掉（图1-135）。菌袋形成大量原基后仍以保湿为主，原基体小嫩弱，对水分和风吹比较敏感，这时切勿对原基喷水，否则会造成大批菇蕾死亡。

图1-133　增加湿度

图1-134　增加光照

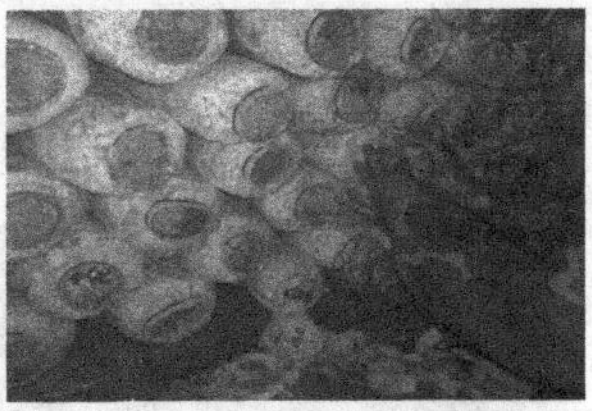

图1-135　去掉报纸

2. 管理要点

① 通风量宜小不宜大。通风量过大会造成原基大批死亡；通风量太小或不通风，原基成活数量会增多，但影响商品价值。

② 喷水宜轻不宜重。喷水以雾状水为好，晴天每日两次，阴天每日一次，雨天可不喷。

五、幼菇期管理

原基逐步分化成子实体，经过2～3天子实体长到2～3cm大小，此时应该适度加大通风量，使棚内的空气能够产生对流，排出子实体生长产生的大量二氧化碳，增加氧气供应。

1. 具体方法

进一步提高空气的相对湿度到 90%～95%，注意不能直接向原基喷水，否则容易把菇蕾激死。温度最好保持在 12～18℃，需要一定的散射光（人能看报），并加大通风量（一般以人在菇房无压抑感为度）。

注意：通风应随菇体长大逐渐加强，进入幼菇期如仍不通风，菇体将只长菌柄，不长菌盖，形成金针菇形。通风大小主要靠每个通风口的敞开度来调节，一般敞开通风口 1/4 即可（图 1-136），若风力太强，气流过快，会造成小菇干枯。另外，还可以在棚的底部每隔 2～3m 用砖头将棚膜支起进行通气（图 1-137），当风大时再将砖头撤出封闭棚膜。

图 1-136　敞开通风口 1/4

图 1-137　用砖头将棚底薄膜支起

2. 管理要点

① 通风是否到位可以从两个方面观察：一是看在菇体表面是不是有水渍锈斑；二是喷水后 3～4h 查看菇体上是否带黄褐色。若有以上两种情况，则表明空气中的二氧化碳浓度超标。

② 有经验者检查通风可以通过嗅觉进行判断，如果进入菇房就感觉与室外空气不一样，有闷气或异味时，应加强通风。

③ 通风时应注意流过菇床表面的气流尽可能均匀，可点支香进行简易测试：如果烟雾均匀并缓慢移动，属正常；如果烟雾停滞不前，则有死角，应设法改善。

六、成菇期管理

幼菇再经过 2～3 天，当幼菇长到 3cm 以上时，进入成菇期。

此阶段菇棚内的喷水次数要相应增加，并可直接向菇盖上喷水，喷水量以湿润菌盖但不积水为标准。菌盖积水是菇体发病的主要原因，应尽量避免。喷水时间为上午 8～9 点一次，下午 4～5 点一次。随着菇体的发育长大，平菇对氧气和水分的要求也与日俱增，喷水量要由小到大，通风口敞开度也应由 1/4 到全部揭开（图 1-138），打开棚顶通风口（图 1-139），且要日夜通风。

通风和喷水管理要机动灵活。雨天、雾天应加大通风量，少喷水，以利菇体迅速发育；若遇到刮风天气，要多喷水保持湿度，并适当关闭或减小迎风的通风口，

图 1-138 全部揭开通风口

图 1-139 打开棚顶通风口

防止菇体失水过快而干枯。喷水后千万不能关闭通风口，防止菇体吸水后缺氧以致营养输送受到阻碍，造成小菇发黄或成批死亡。要特别注意，喷水后立即关闭通风口是造成黄菇、死菇的原因之一，应引起菇农重视。

七、平菇出菇期“温水光气”的调控

平菇的出菇管理就是利用棚内设施调控“温水光气”（温度、湿度、光照、通风），满足平菇子实体的生长需要。在“温水光气”四个因素中，降低温度主要是促进菌袋由营养生长向生殖生长过渡，菌丝在低温条件下，由线状菌丝变为索状菌丝，进而扭结成子实体原基；水分是决定子实体产量的重要因素，俗话说，十菇九水，由此看出水分管理的重要性。温度和湿度条件是决定子实体能否形成的重要因素，在自然界条件下，我们在阴雨天后能采收到大量野生蘑菇就是这个道理。还有两个条件通风和光照同样非常重要。通风的好坏决定着平菇形状的好坏，通风不足容易形成长腿菇，通风过量小菇蕾容易被吹干枯死；关于光照，一定程度的散射光能促进原基的形成并且能促进菌盖的分化，同时还对平菇的颜色有一定影响，光照强颜色深，光照弱颜色浅。

怎样利用棚内设施来调控“温水光气”呢？利用草帘子和遮阳网可以有效地调控光照和温度，利用通风口和打开底风、顶风和腰风可以调节通风和温度，通过水帘在高温季节可以调节温度，通过微喷可以调节湿度和温度。当然平菇在不同的生育期对环境的条件要求是不同的：在原基发生期需要温差刺激、少通风和一定的散射光；随着原基分化成菇盖和菇柄，从菇蕾期到幼菇期、成菇期，菇体不断长大，它的需氧量增加，抗逆性增强，所需通风量不断增加，通风口的数量和敞开程度不断增加。菇蕾期不能往菇体上喷水，幼菇期喷雾状水，成菇期可以直接往菇体上喷水。

下面介绍一下管理湿度、通风、温度、光照的具体措施，供大家参考。

1. 湿度管理

湿度对于形成后的子实体主要是保持菇体菌丝吸水和蒸腾失水的平衡，菇棚相对湿度应保持在85%～90%。当棚内空间相对湿度低于75%时，菇蕾容易干死。

当然空气湿度也不宜过大（大于95%），否则菇棚过湿，容易导致病菌滋长，还会过分抑制菇体的蒸腾作用，反而使菇体发育不良。

一般情况下，喷雾时间为：晴天一天两次，上午8～9点一次，下午4～5点一次；阴天雨天少喷水。但在管理过程中，要根据具体情况灵活掌握。

（1）根据菇体大小、菇棚的保湿性和环境气候等情况灵活喷水

① 根据菇体大小、多少灵活喷水。出菇管理当中，小菇在1cm以下的要以增加空气湿度为主，湿度必须达到85%以上。小菇在1cm以上的可以往菇体上少喷水，到3cm以上可以往菇体上直接喷水。出菇多的多喷水，未出菇或出菇少的要少喷水；菇大的多喷水，菇小的喷水量要相对减少。

② 根据环境气候的变化等因素，灵活掌握用水次数和用水量。例如，晴天湿度低或气候干燥时，喷水次数要多，雨天湿度大时要少喷或不喷；气温下降、菇体生长发育缓慢时喷水要减少，反之则要增加。研究发现：菌盖长时间积水是菇体发病的主要原因，应尽量避免，喷水量以菌盖湿润但不积水为标准。温度过高时，可以往大棚草帘、遮阳网上喷水降温（图1-140、图1-141）。

图1-140　往草帘上喷水降温

图1-141　往遮阳网上喷水降温

（2）喷水后注意通风　喷水管理上要注意，别喷关门水，即喷水后要注意通风。喷水的温度不宜过低、过高，否则容易刺激菇体，引起菇体死亡，特别是出菇阶段气温突然升高时应加大通风不能喷水。

（3）微喷和人工喷水相结合的方法　比如上午微喷（图1-142），下午人工喷水（图1-143），因为人工喷水可以根据菌墙的具体情况进行喷水，菇多时多喷，菇少时少喷。

（4）建造蓄水池、使用水幕喷带，提高喷水质量

① 建造蓄水池　为了提高喷水效果，可以建造蓄水池，避免水温过高或过低，同时还可以在水池里加营养剂和杀菌、杀虫剂。

在菇棚中建蓄水池（图1-144），一亩大棚蓄水池长3m、宽2m、深1.5m，总体积$9m^3$，可贮存$8m^3$水，约8000kg。蓄水池可以保证水温，防止水温过低、过高影响平菇生长。也可以购买小型蓄水桶（图1-145）或自制蓄水桶（图1-146）安放在棚内。

图 1-142　整个大棚微喷

图 1-143　人工喷水

图 1-144　蓄水池调节水温

图 1-145　小型蓄水桶

图 1-146　自制蓄水桶

② 使用水幕喷带，提高喷水质量　目前在湿度管理上，菇农普遍采用微喷技术。平菇微喷技术独特的优点是操作简单。该系统启动后，整个安装空间即刻成雾状，空气相对湿度在 1min 内迅速达到 85%以上，几分钟即可完成整个大棚的喷雾过程，使广大菇农不再“泥一把”“水一把”辛苦劳动在菇棚内。平菇微喷系统推广后，被菇农称为“懒人种菇”。大面积推广的效果表明，微喷不仅可以提高菇体质量，通常能节水 60%以上，而且平菇产量增加 20%左右。但相应地，水幕喷带也存在着一些缺点。水幕喷带不利于降低温室大棚内的空气湿度，空气湿度过高容易引起食用菌大范围发生病害，因此在使用过程中要注意温室大棚的通风。

将水幕喷带直接与潜水泵相连，布置在大棚中央人行道上，也可吊在棚内顶部。开动电机，因水幕喷带上布有许多格子的特殊微孔，有水压后，水从特制的微孔内喷出。由于其水滴直径通常小于 0.5mm，整个大棚内可形成毛毛雨水雾，空气相对湿度在短时间内迅速达到 95%，一个 750W 的潜水泵可带动 50～150m 水幕带喷雾，如水泵功率增大或水幕带长度减小，形成的水幕宽度将变大。定时微喷控制器见图 1-147，水幕喷带见图 1-148。

2. 通风管理

出菇期菇棚通风管理的目的：一是利用菇棚内外的温差和湿度差控制好菇体发育时所需要的温度和湿度；二是不断引进新鲜空气，满足菇体发育和菌丝生长对氧气的需求，同时排出其呼吸代谢时产生的二氧化碳以及培养料分解后可能出现的硫化氢、氨气等有害废气。平菇是好氧性菌类。菇棚内氧气充足，菇体的菌盖大、菌

图 1-147 定时微喷控制器

图 1-148 水幕喷带

柄短；菇棚内氧气不足，二氧化碳浓度过高，菇体将只长菌柄，不长菌盖，形成金针菇形。在出菇期，应及时打开通风口加大通风量。具体方法如下：

① 通风应该根据菇体大小灵活掌握 通风应该缓慢进行，通风大小要靠通风口的敞开度来调节。在幼菇期需要的氧气较少，所以通风口一般只开四分之一即可，若风力太强，气流过快，就会造成小菇干枯。当菇体逐渐长大时，应全部打开通风口，经常保持通风。

② 通风要和保湿、保温相结合 在实际操作时，通风要和保湿、保温相结合，实践中常出现通风影响温度和湿度的现象。不同的天气要有不同的管理方法。夏天要以通风为主，先喷水后通风；秋季要以保湿为主，先通风后喷水。外面风大时，菇棚内应短时间通风，要适当关闭或减少迎风的通风口，防止菇体失水过快、干枯，风停后，要重新打开通风口。外面风小时，菇棚内应长一点时间通风，但不要让风直接吹在菇体上。晴天、菇量少与子实体小时，要减少通风量和通风次数；下雨天、雾天、菇量多与子实体大时，要增加通风量与通风次数，保持菇棚内有足够的新鲜空气，以促进菇体迅速发育。冬季气温低时要加强保温，防止北风直接吹在菇体上。

③ 特别注意喷水后千万不能关闭通风口，防止菇体吸水后缺氧，以致营养输送受到阻碍，造成小菇发黄或成批死亡。实践证明，即使喷水后造成菌盖积水，只要通风正常，菌盖积水会因空气对流和自身吸收在短时间内自动蒸发而消失。

因此，只要菇体能生长，都要使菇棚内空气得到对流，在春、夏、秋季要保持每天24h空气对流，冬季可以采取晚上关闭通风口、白天通风的方法。菇棚内晚上温度低于5℃菇体停止生长时，应关闭通风口停止通风，但白天气温回升到5℃以上后就要通风换气。有时遇到靠近通风口的菇稍微吹干也不妨碍，实践证明，只要保持棚内空气流通，黄菇病等细菌性病害就很难发生。

大棚底部通风见图 1-149，大棚顶部通风见图 1-150。

3. 温度管理

棚内温度高低主要是通过大棚覆盖物揭开度控制，揭开越多，棚内温度越高。

图 1-149　大棚底部通风

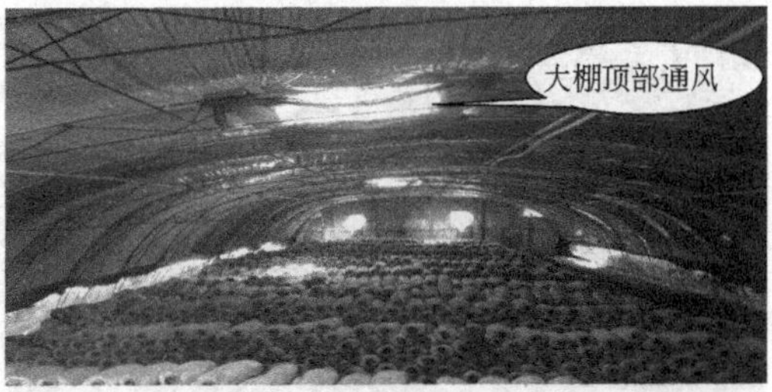

图 1-150　大棚顶部通风

出菇场地最好保持室温 12～18℃，在适宜的温度范围内子实体生长得好。温度决定子实体发育的快慢，一般高温条件下形成的子实体组织疏松，子实体生长得快，低温条件下形成的子实体组织致密，生长得慢。另外，如果棚内温度过高，棚内外温差过大，还会造成因菇体生长过快而缺氧，导致畸形菇大量发生。因此，如遇大晴天，棚内温度超过 28℃，要立即放下部分草帘或其他覆盖物降温。在温度管理上，季节不同管理方法不同，另外要和通风结合起来。

对于低温季节的冬季出菇，进入冬季后，为了多产菇要进行大棚增温和保温工作。早上约 9 点掀开草帘，让阳光直射大棚薄膜，薄膜自动吸热并辐射到棚内，棚内温度就会自动上升。在揭开草帘升温的同时要把通风口全部打开，下午约 4 点半再放下草帘，并关闭通风口保温，确保晚上不结冰。冬天也可在棚内加火升温，但一定要通过烟筒将烟排出棚外（图 1-151）。白天在加温、通风同时进行的条件下，棚内最佳温度为 15℃；夜晚在不通风、保温条件下，棚内最佳温度为 0～5℃。特别牢记：棚内温度只要在 5℃以上，菇体就能恢复生长，此时要给予通风换气。

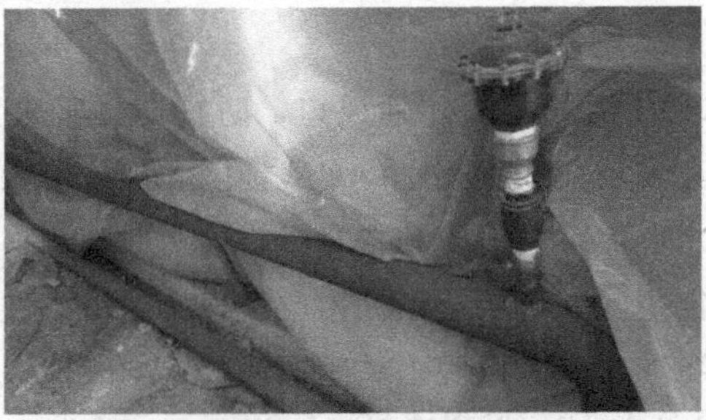

图 1-151　冬季大棚加温

对于夏季出菇，在棚顶要多盖遮阳物，如草帘上加盖遮光率 95％的遮阳网。管理工作是以降温为主，通风方法除打开北墙、南墙通气孔外，还要将大棚顶部两侧薄膜卷起约 30cm，以满足平菇对氧气的要求。

对于春季、秋季出菇，棚顶只要覆盖草帘就行，管理以通风为主，打开南北墙通气孔即可。

4. 光照管理

生产中应根据不同品种调整光照强度来促进菇盖的扩展及颜色的加深。一般温度低菇体色泽深，温度高色泽浅。出菇阶段，菇棚内要避免阳光直射，有少量自然散射光即可。菇棚的光照不宜太强，阳光直射很容易导致菌袋两端出菇少、中间出菇多，影响平菇的品质。

在夏季要减少光照，通常利用遮阳网（图 1-152）、草帘子；在秋季、冬季应适当增强亮度，使菇的菌盖不致转为暗灰色，且菇体较为厚实，光照太弱，易形成盖小柄长的畸形菇。在管理上早上可以将草帘子或棉被（图 1-153）拉起，或间隔打开草帘子，调整光照。一般来说，光照不仅影响子实体的发生及菇质，还可调控菇床的温度。秋季以“三阳七阴”为好；冬季以“六阳四阴”为好；春季以“二阳八阴”为好；夏季以“一阳九阴”为好。日照短的山区“阳多阴少”，日照长的平原“阴多阳少”，要灵活掌握。

图 1-152　遮阳网

图 1-153　将棉被拉起

第六节　平菇的采收、保鲜与加工

一、平菇的采收

当平菇子实体菌盖边缘平展，或稍有内卷，菇体达到 7～8 分成熟时（图 1-154），要及时采收（图 1-155）。采收过迟，菇体老熟，会大量散发孢子，不仅消耗料袋营养，而且孢子散落到其他小菇上，也会造成其他小菇未老先衰。采收前要喷一次水，这样既可提高菇房内的空气湿度，又可降低空气中飘浮的孢子的数量，因此能减少对工作人员的影响，并使菌盖保持新鲜、干净，不易开裂。但喷水量不宜过大，且注意不能朝已采收的子实体喷水，以免菇体腐烂。

采收时一手按住菌柄底部接近培养料处，一手拿住菌盖部位轻轻一扭，便可采下。采收时按照采大留小的方法，先把成熟的平菇摘下，放于菌墙上，然后再统一装筐。平菇装筐后统一送到收购交易市场，无收购市场的要及时送到菜市场批发或零售。平菇菌盖质地脆嫩，容易开裂，采收后要注意轻拿轻放，并尽量减少停放次数。采下的平菇要放入干净、光滑的容器内（图 1-156），以免造成菇体的机械损伤。菇体表面可以盖一层纱布，以保持菇体的水分。

图 1-154 成熟的平菇

图 1-155 采收场景

图 1-156 采收的平菇

在采摘后，要及时将死菇、烂菇清理掉，以免招致虫害或引起其他的病害发生。在采收时，有的菇农在出售前为增加菇重，对采摘后的鲜菇采取喷水和浸水的方法，例如将采收的菇体放在菌墙上，利用微喷进行增湿，这类方法虽然增加了菇重，但口味、品质均会下降。

若管理得当，共可以采菇 6～7 茬，其中商品菇占 70%，第一茬菇就能收回大部分成本（头潮菇转化率可达 40%），总的转化率可达到 80%～100%。

采完一茬菇，要停水 2～3 天，湿度降低到 70%，温度保持在 18～25℃，促进菌丝恢复生长，积累养分。3～5 天后采菇处菌丝发白，每天喷清水 1 次保持地面湿润，湿度增加到 85%，并正常通风换气。在温度、湿度适宜的条件下，7～10 天后第 2 潮菇便会陆续发生。

在栽培管理中，一定要注意及时采收。笔者曾见到某个基地产量很高，由于没有及时采收造成腐烂（图 1-157），影响了下一潮菇的产量。维持老菇的生长需要消耗营养，而消耗的营养不能增加产量、提高品质，实际上是一种营养浪费。

图 1-157 采收过晚

二、平菇保鲜与贮藏

平菇的保鲜方法有冷藏保鲜、冷冻保鲜、气调贮藏等，常采用冷藏保鲜方法。

1. 冷藏保鲜

冷藏保鲜是指在接近0℃或稍高几摄氏度的温度下贮藏的一种保鲜方式。冷藏可以在冷藏室、冷藏箱或冷柜中进行，一般要修建冷库，容量在几吨到几十吨。冷藏保鲜温度为1～4℃。

2. 冷冻保鲜

冷冻保鲜方法是将新鲜的平菇子实体在沸水中或蒸汽中处理4～8min，放到1%柠檬酸溶液中迅速冷却，沥干水分后用塑料袋分装好，放冷库中在−18℃条件下贮藏，量少时可放冰箱的冷冻室中贮藏，可保鲜2个月。

3. 气调贮藏

采摘后的鲜菇仍在进行呼吸作用，吸收氧气，放出二氧化碳。适当降低环境中氧气的浓度，增加二氧化碳的浓度，可以抑制呼吸作用，延长保鲜期。平菇在低温下可耐25%的二氧化碳浓度。

在气调室内，从空气正常组成至达到要求的气体指标，有一个降氧气和升二氧化碳的过程，降氧期越短越好，这样贮藏的子实体可尽快脱离高氧气的环境，获得最佳的气调效果。

三、平菇加工

平菇加工的方法有多种，其中主要有干制法、盐渍法，现简述如下：

1. 干制法

平菇干制一般采用阴干法、晒干法、烘干法等。日晒（图1-158）是一种既经济又不用设备的方法。也可采用阴干或用风吹干，但此法受天气条件的限制。生产上常用烘干法，建一烘干房，热源可以用炭火或煤饼，烘时参照烘烟楼形式。房内无烟，要有排气设备。开始温度控制在35℃，10h后升到55～60℃，以后渐渐下降，14h降到常温。干制平菇食用时用水浸泡，和鲜菇相差不多。干制的平菇其含水量在13%以下。

2. 盐渍法

（1）加工菇的选择　适时采收、分收，选择无杂质、无霉烂、无病虫危害的平菇。要求菌盖完整，直径3～5cm，切除菇柄基部。应把成丛的平菇子实体分开。

（2）水煮（杀青）　在清水中加入5%～10%的精盐，置于钢精锅或不锈钢锅中煮沸，然后倒入鲜菇，煮沸5～7min，捞出沥干水分（图1-159）。

（3）盐渍　煮后的菇体，按50kg加20kg洗涤盐的比例，采用一层盐一层菇

图 1-158　晒干的平菇

图 1-159　捞出沥干水分

的方法依次装满池子，最后在顶部撒 2cm 的盐，向池内注入饱和盐水，使菇完全泡在盐水中（图 1-160）。

清理盐渍池卫生见图 1-161。

图 1-160　盐渍的平菇

图 1-161　清理盐渍池卫生

（4）调酸装桶　盐渍 20 天以上可以调酸装桶。出口需用外贸部门拨给的专用铁桶，桶内衬双层塑料袋，统一标准，定量包装。调酸装桶的方法：先将盐渍好的菇体从池内捞出放在铁纱上，控净盐水到不滴水为止，按规定重量放入塑料袋中，然后注入饱和盐水并用盐度计测盐、水浓度是否保持 22°Bé，不足再加盐。调酸药物配方：柠檬酸 50%，偏磷酸钠 42%，明矾 8%。先将药物用热水溶化，然后倒入饱和盐水中，pH 值为 3～3.3。在桶外注上标记、代号，验收后发运。

第七节　平菇栽培中的常见问题和处理措施

一、发菌阶段易出现的问题及处理措施

（一）杂菌污染

无论是发菌前期还是出菇后期，菌袋较易被各种杂菌污染，常见的杂菌主要有木霉、链孢霉、毛霉、曲霉等，主要原因是菌丝抗性差、环境杂菌基数偏高、菇棚过于潮湿、通风不良等。处理措施：彻底清理环境，尤其是多年的老菇棚，更需严

格消毒杀菌处理，主要药物为漂白粉、石灰水溶液等；发生污染的菌袋，可采取药液浸泡或涂刷的办法予以处理，然后单独发菌或出菇；加强通风，降低湿度。

1. 木霉

木霉之所以危害严重，是因为它和毛霉、根霉等杂菌不同。其他危害轻的杂菌主要和平菇菌丝争夺料中营养，并不直接危害平菇菌丝，而木霉则不同，除了和平菇菌丝争夺料中营养外，还直接寄生在平菇菌丝上吸收它的营养，并产生毒素造成平菇菌丝死亡，危害非常严重。所以木霉被称为食用菌的“癌症”，每年给生产者造成巨大的损失，一定要重视起来。

(1) 病原　木霉属于半知菌门、丝孢纲、丝孢目、丛梗孢科、木霉属，常见的木霉有绿色木霉、康宁木霉。木霉菌落生长初期为白色、致密、圆形、向四周扩展，然后在菌落中央产绿色孢子，最后整个菌落全部变成深绿或蓝绿色。菌丝白色、透明有隔、纤细，宽度为1.5～2.4μm。分生孢子梗直径为2.5～3.5μm，垂直对称分枝，分枝后可再分枝，分生孢子单生或簇生，圆形，绿色，产孢部分尖削，微弯，尖端着生分生孢子团，含孢子4～12个。木霉分生孢子球形至卵形，(2.5～4.5)μm×(2～4)μm，菌落外观浅绿、黄绿或绿色（图1-162、图1-163）。

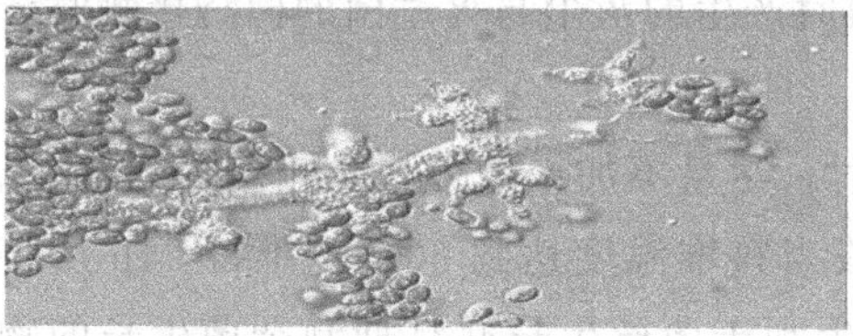

图1-162　木霉孢子（彩图）

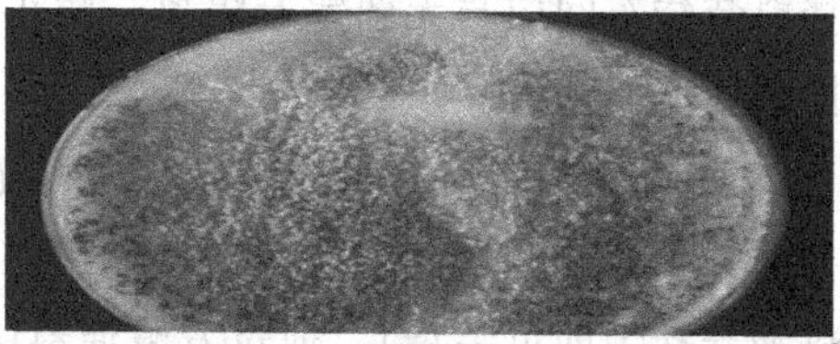

图1-163　木霉菌落（彩图）

(2) 症状　木霉在菌袋制作阶段、子实体阶段均会造生危害，是最严重的竞争性杂菌。一旦接种面落入了木霉孢子，孢子迅速萌发形成菌丝。木霉菌丝初期呈纤细、白色絮状，菌丝生长迅速，4～5天后产生绿色的分生孢子团。当培养料被侵染后，菌丝阶段不易察觉，直到出现霉层时才能引起注意：起初只是点状或斑块状，当条件合适或平菇菌丝不很健壮时，很快发展为片状，直至污染整个菌袋或料床。若不及时采取措施，菇房内短时间即可成一片绿色，造成大量孢子飞扬，给以后的生产留下严重隐患。平菇子实体受木霉侵染后，表面的木霉菌丝产生分生孢子使平菇表面出现微褐色的病斑，最后导致整个平菇子实体腐烂（图1-164、图1-165）。

(3) 发病条件和传播途径

① 发病条件　木霉菌丝体和分生孢子广泛分布于自然界中，通过气流、水滴侵入寄主。木霉菌丝生长温度为4～42℃，25～30℃生长最适宜；孢子萌发温度为10～35℃，15～30℃萌发率最高。在25～27℃菌落由白变绿只需4～5昼夜，高温

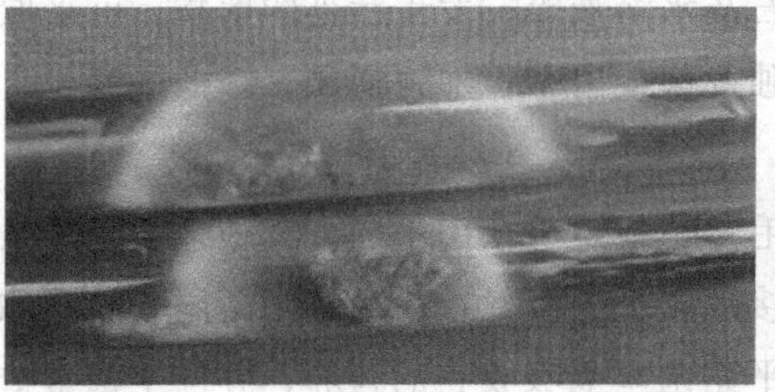

图 1-164　母种污染木霉（彩图）

图 1-165　栽培种污染木霉（彩图）

对菌丝生长和萌发有利。孢子萌发要求相对湿度在 95%以上，菌丝生长 pH 值为 3.5～5.8，在 pH 值为 4～5 条件下生长最快。木霉菌丝较耐二氧化碳，在通风不良的菇房内能大量繁殖快速地侵染培养基、食用菌菌丝和菇体。

② 传播途径　栽培多年的老菇房、带菌的工具和场所是主要的初侵染源，分生孢子可以多次侵染，在高温高湿条件下重复侵染更为频繁。

（4）防治方法　木霉的处理最好以预防为主、治疗为辅，采用综合防治的方法，具体措施如下：

① 清洁卫生减少病原　保持生产场地环境清洁干燥、无废料和污染料堆积。拌料装袋车间应与无菌室有隔离，防止拌料时产生的灰尘与灭过菌的菌袋接触时传播杂菌。

② 科学调制培养料　配制培养料配方时，尽量不加入糖分，防止培养料酸化。在菌种生产时，培养料可以适度发酵（一般当料堆温度达到 60℃，维持 24h 后将料翻开拌匀即可装袋），通过发酵使料中产生利于菌丝生长并且抑制杂菌生长的物质，并且隐藏在料中的绿霉孢子萌发形成菌丝后抗性减弱，灭菌过程中容易被消灭掉。制种时按比例加入绿霉净等杀菌剂，在一定浓度内杀菌剂可以预防绿霉，对平菇菌丝虽有一定抑制作用，但并不明显，可以使用。

③ 减少破袋是防止杂菌污染的有效环节　聚丙烯袋厚度为 0.04～0.05mm，袋子上无微孔，底部缝隙密封好，装袋时应防止袋底摩擦造成破袋。

④ 灭菌彻底，密封冷却　在整个灭菌过程中要防止中途降温和灶内热循环不均匀的现象，常压灭菌需要在 100℃保持 10h 以上，高压灭菌需在 126℃保持 2h 以上。等温度降低、菌袋收缩后才能开门取出。出锅后的菌袋要尽量避免与外部未消毒的空气接触，放在彻底消毒的冷却室内。

⑤ 选用优质菌种，严格接种、养菌

a. 确保接种室和接种箱清洁无菌　接种室应设有缓冲间，在菌袋进入之前要进行消毒，在接种前用 40%二氯异氰尿酸钠熏蒸，能有效地防治木霉孢子。有条件的地方尽量将无菌操作台放入接种室内接种，并且在接种前提前打开操作台半小时，这样能形成无菌环境。

b. 严格接种　在接种时要使用纯净、适龄和具有旺盛活力的菌种。接种量要大，菌种要封面，即使杂菌孢子进入袋内，也落在菌种上，但不能和料接触，形成了一层抵抗木霉的屏障。在人工调温的接种室内，最好在20℃的低温下接种。接种操作要严格、规范，不能使霉菌孢子落于料中。接菌后的菌袋最好用移动推车直接推入养菌室，最好用筐周转，要轻拿轻放。如果条件限制，把每个袋逐一摆放，要手握袋底部，不要用手拿颈圈部（图1-166），以免引起空气流动，造成“病从口入”。

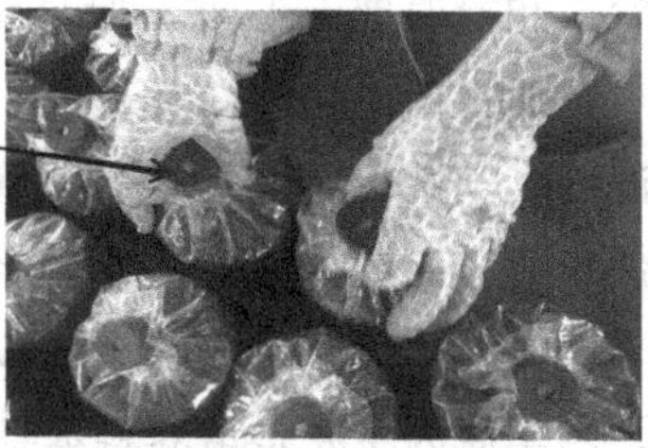

图1-166　手拿颈圈

c. 严格养菌　在养菌期间尽量保持温度在18～25℃之间，避免温差过大引起空气流动感染木霉。另外，温差过大容易产生冷凝水，导致菌丝表面湿度过大，感染木霉。养菌时前期低温发菌，保持温度在18～20℃即可，在此温度下，平菇菌丝生长活力比木霉强，等菌种封好料面后再适当提高温度，这样即使接种面有木霉孢子萌发，也不能和料接触，危害减小。

⑥ 及时检查木霉　早发现早处理：木霉菌丝早期呈棉絮状，之后菌丝变浓白，比正常平菇菌丝初期要白得多，这时要及时挑出，可以回炉灭菌重新接种作为出菇袋用，避免产生孢子传播，以降低重复污染机会。菌种发菌期间每5天左右对培养室喷洒稀释1000倍的克霉灵，对环境进行消毒。发现木霉后及时用稀释1000倍的克霉灵喷洒或注射、涂抹污染区和菌袋，污染严重的菌袋要及时做焚烧或深埋处理。

⑦ 出菇期干湿交替，保持通风　适当降低空气湿度，减少浇水次数，防止平菇长期在湿度大的环境下生长，在菇体转潮期不应天天浇水，保证一定干燥度。发现感染木霉的子实体要及时摘除，并在摘除处用稀释1000倍的高效绿霉净喷洒消毒。

2. 青霉

（1）表现症状　该菌在平菇制种阶段和栽培阶段都可能发生。菌落初为白色，很快转为棉絮状，大部分呈灰绿色。青霉的孢子在28～32℃高温、高湿条件下1～2天就可萌发成菌丝体，菌丝体白色，繁殖迅速，很快形成绿色的孢子堆，其生长速度没有木霉快，气生菌丝密集。

（2）发生原因　青霉孢子在28～32℃萌发，菌丝生长适宜温度为20～30℃，空气相对湿度为80%～90%，在高温、高湿、通气不良、培养料偏酸的条件下易发生和生长。其传播主要靠孢子随空气飞散。

（3）防治方法　同木霉的防治方法。

3. 曲霉

（1）表现症状　曲霉常见的种类有黄曲霉（图1-167）、黑曲霉、白曲霉和烟曲霉等。

曲霉菌属菌落的颜色多种多样，而且比较稳定。黑曲霉呈黑色，黄曲霉呈黄绿色，烟曲霉呈灰绿色，白曲霉呈乳白色。曲霉与平菇菌丝争夺养料，也能分泌毒素抑制平菇菌丝的生长。

黑曲霉发生时，菌丝初为白色透明，其菌落为黑褐色至灰黑色。黑曲霉在25～30℃、相对湿度大于85%时易发生，常污染菌种。

黄曲霉菌丝初为白色透亮，菌落呈现黄绿色，疏松。黄曲霉在25～30℃、相对湿度大于85%时繁殖较快。黄曲霉能产生黄曲霉毒素，这种毒素是一种较强的致癌物质，该菌也主要污染菌丝。

（2）发生原因　曲霉菌的发生条件为温度高、湿度大，其传播主要靠空气传播，污染原因主要是培养料本身带菌或培养室消毒不严格。

（3）防治方法　可参照木霉的防治方法。

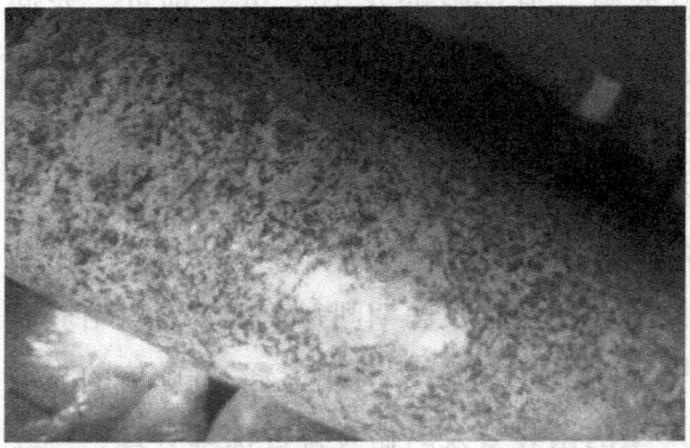

图 1-167　黄曲霉（彩图）

图 1-168　毛霉（彩图）

4. 毛霉

（1）表现症状　毛霉（图 1-168）又叫长毛菌。菌落初为白色，棉絮状，老后变为黄色、灰色或浅褐色。毛霉菌丝生长迅速，能深入培养料中，争夺水分和养分，在培养料表层形成一层覆盖层抑制平菇菌丝的生长。

毛霉的孢囊孢子随气流传播，在25～30℃萌发成菌丝体，在潮湿的环境下生长迅速。平菇制种或栽培时一旦感染毛霉，毛霉菌丝生长迅速，其生长速度为平菇菌丝生长速度的5～10倍。

（2）发生原因　毛霉在自然界分布很广，土壤和空气中都有毛霉的孢子存在，在温度为25～30℃、空气相对湿度为85%～95%、通风不良的情况下极易发生。

（3）防治方法　高温季节制种时，在培养料中加入2%生石灰，再加入稀释1000倍的多菌灵（50%），加水不宜过多。

生料栽培时，拌料前将原料曝晒，利用阳光中的紫外线杀死病菌孢子，最好将培养料发酵5～8天。

加强培菌环境的通风换气，防止高温、高湿。

出现毛霉感染时，将感染的菌袋集中隔离管理，移至阴凉通风处，促进平菇菌丝生长，利用平菇菌丝生长的优势，将毛霉菌丝“吃掉”。平菇菌丝满袋后仍能正常出菇，但感染毛霉的菌种不宜再作种子使用。

感染毛霉较重的菌袋采取降温通风措施后，毛霉仍继续生长，可采用5%浓石灰水涂抹感染部位，或用稀释300倍的50%多菌灵溶液注射感染部位。

采取多种防治措施仍效果不好时，可将感染菌袋的培养料倒出晒干，改作他用，或发酵处理后二次种植。

5. 根霉

(1) 表现症状　根霉又称黑色面包霉，菌落初为白色棉絮状，后变为淡灰黑色和灰褐色。根霉菌丝白色透明，与毛霉相比，气生菌丝少，菌丝体棉絮状，在培养料表面形成一层黑色颗粒状霉层。根霉常见为无性繁殖，孢子囊球形，孢子囊内是囊孢子，呈球形、卵形。传播途径为空气传播。

(2) 发生原因　根霉同毛霉一样，在自然界分布广泛，土壤和空气中都有它的孢子，通常在气温高、通风不良的条件下最容易发生。

(3) 防治方法　同毛霉的防治方法。

6. 链孢霉

链孢霉之所以被称为“克星”，是因为它的两个特点。一是长速快，30～40℃ 8h长满试管，也就是一夜之间就可以长一支笔这样长。种植户曾观察过链孢霉的生长速度，它每小时都在长，而平菇菌丝每天也只长0.5～1cm，长速没法和链孢霉相比，所以链孢霉一夜之间可以造成“满堂红”。二是穿透力强，链孢霉菌丝产生的孢子团穿透力极强，可以穿透袋口和瓶口，并且孢子可以随风传播。所以它有“喜高温、耐高温，2夜之间袋全坏，无氧不长有氧长，穿透力强破菌袋”的特点。

(1) 病原　链孢霉亦叫脉孢霉、红面包霉，俗称红霉菌、红娥子，常见的有粗糙脉孢菌和间型脉孢菌。在分类学上属子囊菌亚门、粪壳霉目、粪壳霉科。链孢霉生长初期呈绒毛状、白色或灰色、匍匐生长、分枝、具隔膜、生长疏松。分生孢子梗直接从菌丝上长出，与菌丝无明显差异，梗顶端形成分生孢子。分生孢子卵形或近球形，成串悬挂在气生菌丝上，一般呈橘红色（图1-169）。近年来在菇房开始出现白色的链孢霉（图1-170），白色链孢霉与红色链孢霉的生长适宜的pH值、湿度、温度相同，防治方法相似。

(2) 症状　该菌的孢子萌发、菌丝生长速度极快。特别是气生菌丝（也叫产孢菌丝）顽强有力，它能穿透菌种的封口材料，挤破菌种袋，形成数量极大的分生孢子团，有当日萌发、隔日产孢、高速繁殖之特性。在斜面培养基上20～30℃的温度范围内，一昼夜可长满整个试管。在麦粒培养料上，如发现感染上链孢霉，料面

图 1-169　橘红色链孢霉（彩图）

图 1-170　白色链孢霉（彩图）

迅速形成橙红色或粉红色的霉层——分生孢子堆。霉层如在塑料袋内可通过某些孔隙迅速布满袋外；在潮湿的棉塞上霉层可达 1cm 厚。3 天后整个生产场地都会布满链孢霉的红色孢子，菌袋一经污染很难彻底清除，常引起整批菌种或菌袋报废，造成毁灭性损失。该菌来势之猛、蔓延之快、危害之大并不亚于木霉，一旦大面积发生便是灭顶之灾。大量分生孢子堆集成团时，外观与猴头菌子实体相似（图 1-171）。链孢霉的前期、中期、后期症状见图 1-172。

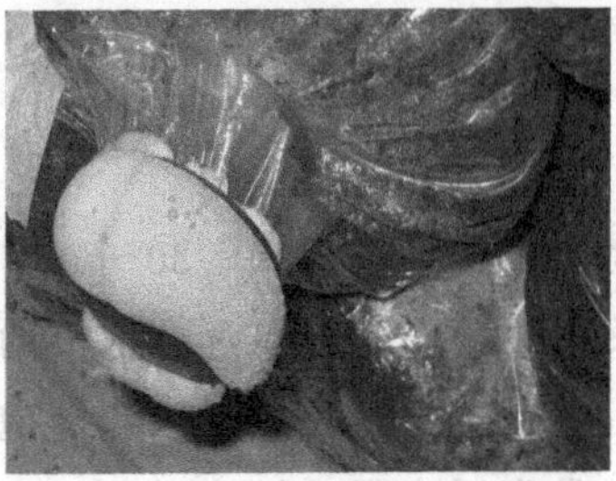

图 1-171　猴头菌子实体（彩图）

图 1-172　链孢霉的前期、中期、后期症状（彩图）

（3）发病条件和传播途径

① 发病条件

a. 温度　链孢霉菌丝在 4～44℃均能生长，25～36℃生长最快，4℃以下停止生长，4～24℃生长缓慢。链孢霉菌丝有快速繁殖的特性，在 31～40℃条件下，只需 8h 菌丝就能长满整个试管斜面。孢子在 15～30℃萌发率最高，低于 10℃萌发率低。由于链孢霉在 30℃以上生长迅速，在高温期第一天只要发现一部分菌袋感染上了链孢霉，第二天就会传至整个房间出现“满堂红”。而平菇菌种生产大多在高温季节，因此它是平菇菌种生产期间危害最严重的一种病害。链孢霉孢子极耐高温，在湿热 70℃下持续 4min 后才会失去活力，干热 121℃下持续 1h 仍有发芽能力，并且穿透力极强，能穿透报纸甚至是塑料薄膜。

b. 湿度　在食用菌适宜生长的含水量范围内（53%～67%），链孢霉生长迅速。棉塞受潮时能透过棉塞迅速伸入瓶内，并在棉塞上形成厚厚的粉红色的霉层。

链孢霉在含水量在40%以下或80%以上则生长受阻。

c. 酸碱度 培养基的pH值在3～9范围内都能生长，最适pH值为5～7.5。

d. 空气 链孢霉属好氧性微生物，在氧气充足时，分生孢子形成快；无氧或缺氧时，菌丝不能生长，孢子不能形成。

e. 营养 菌种培养料内糖分和淀粉过量是链孢霉菌发生和蔓延的重要原因之一。

② 传播途径 链孢霉广泛分布于自然界土壤中和禾本科植物上，尤其在玉米芯上极易发生。其分生孢子在空气中到处漂浮，主要以分生孢子传播危害，是高温季节发生的最主要的杂菌。

（4）防治办法

① 接种室和培养室内外要搞好常规消毒，链孢霉污染的培养料切不可在菌种场内外到处堆放。链孢霉一般主要是由麦麸、米糠等原料带入，所以要求菇农在选用原材料时，要用新鲜、无结块、无霉质的原材料，同时要清理操作场地周围的报废的霉烂物，当天制棒剩下的培养料一定要清理干净。

② 培养料和接种工具灭菌要彻底，接种箱认真消毒，菌种要求无杂菌。

③ 菌种适龄、健壮，接种要严格无菌操作，降低接种过程中的杂菌污染率。严防划破菌种袋和栽培的塑料袋，防止链孢霉孢子从破口处侵入。

④ 避免高湿，我们在培养阶段要适度降低培养温度、湿度，发现长速快的链孢霉菌丝要及时将其放在冷凉暗处培养，控制链孢霉的生长，避免其产生孢子。

⑤ 链孢霉穿透力强，一定要及早发现。要及时检查菌种瓶、菌种袋，如发现链孢霉，在分生孢子团（红色的链孢霉菌块）上涂上柴油（可防止链孢霉的扩散），挑出来烧毁，杜绝链孢霉孢子再次感染。

7. 细菌

（1）表现症状 细菌分布广、繁殖快，常造成菌种及培养料的污染。细菌菌落很小，多数表面光滑、湿润，半透明或不透明，常发出恶臭味。在母种培养基上细菌常表现为黏液状，使平菇菌丝不能生长。栽培料受污染后多数变黏或腐烂，有时会出现乳白色黏液，打开袋后会散发出难闻气味。用麦粒制作菌种时常出现细菌污染，在麦粒周围出现淡黄色的黏液，影响平菇菌丝生长。细菌在自然界种类繁多，个体形态有杆状、球状或弧状。细菌个体极小。有些细菌在细胞内能形成圆形或椭圆形无性休眠体结构，称为芽胞。芽胞的壁很厚，含水量小，化学药物不易渗透，对高温、光线、干燥和化学药品有较强的抵抗力。有些细菌繁殖很快，在温度28℃、相对湿度80%、pH值3～10的适宜条件下，一个细菌在10天之内就可以变成10亿个。

（2）发生原因 培养料、水、空气中都含有大量的细菌。麦粒或玉米粒中含有30多种不同类型的细菌，所以在用谷粒制菌种时常发生细菌污染。灭菌不彻底是细菌发生的主要原因，培养料含水量过大、通风不好、环境温度过高也是引起细菌污染的原因。

（3）防治方法　制作母种培养基灭菌时要将锅内冷空气排尽，锅内试管摆放不能太紧密，灭菌时间要充足。用麦粒制作菌种时，首先要选择新鲜、干净、无霉变、无虫蛀的优质小麦作原料，高温期浸泡时间不宜太长，煮麦粒时切忌将麦子煮烂，配料时加入1%生石灰和0.1%多菌灵。最好采用高压灭菌，灭菌时间延长到2h以上。高温期栽培时，培养料进行发酵处理。培菌期加强培养室通风，防止高温、高湿。局部发生污染时，用稀释100倍的甲醛水溶液或稀释200倍的克霉灵溶液涂抹或注射感染部位。

8. 酵母菌

（1）表现症状　酵母菌是一类单细胞真菌，在自然界中分布很广。酵母菌在培养料上多数不能形成菌丝，喜欢生长在含糖量高又带酸性的环境里。酵母菌的菌落与细菌的菌落相似，表面光滑、湿润，有黏稠性，菌落大多呈乳白色，少数呈粉红色，比细菌的菌落大而且较厚。

被酵母菌感染的培养料会发出浓重的酒味。酵母菌通过引起培养料的酸败使平菇菌丝的生长受到抑制。

（2）发生原因　培养料水分过大、装料时压得太实、通气不良、环境温度超过25℃、空气湿度过大时容易发生。

（3）防治方法　参照细菌的防治方法。

（二）烧菌

（1）表现症状　该现象主要发生在养菌期和出菇期，是指菌袋内温度过高导致菌丝退化、死亡的现象。温度过高造成菌丝过快生长、呼吸加快，菌丝逐渐变成黄色。

（2）发生原因　菌袋堆码过高、过密，不按时观测料温，未及时翻堆，培养场所温度过高或通气不良。

（3）防治方法　适温发菌，合理排放菌袋，及时通风，加强倒袋翻堆和捡杂工作。

二、出菇阶段的主要侵染性病害

1. 平菇细菌性褐斑病

病菌主要危害平菇的表皮，而不深入菌肉组织。在菌盖表面，病斑多出现在与菌柄相连的凹陷处，呈近圆形或梭形，稍凹陷，边缘整齐，表面有一薄层菌脓。单个菌盖上有几十个或上百个褐色病斑（图1-173），但不引起子实体变形或腐烂。

（1）发生原因　覆土用的土壤有细菌或用水不洁、菇房通风不好、湿度过大、菌盖表面长时间积水都易导致该病的发生。

（2）防治方法　使用清洁的水喷洒子实体表面，多注意通风，防止菌盖表面长期积水，覆土前要进行消毒处理。发生此病后，可喷洒 150mg/L 漂白粉溶液，用 100～200 单位的农用链霉素也可起到有效的防治效果。

图 1-173 平菇细菌性褐斑病（彩图）

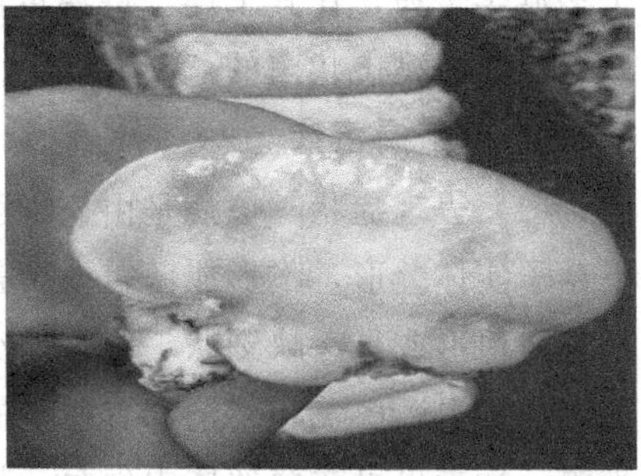

图 1-174 平菇细菌性腐烂病（彩图）

2. 平菇细菌性腐烂病

发生此病的平菇，病害多从菌盖边缘开始发生，出现淡黄色水渍状斑纹，从菌盖边缘向内扩展，然后延伸至菌柄，最后子实体呈淡黄色（图 1-174）、腐烂并散发出臭味。

（1）发生原因　不洁土壤及用水是发病的主要原因，高温、高湿的环境有利于该病的发生和传播。

（2）防治方法　春秋季易发病期注意控制菇房温度、湿度，防止高温、高湿。发病后加强通风，充分降低湿度。清除病菇，清理料面。使用清洁的水喷洒子实体表面，多注意通风。发生此病后，可喷洒 150mg/L 漂白粉溶液，用 100～200 单位的农用链霉素也可起到有效的防治效果，用万消灵 8～10 片加水 10kg 连续喷洒 2～3天，每天 1～2 次。

3. 平菇枝霉菌被病

（1）表现症状　培养料表面被病菌浓密的气生菌丝覆盖，出菇少或不出菇，已形成的子实体菌柄及菌褶部位长满白色菌丝，菌柄基部呈水渍状软腐。

（2）发生原因　病菌生活在土壤中或有机物上，覆土栽培时易发生此病。

（3）防治方法　覆土土壤进行消毒处理，出菇期加强通风，降低环境空气湿度，用稀释 500 倍的多菌灵溶液或稀释 700 倍的托布津溶液喷洒染病部位。

4. 胡桃肉状菌病

（1）表现症状　胡桃肉状菌侵入培养料后，初期为丛状的茂密白色小菌丝，随着菌龄增加变成黄白色，后逐渐形成子囊果。胡桃肉状菌子囊果外形呈胡桃肉状或牛脑状，菌块成熟时变成暗红色。

（2）发生原因　病原孢子可随风传播、长期生活在土壤和病残组织上，在温度高、湿度大的条件下易发生。

（3）防治方法　避开高温，适温播种，等气温稳定在25℃左右时再播种。在发酵时控制料温在70℃，保持12h。发病后要及时停水，加强通风，挖除病灶，撒上多菇丰干粉，让其干燥。待温度降至18℃时开始浇水催菇。采用熟料栽培能有效地防止胡桃肉状菌的危害。

5. 平菇病毒病

（1）表现症状　该病是由病毒引起的一种具有传染性的平菇病害。感染病毒的平菇子实体畸形，不形成菌盖或菌盖很小，菌盖表面有水渍状环形条纹，菌盖边缘呈现波浪形或具深缺刻状。菌盖缩小，菌柄肿胀成近球形，或菌柄呈扁形弯曲，表面凹凸不平。菌盖和菌柄都有明显的水渍状条纹或斑纹。带病的孢子是病毒的主要来源。病毒也可在菌丝体内生存，带病的菌丝体也会与健康菌丝连接而传播病毒。

（2）发生原因　栽培场地卫生条件差，使用已感染病毒的劣质菌种发菌或出菇期间感染病毒。

（3）防治方法　选用优质菌种，搞好栽培场地环境卫生，定期消毒，发现病菇及时清除。

三、出菇期间的主要生理性病害

平菇生理性病害也叫非侵染性病害，是指由于非侵染性病原的作用引起的平菇不能正常新陈代谢的病害。通常是由于平菇生长环境不适宜而引起的，如：温度、光照、通风、湿度这四大要素及其互相作用。栽培措施不当也能够引起生理性病害，如：菇房空气湿度过高或过低、菇房光线过强或过弱、通风不良引起的二氧化碳浓度过高等。平菇生理性病害不需要用药物进行治疗，也不会传染扩散，只要有针对性地改善菇房环境，较轻的生理性病害会逐渐恢复正常。畸形、变色是最常见的平菇生理性病害的症状。

1. 菜花菇

原基密集，但菌盖和菌柄并无明显分化，表面上只是一个菜花状的白疙瘩，没有任何商品价值。

（1）主要原因

① 拌料时加了平菇极为敏感或毒性较大的农药。

② 菌丝发菌、出菇过程中，菇场内或菌袋上喷洒了平菇极为敏感的敌敌畏、速灭杀丁、除虫菊酯等杀虫农药。

③ 二氧化碳的浓度过大。

（2）解决办法　加强通风、避免使用农药。

2. 高脚菇

患高脚病的平菇也叫高腿状平菇、高脚菇、喇叭菇、长柄菇，子实体菌盖极小，菌柄粗长。子实体不形成菌盖，形同高腿状（图 1-175）。

（1）主要原因

① 平菇从原基期向珊瑚期转化时没有及时通风、光照强度偏弱，子实体不能正常分化。

② 低温季节，特别是北方寒冷地区，为了保温，棚内通风少，二氧化碳浓度增大，产生高脚菇。

（2）解决办法　遇到以上两种情况只要加强通风、注意光线即可逐渐恢复正常。

图 1-175　高脚菇

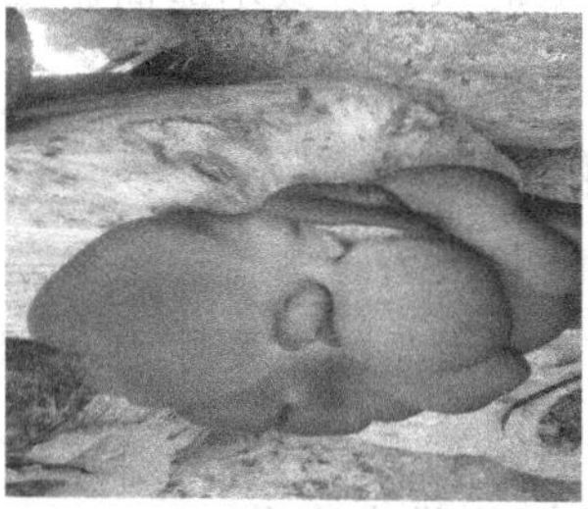

图 1-176　菌盖表面生瘤状物

3. 盐霜状平菇

子实体产生后分化很慢，在已经分化的菌盖表面出现一层像盐霜一样的东西，这是因为棚中的温度太低所致，一般黑色软柄平菇在气温低于 4℃时就容易出现这种情况，解决的办法是要注意保证菇棚温度。

4. 菌盖表面生瘤状物

菇体分化发育后在菌盖表面形成许多皱印或瘤状物（图 1-176），这类现象大多发生在黑色软柄品种上。

主要原因有：气温低、受冻。解决的办法是要注意保证菇棚温度。

5. 酱红色平菇

灰黑色平菇品种在冬季产菇头潮为酱红色（图 1-177）。

（1）主要原因

① 棚内温度和棚外温度温差过大。

② 因棚内加温把草帘掀开，造成强光直射菇体，光线越强，红色越重。

（2）解决办法　以上均为菇体遇环境变化发生的正常生理现象。随着气温回升，棚顶覆盖物增多、棚内外温差减小或通风量增加，菇体色泽也趋于正常。

6. 头潮菇长不大

头潮菇如果没有任何病害，菇体却长不大就老熟卷边，大都是由于菌丝内部生

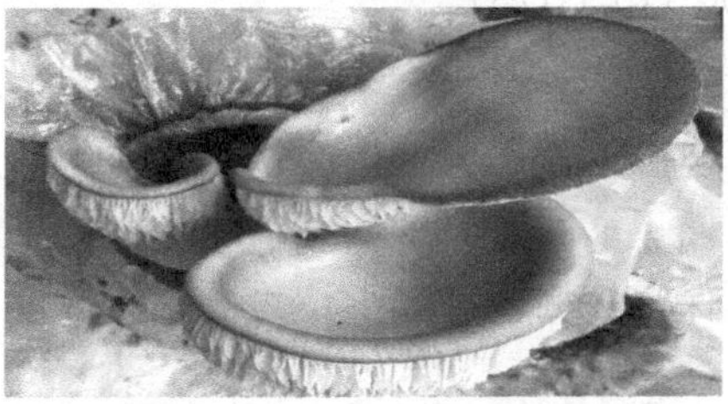

图 1-177　酱红色平菇

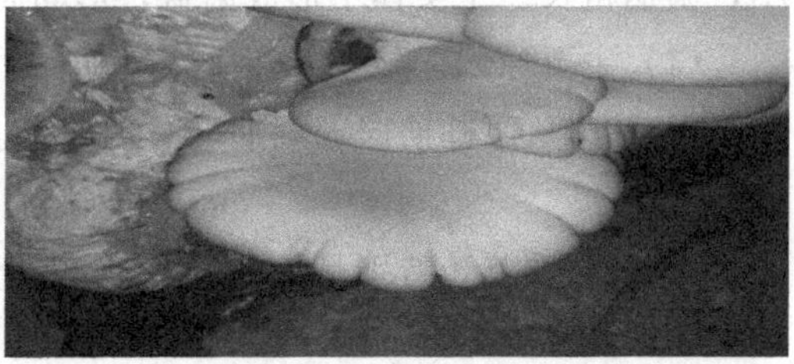

图 1-178　花边平菇

理成熟度不够造成的，如菌丝生长没有完全满袋或刚刚满袋愈合就出菇，由于袋内营养未积累成熟，所以不能向菇体输送养分。遇到这种现象也不用担心，到第二潮菇就会恢复正常。

7. 花边平菇

子实体长大后，菌盖边缘参差不齐，多呈波浪形或花边（图 1-178）。

此种情况发生的主要原因：棚内外温差过大、温度过高。遇到此现象需及时治疗，降低温度、减小温差。气温适宜后，下潮菇中花边平菇会自然消失。

8. 子实体袋内出菇

产生原因是菌袋上有破口，空气进入引起袋内长菇。遇到这种情况应及时清除袋内小菇，用透明胶布封好缝隙，使菌袋从两头出菇。

9. 子实体干枯

菇体从上向下干枯（图 1-179），不腐烂，无其他杂菌发生，这是因为空气湿度过低和培养料严重缺水。当这种情况发生时，应该及时喷水增加空气湿度，并往培养料里面注水增加含水量。

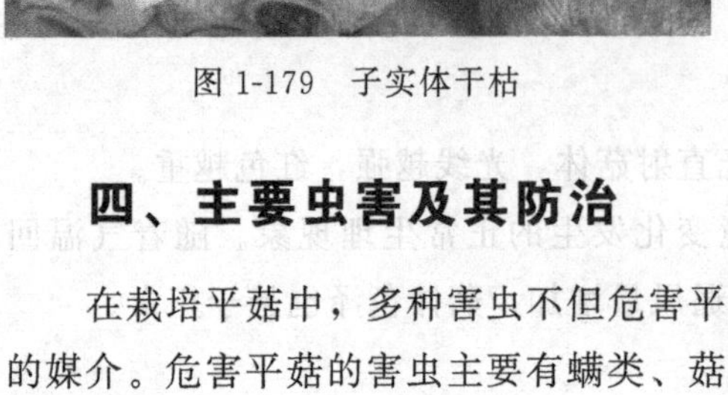

图 1-179　子实体干枯

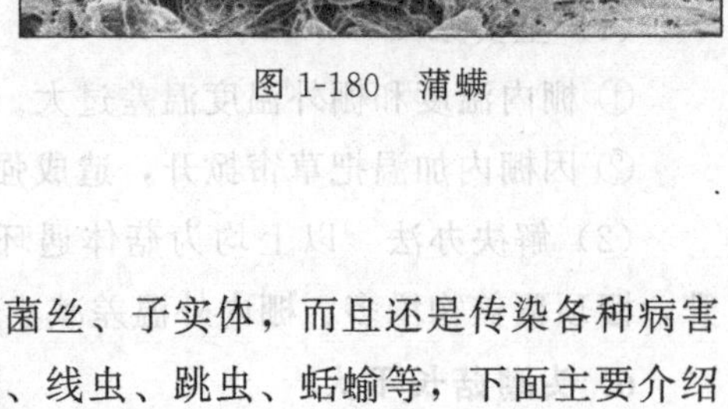

图 1-180　蒲螨

四、主要虫害及其防治

在栽培平菇中，多种害虫不但危害平菇菌丝、子实体，而且还是传染各种病害的媒介。危害平菇的害虫主要有螨类、菇蝇、线虫、跳虫、蛞蝓等，下面主要介绍螨类、菇蝇、线虫、跳虫。

1. 螨类

(1) 发生特点 有危害的螨类较多，主要有蒲螨和粉螨。其形态特征及发生规律如下：

① 蒲螨（图 1-180） 雌虫身体呈椭圆形，两端略长，黄白色或淡褐色，扁平，长约 0.2mm，头部较圆，具有可以活动的针状螯肢。雄螨身体较短，近似菱形，第四对足末端向内弯曲，附节末端有一粗爪。蒲螨行动较缓慢，喜群体生活。蒲螨主食菇类菌丝，制种、发菌、出菇期都有发生。蒲螨大量发生后，犹如撒上了一层土黄色的药粉。

② 粉螨 体形比蒲螨大，圆形，白色，单个行动，吞食菌丝。粉螨大量发生时，可使培养料菌丝衰退，但不造成毁灭性危害。

(2) 危害情况 螨虫繁殖能力极强，个体很小，分散活动时很难发现，当聚集成堆被发现时，已对生产造成损害，使人防不胜防。螨虫不仅危害食用菌，而且对人体也有危害。一是螨虫直接取食菌丝，造成接种后不发菌或发菌后出现“退菌”现象，导致培养料变黑腐烂。二是取食子实体，子实体生长阶段发生螨害时，大量的菌螨爬上子实体，取食菌褶中的担孢子，并栖息于菌褶中，不但影响鲜菇品质，而且危害人体健康。三是直接危害工作人员，菌螨爬到人体上与皮肤接触后，将引起皮肤瘙痒等症状。

(3) 防治方法

① 菌种挑选 把好菌种质量关，挑选不带螨害的菌种接种，使菌种纯净。

② 环境卫生 菇房培养室和出菇场地要远离禽舍和麸皮仓库，发菌前先用稀释 1500 倍的 73%克螨特药液喷洒培养室和出菇场地，然后再将菌袋移入。

③ 清除污染源 受污染或危害严重的培养料要及时清除，同时对受污染的环境进行清洁和消毒。

④ 烟叶诱杀 将新鲜烟叶平铺在有菌螨危害的培养料面上，待烟叶上菌螨聚集较多时，轻轻将烟叶取下，用火烧掉。

⑤ 猪骨诱杀 将新鲜猪骨头排放在有菌螨危害的床面上，待诱集到一部分螨虫时，将猪骨轻轻拿离，用沸水烫死螨虫，如此反复直到杀完为止。

⑥ 糖醋纱布诱杀 取沸水 1000mL、醋 1000mL、蔗糖 100g，混匀，搅拌溶解后，滴入 2 滴敌敌畏拌匀即为糖醋液。把纱布放入配制好的糖醋液中浸泡湿透，再铺放在有螨虫危害的培养料上或菇床上，诱集菌螨到纱布上后，取下纱布用沸水将螨虫烫死。

⑦ 油香饼粉诱杀 取适量菜籽饼研成饼粉，加入热锅内，用微火干炒至饼粉散发出浓郁的油香味时出锅。在有菌螨危害的料面上或床面上盖上湿布，湿布上面再铺纱布，将油香饼粉撒放于纱布上，待菌螨聚集于纱布上后，取下纱布用沸水烫

死螨虫。连续诱杀几次，即可达到根治的目的。

⑧ 药剂　出菇前用专用杀螨剂，出菇后无菇时用生物农药阿维菌素。还可用熏蒸型药剂“磷化铝”，通过有毒气体的渗透熏杀，能根治棚内藏匿较深或隐蔽在袋料内的害螨。

2. 菇蝇

（1）发生特点　菇蝇又称粪蝇，属双翅目，成虫体色为淡褐色或黑色，体长2～5mm。菇蝇有趋光性，爬行很快，能跳跃，常在培养料表面或土层上急速地爬来爬去。卵白色、细小，散生或堆生，幼虫白色或黄白色，长3～4mm，俗称菌蛆。菇蝇在24℃时完成卵—幼虫—蛹—成虫的生活史，周期只需14天；在16℃时则需要50天，一年周而复始可繁殖多代（图1-181）。

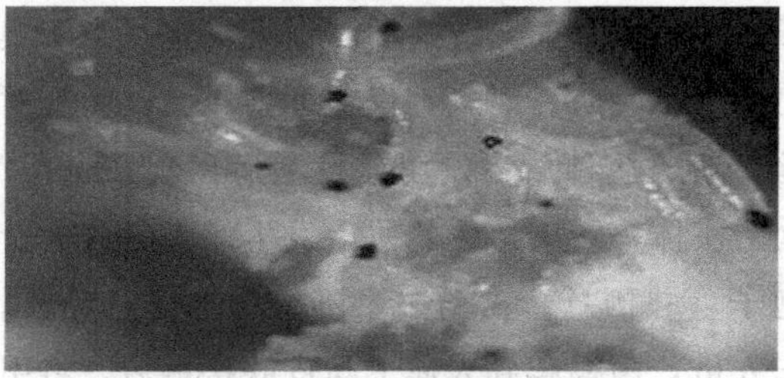

图1-181　菇蝇幼虫

图1-182　遮阳网

（2）危害情况　成虫不直接危害平菇，但能传播病菌和螨。幼虫啃食菌丝及子实体，被害床面菌丝消失，子实体被啃食成蜂巢状，失去商品价值。

（3）防治方法

① 卫生防治　菇房内外要保持清洁，死菇、菇根等废弃物不得在菇房内外及其附近倾倒。

② 利用“两网、一板、一灯、一缓冲”物理综合防控技术模式进行防治　“两网、一板、一灯、一缓冲”：“两网”是指防虫网和遮阳网；“一板”是指黄板；“一灯”是指杀虫灯；“一缓冲”是指暗缓冲间。“两网、一板、一灯、一缓冲”可以有效地避免菇蝇等危害，改善棚内的通风和光照条件，实现平菇的安全高效生产。需要注意的是，“两网、一板、一灯、一缓冲”是一项综合体系，各项技术须同时满足，才能发挥最佳的防虫、杀虫效果。下面介绍其原理和技术要点：

a. 原理　采用60目防虫网覆盖整个大棚，可以防止菇蝇的成虫飞入，防虫网60目较80目通风效果好，黄板能在白天诱杀菇蝇；杀虫灯能在晚上诱杀菇蝇；暗缓冲间用双层遮阳网覆盖，使菇棚门口保持黑暗，可有效预防成虫飞入，减少棚门开启次数，可减少菇蝇进入。

b. 技术要点　“两网、一板、一灯、一缓冲”模式是一项综合的技术体系，所列各单项内容须同时满足才能发挥最佳的物理防虫、杀虫效果。技术要点如下：

ⅰ. 两网（防虫网和遮阳网）　在棚室外覆塑料膜上安装 2 层遮阳网、1 层防虫网。遮阳网安装要求：棚室加盖遮阳网 1 层（图 1-182）；棚顶（距棚膜至少 50cm）加盖水平连体遮阳网 1 层，遮阳网遮阳率要求达到 95%。

ⅱ. 一板（黄板）　物理杀虫，捕杀棚内活动的菇蝇等害虫。黄板规格为 40cm×25cm，悬挂高度为距菌棒 20cm，密度为每 $20m^2$ 悬挂 1 块（0.05 块/m^2），更换频率为 3 个月。粘虫板（黄板）见图 1-183，捕杀的菇蝇见图 1-184。

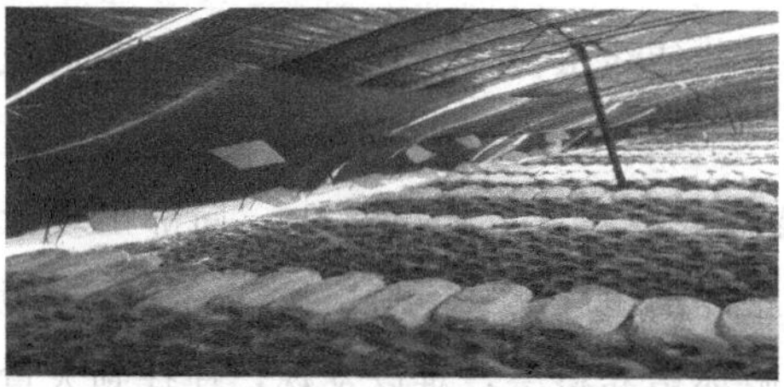

图 1-183　粘虫板（黄板）（彩图）

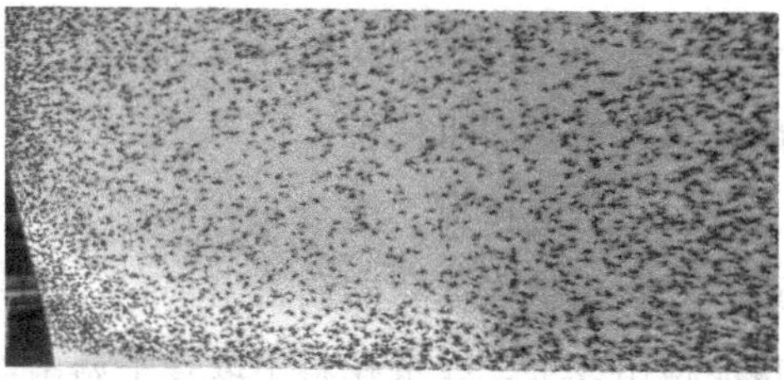

图 1-184　捕杀的菇蝇（彩图）

ⅲ. 一灯（杀虫灯）　物理杀虫，捕杀棚内活动的菇蝇等害虫。悬挂高度为距菌棒 20cm，密度为每 $200m^2$ 悬挂一盏。杀虫灯是根据昆虫具有趋光性的特点，利用昆虫敏感的特定光谱范围的诱虫光源，诱集昆虫并能有效杀灭昆虫，降低病虫指数，防治虫害和虫媒病害的专用装置。目前市场上食用菌种植中常用的杀虫灯有两种：一种为电击式，另一种为风干式。使用杀虫灯时首先要注意挂置位置：在不影响生产人员操作、安全方便的前提下，应尽量挂置在距离菌棒（虫源）较近的位置，一般推荐杀虫灯距离菌棒 20cm，以免影响诱杀效果。其次，要注意使用时机。生产中以预防为主，在蚊虫繁殖季节，没有发现蚊虫也要打开杀虫灯；每天在 16:00 或 18:00（傍晚）打开杀虫灯，第二天 8:00 关闭。

ⅳ. 一缓冲（缓冲间）　大棚两端设有缓冲间，正门 2m×2m×4m，出口 1m×1m×2m，用 80 目防虫网封闭，防止菇蝇等飞入危害生产。尽量保持缓冲间黑暗。在缓冲间挂置两块粘虫板，用于捕杀飞入缓冲间的蚊虫。缓冲间使用时，正门和出口严禁同时开启，以免蚊虫随气流飞入棚内。

③ 药物防治　无菇时可用高效氯氰菊酯稀释 1500 倍喷洒，出菇后无菇时用生物农药阿维菌素喷洒。

3. 线虫

(1) 发生特点　线虫（图 1-185）是一种无色线状的蠕虫，大小不一，小的体长不足 1mm，肉眼看不到。虫体多为乳白色，成熟时体壁可呈棕褐色。线虫对食用菌危害极大。线虫喜湿喜中温，18℃时繁殖最快，幼虫在 2～4 天成熟，成熟后以体内繁殖的方式生出几条小幼虫。温度 55℃时 5h、60℃时 3h 可致死。线虫耐干旱本领特强，遇到干旱时呈假死状态，不食不动仍能维持生命。土壤和水是线虫的

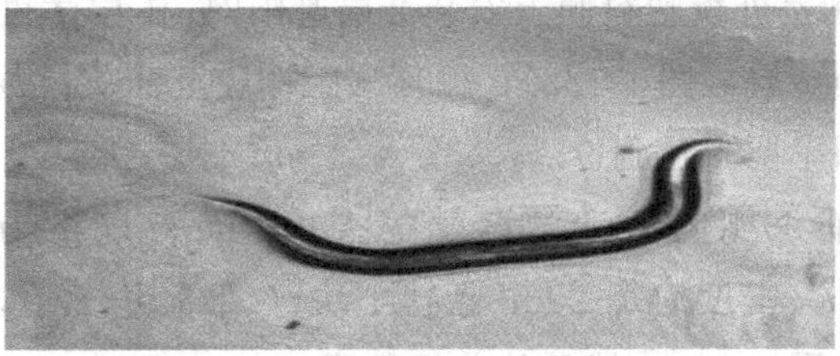

图 1-185　线虫

图 1-186　跳虫成虫

主要传染源，人类和动物的活动，风、气流也能使线虫传播。潮湿、闷热、不通风的菇房容易受线虫危害。

（2）危害情况　受线虫侵染的培养料变黑，有臭味，出菇减少，局部出现死菇，并逐步扩大。死菇菇盖呈褐色，有一股难闻的鱼腥臭气，挤出病菇的液汁，镜检能检出线虫。线虫在料中取食平菇菌丝、破坏培养料层，难以发现，往往到大量菌袋不出菇时才觉察，危害性很大，并且发生后难以用药剂防治。

（3）防治方法

① 培养料加热处理　利用线虫对高温的忍耐力很弱的特征可进行发酵栽培，利用堆温来杀死线虫。

② 使用干净的水　不干净的水含有大量线虫和其他病原菌。要取用干净的井水、湖水或自来水。

③ 搞好菇房的环境卫生　菇房使用前要消毒彻底，清除地面积水，及时清除菇房的烂菇及废料。

④ 药剂处理　用 1% 石灰水上清液或 1% 食盐水喷洒对线虫防治有较好的效果。还可用熏蒸型药剂“磷化铝”，通过有毒气体的渗透熏杀，能根治棚内藏匿较深或隐蔽在袋料内的线虫。

4. 跳虫

（1）发生情况　跳虫（图 1-186）密集时形似烟灰，故又称烟灰虫，体长约 1mm，带短状触须，有一灵活的尾部，弹跳自如，体具油质，不怕水。

（2）危害情况　主要咬食平菇子实体，一般从伤口或菌褶部位侵入。

（3）防治措施

① 出菇前可用稀释 1000 倍的敌敌畏加少量蜜糖诱杀。

② 出菇以后发生，可喷 0.1% 鱼藤精或稀释 200 倍的除虫菊酯。

③ 可用新鲜橘皮防治：新鲜橘皮 0.5～1kg，切碎，用纱布包好榨取汁液，于汁液中加入 1kg 温水，按 1：20 的比例喷施；或直接用橘子皮水煮后的汁液进行喷施。

第二章　香菇栽培

第一节　概　　述

香菇（*Lentinus edodes*），又名香菌、香蕈、冬菇，隶属于担子菌亚门、伞菌目、侧耳科、香菇属。在食用菌中，香菇是仅次于双孢菇、最受国际市场欢迎的第二大食用菌品种。香菇是著名的食药兼用菌，其香味浓郁，营养丰富，含有19种氨基酸，其中7种为人体所必需。我国栽培香菇历史悠久，是香菇栽培的发祥地。经现代考证，中国香菇栽培源自浙江省龙泉、庆源、景宁三地交界的菇民区，该区依靠的都是古老的砍花技术。吴三公是传说中“砍花法”栽培香菇的创始人，被后世菇民尊为“菇神”。在资源丰富的林区，砍花法对林木有积极的意义，但这种方法比较原始落后，香菇的产量取决于自然界中野生香菇孢子的浓度，主要依赖气候环境条件。随着科学的发展，香菇的栽培方法有了很大的改进。20世纪70年代，上海市农业科学院食用菌研究所发明了木屑菌砖栽培法。20世纪80年代，福建省古田县彭兆旺等人在银耳菌棒栽培的启发下，首创了香菇菌棒栽培技术，主要有温室斜置式（立棒）栽培（图2-1）、高棚层架栽培（图2-2）、冷棚地栽（图2-3）几种方式。香菇具有很高的经济价值，以16cm×60cm菌棒香菇层架栽培为例：每棒成本3元，产值5～7元，每亩可装3万个，总成本9万元，总产值15万～21万元，具有广阔的发展前景。

图2-1　立棒栽培（彩图）

图2-2　高棚层架栽培（彩图）

图2-3　冷棚地栽（彩图）

一、形态特征

香菇是一种木腐菌，由菌丝体和子实体两种基本形态组成。菌丝洁白、棉絮状、粗壮，生长整齐。子实体伞形，多单生。菌盖直径5～10cm，圆形、呈饼状，菌盖颜色为浅褐色或深褐色，表面有鳞片，带灰白色花纹边，菌肉白色。菌褶和菌柄为白色，菌柄长3～6cm，生于菌盖中心或偏生，实心且纤维化。孢子近似椭圆形，白色、光滑。菌丝体见图2-4，子实体见图2-5（优质香菇）、图2-6（花菇）。

图2-4　菌丝体　　图2-5　优质香菇（彩图）　　图2-6　花菇（彩图）

二、生活史

香菇是四极性异宗结合的菌类，它的生活史是从孢子萌发开始，经过单核菌丝的交配形成双核菌丝，菌丝体的生长和子实体的形成，到产生新一代的孢子而告终，这就是香菇的一个世代。具体的生活史由以下7步组成：

① 担孢子萌发，产生四种不同交配型的单核菌丝。

② 两条可亲和的单核菌丝通过接合，进行质配，形成有锁状联合的双核菌丝，并借锁状联合使双核菌丝不断增殖。

③ 当双核菌丝发育到一定的生理阶段，在适合的条件下互相扭结，形成子实体原基，并不断分化形成完整的子实体。

④ 在菌褶上，双核菌丝的顶端细胞发育成担子，担子排列成子实层。

⑤ 在成熟的担子中，两个单元核发生融合（核配），形成一个双元核。

⑥ 担子中的双元核进行两次成熟分裂，其中包括一次减数分裂，最后形成4个担孢子。

⑦ 担孢子弹射后，在萌发过程中，发生一次有丝分裂，表明生活史重新开始。

香菇生活史见图2-7。

三、生长发育条件

香菇的生长发育需要合适的营养和适宜的环境条件，包括营养、温度、空气、水分、光照、酸碱度等方面。生产中应根据香菇不同生育阶段对环境条件的要求，合理协调各个影响因素，实现香菇高产、稳产。

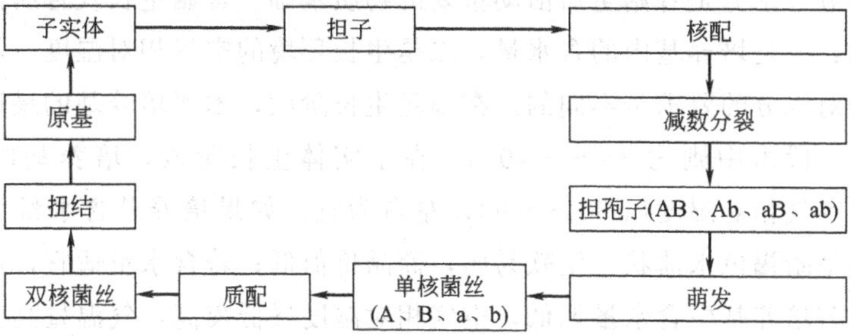

图 2-7 香菇生活史

1. 营养条件

香菇属于木腐菌，在生长发育过程中，必须从基质中摄取碳源、氮源、无机盐和维生素等营养物质。碳氮营养由棉籽壳、玉米芯、木屑、秸秆、麸皮、米糠等提供，其他微量元素在麸皮、米糠等培养基中含有，不必另加。香菇在营养生长阶段，碳氮比以（25～40）∶1为好，而在生殖生长阶段以（63～73）∶1为宜。

（1）碳源　香菇菌丝能广泛利用多种碳源，包括单糖类（葡萄糖、果糖）、双糖类（蔗糖、麦芽糖）和多糖类（淀粉）。培养基或木材中的木质素和纤维素是香菇最基本的碳源，香菇菌丝分泌各种酶将这些物质分解成小分子化合物，再加以利用。

（2）氮源　香菇菌丝能利用有机氮（蛋白胨、L-氨基酸、尿素）和铵态氮，不能利用硝态氮和亚硝态氮，实际生产中可通过添加麸皮、豆粉、豆饼粉等来提高培养基的含氮量。

（3）矿物质元素　香菇所需的矿物质元素主要有镁、硫、磷、钾等。此外，微量元素铁、锌、锰能促进香菇菌丝的生长，虽然需量甚微，但是不可替代。

（4）维生素类　维生素 B_1 是香菇菌丝生长不可缺少的，适合香菇菌丝生长的维生素 B_1 的浓度大约是每升培养基 100μg。维生素类在马铃薯、米糠、麸皮中含量较多，因此，使用这些原料配制培养基时，可不必再添加维生素。

2. 对外界环境条件的要求

（1）温度　香菇是低温和变温结实性的菇类。在恒温条件下，香菇不形成子实体。菌丝生长的温度范围在5～32℃，最适温度为23～27℃。香菇原基分化的温度范围在8～21℃，最适温度为10～12℃。子实体发育的温度范围在5～24℃，最适温度为8～16℃。

实际生产中，根据各个香菇品种原基分化的最适温度范围，将香菇分为低温型（5～15℃）、中温型（10～20℃）、高温型（15～25℃），以及中低温型、中高温型几个品种。同一品种在适温范围内，较低温度条件下子实体发育慢、菌柄短、菌肉厚实、质量好，在高温条件下子实体发育快、菌柄长、菌肉薄、质量差。

（2）水分　水分是香菇生命活动重要的物质基础。香菇生长发育所需的水分包括两个方面：一是培养基内的含水量，二是生长环境的空气相对湿度。不同的发育阶段，香菇对水分的要求是不同的。在菌丝生长阶段，木屑培养基的最适含水量是55％～65％，段木中则为35％～40％。在子实体生长阶段，培养基内含水量以60％左右，空气相对湿度以80％～90％左右为宜。如果培养基含水量太高，产生的香菇菌盖呈暗褐色水渍状，质软易腐，商品价值低；若含水量适宜，可以培养质优的厚菇；若培养基中含水量偏低，空气相对湿度昼低夜高，气温昼高夜低，可以培养柄短肉厚、菌盖色浅、有裂纹的花菇。

（3）空气　香菇是好氧性菌类，足够的新鲜空气是保证香菇正常生长发育的重要环境条件之一。当空气不流通、氧气不足、二氧化碳累积过多时，菌丝生长和子实体发育都会受到明显的抑制。缺氧时菌丝借酵解作用可以暂时维持生命，但消耗大量营养，菌丝易衰老、死亡，子实体发育受抑制，易产生畸形菇。

（4）光照　香菇菌丝的营养生长阶段不需要光线，在完全黑暗的条件下菌丝生长良好，强光对菌丝生长有抑制作用。在强光的刺激下，菌丝会形成褐色菌膜，有时甚至会诱导原基提早生成。

但是，强度适合的散射光对香菇子实体发育是必要的。在完全黑暗的条件下子实体不形成，即使形成也多为畸形菇。在适宜的光照环境下，产生的子实体菌盖颜色深、肉质厚、菌柄短、品质优。光线太弱，出菇少、菇形小、柄细长、质量次。需要注意的是，直射光对香菇子实体的发育有害，随着光照度增强，香菇子实体的数目减少。

（5）酸碱度　香菇菌丝生长发育需要微酸性的环境，培养料的 pH 值为 3～7 能生长，pH 值为 5～6 最适宜。菌丝生长过程中会产生有机酸，如醋酸、琥珀酸、草酸等，会使培养基的 pH 值下降，从而促进子实体的发生、发育，原基形成和子实体发育的最适 pH 值为 3.5～4.5。

第二节　栽培香菇的准备工作及材料

一、主要栽培场所

栽培场所应选择在交通方便，水、电供应便利，地势高燥，地质坚硬，接近水源又易排水无旱涝威胁的地方。周围环境清洁卫生，通风条件好，距离菇房 500m 内无畜禽圈舍，3000m 内无污染的工厂。主要栽培场所包括日光温室和冷棚。

（1）日光温室　日光温室（图 2-8）多采用“三面墙一面坡”的设施类型，菇房温度易调控，春季可提早出菇，冬季可持续出菇，适于规范化、集约化大面积栽培。日光温室要求东西走向，坐北朝南，长 40～60m，宽 7～9m，北墙高 3.0～3.5m，后坡长 1.5m，仰角为 30°～40°，墙厚 0.6m。前坡采用钢构拱架结构，拱架间距 10m，北墙距离地面 1 尺处设置 1 尺见方的通风孔，孔距 4m。温室东侧建有缓冲房，以便进出温室。框架建好后，在栽培前一个月覆盖高强度农用塑料膜，覆膜后安装保温被和卷帘机，方便调节日光温室内的温度和光照。日光温室可以地床栽培，也可以床架栽培。

（2）冷棚　冷棚（图 2-9）规格一般长 35m，宽 6.4m，脊高 2.5m，前后檐高 1.8m，四周底部用塑料布做成距地面 30cm 高的围子（当揭棚膜通风时，可缓冲通风对菌棒的直接影响），棚外开排水沟。棚外可采用多种方式遮阳：一是双层遮阳网结构；二是一层塑料布上面悬挂一层遮阳网，两者间距为 1m，如果天气太热可在塑料布上面再覆盖一层遮阳网。每个出菇棚内设置两排微喷管路，每隔 2m 安装一个微喷头。

图 2-8　日光温室

图 2-9　冷棚

二、生产设备

主要生产设备包括木材粉碎机、筛料机、拌料机、装袋机、扎口机、灭菌锅、接种帐、刺孔机、注水设备、微喷设备、水帘、烘干机等（图 2-10～图 2-21）。

图 2-10　粉碎机

图 2-11　筛料机

图 2-12　拌料机

图 2-13　装袋机

图 2-14　扎口机

图 2-15　灭菌锅

图 2-16　接种帐

图 2-17　刺孔机

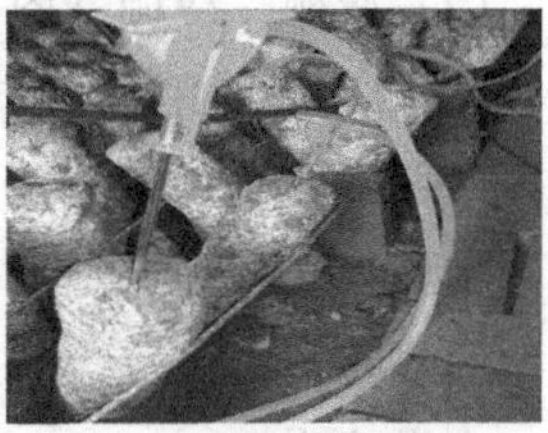

图 2-18　注水设备

图 2-19　微喷设备

图 2-20　水帘

图 2-21　烘干机

三、栽培方式

目前栽培方式有很多，主要有温室立棒栽培、夏季冷棚地栽、高棚层架栽培。这几种方式被广大栽培户广泛采用，但它们各有特点，要根据各地具体情况灵活运用。

四、栽培原料

1. 主料

木屑是香菇代料栽培的主要原料，适合香菇生长的树种主要集中在壳斗科、桦木科、槭树科和金缕梅科。壳斗科的栎、麻栎、栲树等树种的木屑质地致密、密度大、空隙度小、木质素含量高，较适合香菇栽培；而山茶科的木荷、油茶，樟科的樟树、楠木不适合香菇栽培。

2. 辅料

为使香菇菌丝在培养料中生长发育得更好，提高代料栽培香菇的产量，在培养料中除了木屑外，还必须添加氮源、糖类和缓冲材料。

(1) 麸皮或米糠　不仅是对香菇生长发育很好的氮源，同时又是一种碳源。麸皮或米糠内含有的大量维生素 B_1 等营养物质是促进香菇菌丝蔓延生长所必需的维生素。麸皮或米糠力求新鲜、不霉变。

(2) 糖　在培养料中添加糖分可以促进菌丝在定植初期吸收养分。糖有红糖、白糖之分，红糖比白糖好，因为红糖中葡萄糖含量较白糖高出 10～20 倍且含有大量的铁、锌、锰等矿物质元素和胡萝卜素、核黄素等成分，红糖应随购随用。

(3) 缓冲材料　香菇培养料中加入石膏、碳酸钙和过磷酸钙作为缓冲材料，它们主要是用来中和香菇菌丝在分解培养料过程中产生的有机酸，同时还能降低木屑中单宁的含量，更有利于香菇菌丝的生长。

五、生产安排

1. 生产季节

选择栽培季节是香菇栽培的重要技术环节之一，它直接关系到生产香菇的产量与品质，影响经济效益。根据香菇菌丝生长不耐高温、子实体分化阶段又要求较大温差的特点确定接种时间。我国的代料香菇产区栽培主要分为应季栽培和反季栽培，具体时间如下：

应季栽培：一般 2～3 月底生产菌棒，夏季高温来临之前转色结束越夏，8～11 月以及来年 4～6 月出菇。

反季栽培：一般上一年 10 月中旬至 11 月中旬进行菌棒生产，5～10 月出菇。生产过早温度高，污染概率大；生产过晚积温不足，出菇晚。

2. 工艺流程

备料备种、棚室准备等→拌料、装袋、灭菌→冷却、接种→发菌管理→出菇管理。

第三节　菌种制作技术和菌种的选择

一、菌种的选择

香菇菌种的优劣是香菇生产中起决定作用的因素。香菇的品种繁多，从出菇温度范围来分有高温型、中温型、低温型三大类，高温型香菇菌株的中心出菇温度是

20℃左右，中温型菌株的中心出菇温度是15℃左右，低温型菌株的中心出菇温度是10℃左右；从香菇的子实体形状来分有厚菇和薄菇，菌盖厚的称为厚菇，菌盖薄的称薄菇；从子实体的大小来分有大叶菇、中叶菇、小叶菇，菌盖直径达11～15cm的称为大叶菇，菌盖直径5～10cm的称为中叶菇，直径5cm以下的称小叶菇；从培养基适应性来分有段木种、木屑种、菌草种等。香菇品种种性的优劣极大影响香菇的产量和质量。不同香菇菌株在同一地区用同一培养料栽培，其产量和质量有很大的差别；同一香菇菌株在不同地区或同一地区用不同的培养料栽培，其产量和质量差别也很大。因此，栽培香菇一定要选择适合当地气候条件和当地资源生长的香菇菌株。常见的香菇菌种有0912（辽抚4号）、808、18、937等。优质香菇菌种标准如下：

1. 母种特征

菌丝洁白、棉絮状、粗壮、平伏辐射生长，尖端优势明显，气生菌丝少而短，具香菇特有的香味。在23～25℃条件下8～10天长满斜面，后期分泌酱油状液滴的为优质菌种。老化时略有淡黄色色素分泌物，使培养基变淡黄色。长满在琼脂斜面上的，一般不能形成原基，若有原基出现是早熟品种。

2. 原种、栽培种特征

香菇菌丝洁白、粗壮、均匀，呈绒毛状，不易产生很厚的菌被，在瓶壁上呈扇面羽毛状健壮生长，会分泌酱油色的水珠，香味浓郁。在22～25℃培养，原种瓶一般30天长满，栽培种一般40天长满。原种见图2-22，栽培种见图2-23。

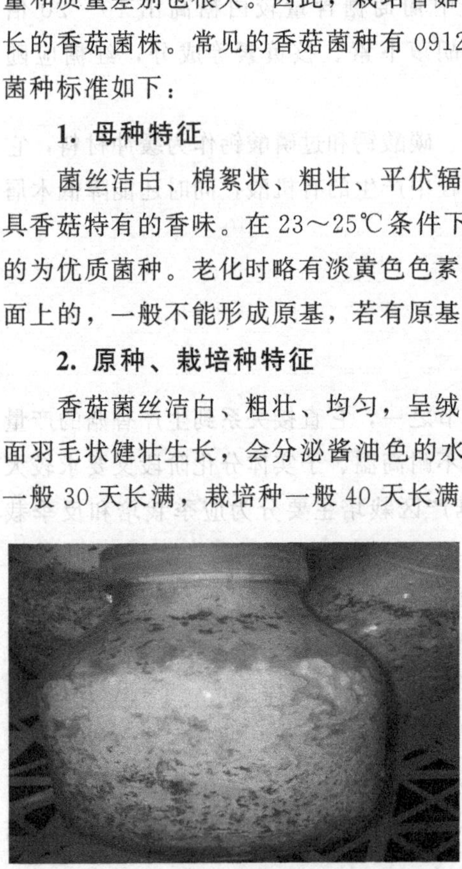

图2-22　原种

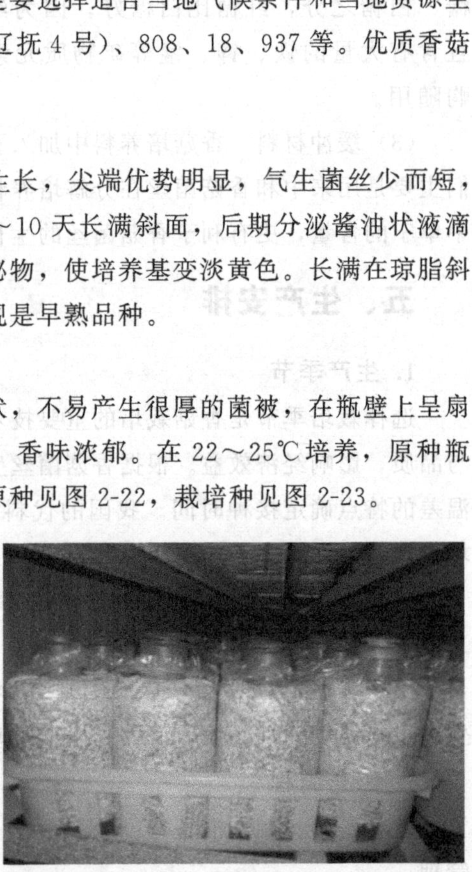

图2-23　栽培种

菌丝长满瓶后，10～15天内常见到琥珀色透明液体，并具有香菇特有的芳香气味，无臭味和霉味。如果菌种瓶内可以看到木屑颗粒，是由于培养时间不足，应再继续培养一段时间；如瓶内菌丝柱与瓶壁脱离，说明是培养料水分过多所致；若菌丝柱开始萎缩，表面菌皮增厚并变为深褐色，说明菌种已开始老化，不宜使用；若出现大量菇蕾，则说明菌龄较大已老化，不宜使用。

二、菌种生产

香菇菌种生产包括培育母种、培育原种、培育栽培种三个程序。母种必须是经过一定的出菇试验并经鉴定的优良菌株，是试管种，也称一级种。原种是由母种扩繁接种到木屑或颗粒培养基中培育而成的，也称二级种。栽培种是原种扩大接种到木屑培养基中进行繁殖，以供给大面积生产需求，也称三级种。各生产种植户应根据自己的实际生产规模，提前预算安排好菌种的预订计划，以免延误生产周期。

1. 菌种分离

香菇菌种分离可采用组织分离和孢子分离。孢子分离一般用于菌种选育，生产上较为常用的为组织分离。下面介绍一下组织分离的具体方法。

（1）器材及培养基的准备　解剖刀或小刀、接种针、酒精灯、药棉、75%酒精以及马铃薯葡萄糖综合培养基。

（2）种菇的选择　从基质菌丝生活力强壮、出菇正常而且占优势的菌棒中寻找种菇。要选菌盖圆整较大、肉厚、柄细短、色泽深、未开伞、符合品种特性、6～7分成熟的鲜菇子实体作为种菇（图 2-24）。

（3）种菇的消毒　去净表面杂物，切除菇柄基部培养基部分，用 75%酒精药棉将种菇表面擦拭消毒，然后将分离器材、培养基一起移入接种箱，常规消毒后待分离。

（4）分离组织块　用经消毒的手将菌柄从基部开始向上一分为二撕开，用锋利小刀在菌柄菌盖交界偏上部分组织上切割（图 2-25），然后用接种针或镊子将切取的组织块移入斜面培养基中点偏内处即可。

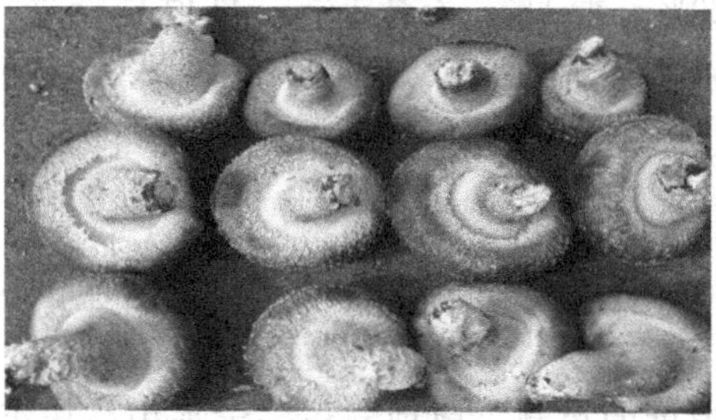

图 2-24　种菇选择

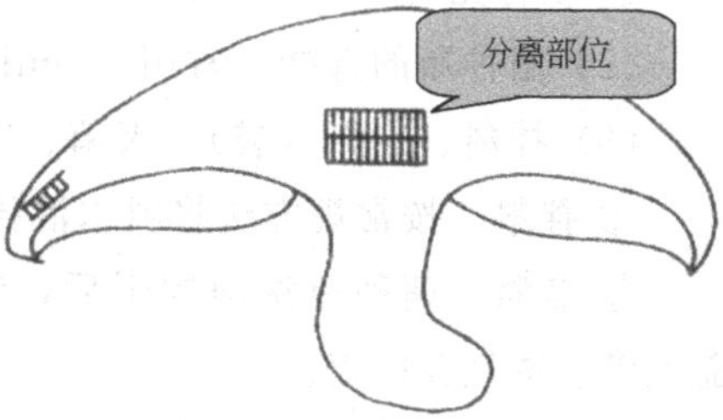

图 2-25　组织分离部位

（5）培养　将接入组织块的试管置于 25～27℃恒温条件下培养，一般 48h 后组织块开始恢复，周围长出灰白色菌丝，并向培养基上定植、蔓延生长。当菌丝在培养基上生长至约 1～2cm，选择菌丝健壮的试管，用接种工具将菌丝切割成小块再移到新的斜面培养基上，经培养成为母代母种。

(6) 检验　母种质量检验是一项非常必要的工作，组织分离法获得的母代母种都是双核菌丝。在显微镜下镜检，菌丝的每一个细胞都有两个细胞核，在细胞横隔处有锁状联合，锁状联合愈多，出菇能力愈强。

(7) 出菇试验　组织分离的母种必须经出菇试验鉴定正常后方可投入大面积应用。

2. 母种的制作

(1) 配方

① 马铃薯 200g，葡萄糖 20g，蛋白胨 5g，琼脂 18～20g，磷酸二氢钾 3g，硫酸镁 1.5g，pH 6.5～7.0，水 1000mL。

② 马铃薯 200g，葡萄糖 20g，麸皮 50g，琼脂 18～20g，磷酸二氢钾 3g，硫酸镁 1.5g，pH 6.5～7.0，水 1000mL。

(2) 接种培养　按常规制备、灭菌、接种后，在温箱中 25℃避光培养。

(3) 贴标签培养　试管从接种箱取出之前，应逐支在试管正面的上方贴上标签，写明菌种编号、接种日期，随后把试管置培养箱（室）中 23～25℃下培养，8～10 天长满斜面。

(4) 菌种保藏　挑选无污染的培养斜面，用纸包扎后放置在 4℃的冰箱中保藏。

3. 原种的制作

原种一般在出菇袋接种前约 80 天开始制作。每只母种可扩原种 5 瓶，培育时间约 30 天。原种生产的工艺流程：配料→装瓶灭菌→冷却接种→培养。

(1) 培养基主要配方

① 木屑培养基　阔叶木屑 78%，麸皮 20%，糖 1%，石膏 1%，pH 值 6.5～7。

② 棉籽壳培养基　棉籽壳 78%，麸皮 20%，糖 1%，石膏 1%，pH 值 6.5～7。

(2) 菌种瓶的选择　常用 500mL 的标准菌种瓶。

(3) 拌料、装瓶（袋）、灭菌、冷却

① 拌料　按常规方法将料水混拌均匀。

② 装瓶　菌种瓶洗净控干后，装入培养料到瓶肩，将瓶内、外壁擦拭干净，盖上带有透气孔的盖。

③ 灭菌、冷却　灭菌过程一定要注意温度的控制，菌种制作一定采用高压灭菌罐进行集中灭菌。在蒸汽压力为 0.15MPa 时，保持 2h 就可以达到彻底灭菌的效果。灭菌后的培养瓶在冷却时，注意要缓慢排气进行降温，待灭菌罐内温度降至 60℃，再移至冷却室彻底降温。

(4) 接种　在接种箱或接种室内中接种。接种步骤：先将冷却后的菌瓶按箱内容量放入其中，要留有足够的菌瓶转场空间；将试管母种和接种所需器具一并放入进行接前消毒。点燃气雾消毒剂后，将箱（室）及时封闭消毒。接种时在无菌条件下将母种斜面培养基横割成5块。第一块要割长一些，因为培养基较薄，易干燥而影响发菌。然后连同培养基移接入原种瓶，每瓶接种一块，且要紧贴接种穴以利于母种块萌发（图2-26）后尽快吃料定植（图2-27）。

（5）培养　原种培养室要求清洁、干燥、凉爽。室内温度保持在23～25℃，室内空气相对湿度为40%～50%，并保持室内空气新鲜。原种培养室的窗户要用黑布遮光，以免菌丝受光照的影响，基内水分蒸发，造成原基早现而老化。在原种培育期间，要经常检查菌瓶有无杂菌感染，一旦发现杂菌要及时淘汰。原种一般培育30天即可长满（图2-28）。

图2-26　母种块萌发

图2-27　吃料定植

图2-28　长满

4. 栽培种的制作

原种接入同样的木屑培养基上进行扩大培育出来的菌种，称为栽培种。栽培种一般选用17cm长、33cm宽、0.004cm厚的聚丙烯袋，生产工艺流程与原种基本相同，按常规方法配料、灭菌、接种、培养。栽培种培养好后，可在3～5℃条件下保存，但一般20天内就要用完。否则，由于菌种菌龄过长，菌丝发育阶段发生变化，将影响栽培时菌丝的营养生长和生殖生长。

5. 香菇胶囊菌种的生产及应用

20世纪末，日本发明了胶囊菌种，并在段木香菇上大面积应用，1999年该项技术引进到我国。我国的食用菌科研工作者通过努力，自主研制成功了胶囊菌种生产机械与塑料蜂窝板底盘，实现了胶囊菌种的国产化生产目标。

（1）胶囊菌种的主要特点　香菇胶囊菌种，就像胶囊一样一颗颗压在塑料蜂窝板上，每颗菌种呈锥形，尾端粘连着透气泡沫盖。胶囊菌种接种操作过程与空气接触时间短、污染机会少；接种后泡沫盖密封透气，既可防止杂菌和病虫侵染，又可保持菌种水分，促进菌丝良好发育。因此具有成活率高、安全性好、省时、省力、提高工效等优点，工效比常规提高1～2倍。香菇胶囊菌种见图2-29，泡沫盖和木屑菌种见图2-30。

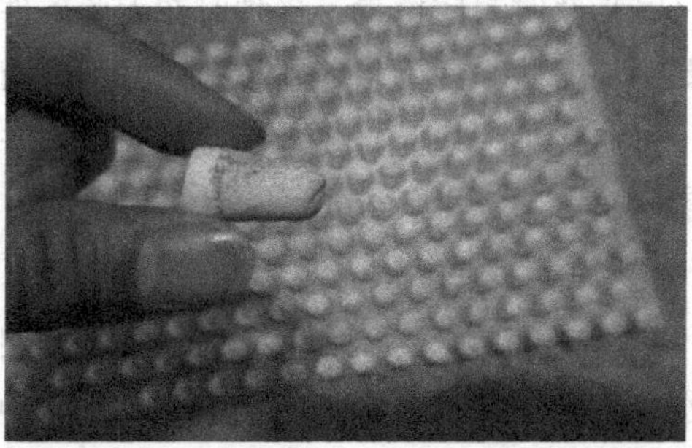

图 2-29　香菇胶囊菌种（彩图）

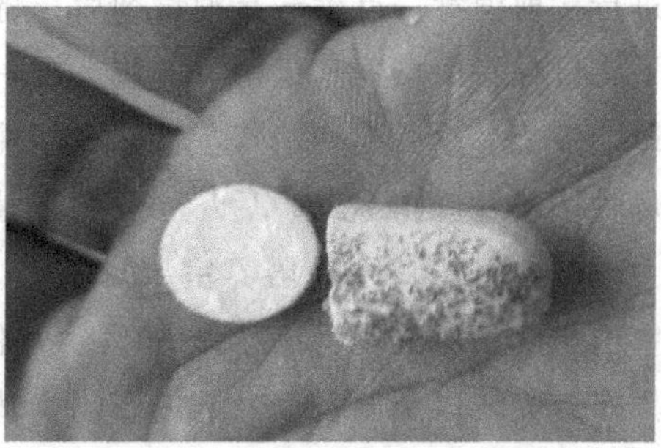

图 2-30　泡沫盖和木屑菌种（彩图）

（2）胶囊菌种和生产技术

① 木屑菌种准备

a. 培养料配制。培养料的配方与常规菌种有所差异：一是要求用细料，太粗容易造成穴盘的破损；二是要求既有较好的保水效果，又有较好的通透性。

b. 装瓶、灭菌、接种、培养与常规同，在完全黑暗的条件下进行培养，以发菌成熟和不起菌皮为度。

② 无菌粉碎和无菌填料　此环节必须在无菌室内进行，从培养瓶中取出木屑菌种，除去原基与接种点的老菌种，粉碎后筛取得颗粒度为 2～3mm 的木屑菌种。

③ 无菌填料

a. 在底板与补板之间装入成型板，并使补板、成型板和底板上的孔正对在一起。

b. 在补板上填加经过筛分颗粒均匀的木屑菌种。

c. 用刮板刮掉多余的菌种。

填料要求紧实适度，过实容易压破穴盘，过松会造成颗粒不饱满，影响质量。

④ 穴盘压种及封盖　此环节也在无菌室内进行，要求操作熟练，减少封盖时的裸露时间。

a. 在补板上加上泡沫板，并使上下板的孔对在一起。

b. 盖上引导板。

c. 用压拔器沿引导板的孔依次压下，加工完成。

加工工作的要点是使泡沫板上的孔与其他各个板上的孔完全对在一起。如果没有正对在一起，泡沫盖的位置就会偏斜。

⑤ 培养

a. 加工好的成型菌种 10 块重叠放在一起，在 15～18℃的温度下培养 4～10 天。

b. 培养室的湿度最好维持在 60％。

c. 培养室不要密闭，模成型后 3～5 天内菌种呼吸旺盛，很容易烧菌，培养要保持相对低温，保持通风。

d. 培养过程中注意检查泡沫盖与木屑菌种的着生状态，检查有无杂菌、异味。

(3) 使用胶囊菌种的注意要点

① 菌棒装袋要紧实，以利于胶囊菌种定植。

② 接种过程与常规菌种一样要求严格操作。菌种不得与菌棒同时气雾消毒，以防杀死菌种菌丝。胶囊菌种的泡沫盖表面可用酒精涂擦，但不要使酒精流入菌种内。打一孔接一颗胶囊菌种，菌种在空间暴露的时间要尽量短。取种时右手食指轻按菌种透气盖，左手食指从底部上托，然后用右手大拇指和食指轻轻夹住盖子取出菌种，迅速塞入打好的孔内，轻压盖子使其与筒袋表面密封。注意不得用手去摸盖子以下的菌种部分。

③ 为了便于接种，将成型盒按每 4～5 列一块剪开。

④ 由于胶囊菌种密封性好，当发菌到 4cm 以上时，接种口容易缺氧，应及时刺孔增氧以利发菌。

(4) 胶囊菌种的保藏与运输

① 胶囊菌种的保藏　胶囊菌种要求在干净、避光的环境中保藏，18℃下保藏期约 12 天，使用冷库低温（4～10℃）保藏的可存放 30～40 天。冷库低温保藏要用塑料袋将菌种扎紧包好，使用时一定要提前 1 天取出置于室温中活化方能用于接种。胶囊菌种易脱水，不宜长期保藏。

② 胶囊菌种的运输　在菌种未发透前呼吸过盛，不宜运输，至少 4 天后方可起运。运输须用空调车或冷藏车，冬天可以进行普通货运，途中时间以不超过 1 周为宜。

第四节　出菇菌棒的制作

一、选袋、选料、配方

1. 选袋

(1) 规格　袋栽香菇的装料袋都选用高密度低压聚乙烯制作（图 2-31），筒袋呈白蜡状、半透明，柔而韧，抗张强度好，有平底袋、折角袋两种。折角袋效果较平底袋好。平底袋装料时要注意袋角要装实，否则袋角易破损，且在搬运和灭菌过程中料会被挤压到两角，导致整袋松软、袋壁与料接触不紧、成活率低等不良后果。由于基质不同，装料量不同，表 2-1 介绍了一般杂木屑培养基配方不同规格栽培袋的装料量，供参考。

图 2-31　高密度低压聚乙烯塑料袋

表 2-1　香菇不同规格栽培袋的装料量（供参考）

料袋规格(长×宽)/cm×cm	干料容量/(kg/袋)	装袋后湿重/(kg/袋)
15×55	0.9～1.0	1.8～2.0
15×65	1.2～1.25	2.4～2.5
16.5×65	1.25～1.3	2.5～2.6
17×55	1.2～1.3	2.4～2.6
17×60	1.4～1.45	2.8～2.9
18×60	1.50～1.55	3.0～3.10

（2）应注意的问题　采用双袋法内袋宜选稍薄一些，厚度一般为 0.0047cm，外袋一般比内袋折幅宽 2cm，厚度为 0.001cm，套双袋目的是替代封口，提高成品率。单袋法栽培应选厚度为 0.005～0.0055cm 的筒袋，太薄易被扎破，太厚装料后袋口不易扎紧、密封。

（3）筒袋质量的实用检查方法　用锋利的刀片裁下一圈筒袋，能均匀拉成大圆者质量较好，易断者表明韧性不够、易胀袋、质量较差。将筒袋灌水或吹气后扎口放在光滑地面上，用脚踩踏，炸裂者说明韧性不够易胀袋，而袋不易变薄、变大者为优，易变薄者为中等。袋子的厚度可以根据 1kg 袋的数量来确定，以 15cm×55cm 规格的袋子为例，1kg 有 110 个袋子，则袋子厚度为 0.0055cm；1kg 有 140 个袋子，则袋子厚度为 0.005cm。

2. 选料

杂木屑尽量选含硬杂木的木屑（图 2-32），如栎树木屑，质地坚硬，木质素含量高，适宜香菇菌丝生长，栽培的香菇质量好、产量高。要注意软木屑如杨、柳木屑等不宜过多，否则会造成出菇后劲不足、产量偏低、容易烂棒；同时，还要注意尽可能不用松柏类木屑。香菇栽培周期长达 200 余日，除了使用硬质树种的木屑之外，木屑颗粒的大小也与香菇的产量息息相关。木屑颗粒度大，透气性好，菌丝生长快，但存在栽培棒（包）易散、断裂问题；反之，细木屑透气性差，发菌速度慢，容易污染。通常切片厚 0.1～0.2cm，长或宽分别为 0.5cm 或 1.2cm。木屑最好粗细搭配，粗粒（0.8～1.2cm）与细粒（0.3～0.5cm）的数量比为 7∶3。

图 2-32 木屑

麸皮要用纯麸皮，添加量在 15%～20%之间。尽量避免使用掺混草粉等的劣质麸皮或掺杂有不明矿物质的麸皮，麸皮要新鲜、无霉。

石膏中硫酸钙的含量要达到 90%以上，生熟石膏均可使用，熟石膏最常用。石膏要求过 80～100 目筛，色白，阳光下有闪光。有的石膏粉色灰，无光泽，有可能掺杂使假，不宜选购。

3. 培养料常用配方

目前，生产上代料香菇的配方有很多，但仍是以硬杂木屑为主的配方最为理想。如果培养基中木纤维、木质素含量太低，会导致菌棒的营养过早分解，影响透气性，并造成塌棒，如用稻草、麦秆等栽培香菇。木屑、塑料袋在生产前一个月备好，不易保管的麦麸也应在生产前数天备好。生产上常用的配方如下：

① 反季生产配方　木屑 81%～79%，麦麸 18%～20%，石膏 1%，含水量 55%～58%，pH 6.5～7.0。

② 顺季生产配方　木屑 83%～81%，麦麸 16%～18%，石膏 1%，含水量 55%～58%，pH 6.5～7.0。

每万支菌棒生产原料备料数量可参考表 2-2。

表 2-2 每万支菌棒生产原料备料数量

原料名称	数量	原料名称	数量
杂木屑	8000kg(干) 12500kg(湿)	塑料袋	11000～12000 只
麦麸	1600～2000kg	塑料套袋	12000 只
石膏粉	100～200kg	7.5m 宽薄膜	50kg(1 捆)
硫酸镁	50～100kg	酒精	(500mL)3 瓶
塑料绳	2.5kg	气雾消毒盒	30 盒
小棚膜 2.5m 宽	25kg	生产种	700～800 瓶
小棚膜 3m 宽	15kg	新洁尔灭	2 瓶
遮阳网 7m 宽	100m	药棉	2 包

原料配方的几点说明如下：

① 阔叶硬杂木屑最好粗细搭配（粗细比例为 7：3）。

② 麦麸等主要氮素原料用量在反季生产（10 月上旬至 11 月上旬生产菌棒）以 18%～20%为宜，即每千支菌棒麦麸的用量为 180～200kg；而在应季生产（2 月至 3 月底生产菌棒）应适当减少，以 16%～18%为宜，即每千支菌棒用量为 160～180kg，有利于适时出好第一批菇，提高冬菇产量。

③ 传统配方中添加 1%蔗糖，其污染率增加，从减少污染和成本的角度考虑不加为宜。

④ 香菇属于天然营养保健食品，不应乱加化肥、农药。

二、拌料

小规模生产用人工搅拌，大规模生产用机器搅拌。下面介绍机器搅拌的过程，配料前应将木屑过筛（图 2-33），去除大块木屑和杂质，防止扎破塑料袋。配料时，按上述配方称足所需的原辅材料，把麦麸、石膏粉充分拌匀后，撒入木屑料中干拌均匀（图 2-34），随即将水倒入料中，经过一次搅拌 10min 后，立即输送到二级搅拌机内，搅拌 10min，搅拌力求原料水分均匀一致。一般原料含水量在55%～58%之间，切忌原料过湿或过干。

图 2-33　筛料

图 2-34　拌料

1. 含水量的测定

含水量的测定方法：手握紧培养料，指缝间有水渗出，但不下滴；伸开手指，料在掌中成团；将培养料掷进料堆四分五裂，落地即散，其含水量一般约为 55%。若料在掌中成团即裂，掷进料堆即散，表明太干；若手握料指缝间水珠成串下滴，掷进料堆不散，表明太湿。经检测：若水分不足，加水调节；若水分偏高，不宜加干料，以免配方比例失调，只要把料摊开，让水分蒸发至适度即可。

2. pH 值（酸碱度）的测定

香菇培养基灭菌前 pH 值为 6～7（灭菌后自然降至 5～6）。pH 值的测定方法：称取 5g 培养料，加入 10mL 中性水，用石蕊试纸蘸澄清液即可查出酸碱度；也可取广谱试纸一小片，插入培养料中 3s 后取出对照标准板比色，从而确定相应的 pH 值。经过测定，如培养基偏酸，可加 4%氢氧化钠溶液进行调节，或用石灰水进行调节。若呈碱性，可加入 3%盐酸溶液进行中和，直至适度为止。

3. 拌料时应该注意的问题

① 计算培养基含水量时一定要将培养基本身的含水量计算在内，否则易形成误差，使培养基含水量过高。

② 生产实践中菇农发现香菇培养基含水量越低，菌袋成功率越高，普遍认为含水量在 49%时成功率最高。但这只是看到了问题的一个方面，而忽略了问题的另一个方面，也就是在菌袋成品率提高的同时，菌丝因缺水而发育不良，菌袋质量下降，影响产量。

③ 搅拌不均匀，一是造成培养料营养不均衡，一部分缺营养，一部分营养过剩；二是培养基水分不均匀，含水量过多的影响菌丝正常生长，且易生杂菌，含水量过低的菌丝易萎缩、老化，甚至出现断菌现象。

三、装袋、封口

1. 装袋方法

（1）手工装袋（图 2-35） 先将料袋一端用线绳扎住，打开另一端袋口。用塑料瓶做成的斜面装料斗向筒内装培养料，边装边用手稍加力压实，注意松紧适宜，层层压实，料装至距袋口 6cm 即可。

（2）机器装袋（图 2-36） 现在生产一般采用装袋机，每台机器每小时可装 800 袋。一台装袋机配备 7 人，其中铲料 1 人，递袋 1 人，套袋 1 人，封口 4 人。先将菌袋未封口的一端打开，整个袋子套进装袋机出料口的套筒上，右手紧托、左手卡住压到套筒上的袋子，当料从套筒不断输入袋内时，右手顶住袋头往内紧压，使内外互相挤压，使料松紧适度，此时左手顺其自然后退，当装料至距袋口 6cm 处，即可停止装料取出竖立。

图 2-35 手工装袋

图 2-36 机器装袋

如果采用免割保水膜袋，要先套保水膜袋，再套外袋装料，装好后一起封口。

2. 装袋要求

（1）装料量　15cm×55cm 的栽培袋，每袋装干料 0.9～1kg，湿重约 1.8～2kg，菌棒长 40～42cm；17cm×55cm 的栽培袋，每袋装干料 1.2～1.3kg，湿重约 2.4～2.6kg，菌棒长 40～42cm。

（2）松紧度　装袋时，有的菇农怕装袋太紧木屑划破袋子，装料较少，有的菇农贪图小利，盲目地多装原料，这样就导致香菇菌袋“软”“硬”不一。“太软”会造成菌棒收缩或断裂，“太硬”会造成后期菌丝生长缓慢或停滞，所以要松紧适度。一般判断的标准是以人中等力抓住培养袋，菌袋表面有轻微凹陷指印为佳。若有凹陷感或料袋有断裂痕说明太松，若似木棒无凹陷则太紧。

（3）无破损和刺孔　装好的袋要检查有无破损和刺孔，发现刺孔的可用胶带粘住，破损严重的要更换塑料袋，防止杂菌感染。

（4）运输轻拿轻放　料袋搬运过程要轻拿轻放（图 2-37），装料场所和搬运工具需铺放麻袋或薄膜，扎好的袋放在铺有塑料的地面上。

图 2-37　运输轻拿轻放

（5）装袋时间　为了防止培养基发酵，从开始到结束的时间不超过 3h。

3. 封口

（1）人工封口　扎口人员按装量要求增减袋内培养料并将袋外壁周身和袋口剩余 6cm 薄膜内的空间清理干净。左手抓袋口，右手将袋内料压紧，收拢袋口旋转至紧贴培养料，用纤维绳扎绕 3 圈，将袋口折回再绕 2 圈后从折回的夹缝中再绕 2 圈拉紧即可（图 2-38）。该扎口法不仅速度快、省力，且灭菌中也不会出现胀袋现象，防杂效果好。

扎好袋口后，如采取双袋法生产也可以在料袋外再套上一层外袋，袋口用绳扎活结便于接种时解口。

（2）封口机封口　如规模生产，可用封口机封口（图 2-39），每小时扎口 1000 袋。生产 10000 个菌袋，扎口工序需要 6～8 个人，现在只要 2 个人就可以完成，既省时省力，又省钱，而且密封性好，菌袋又不容易因漏气而受到杂菌感染。

图 2-38　人工封口

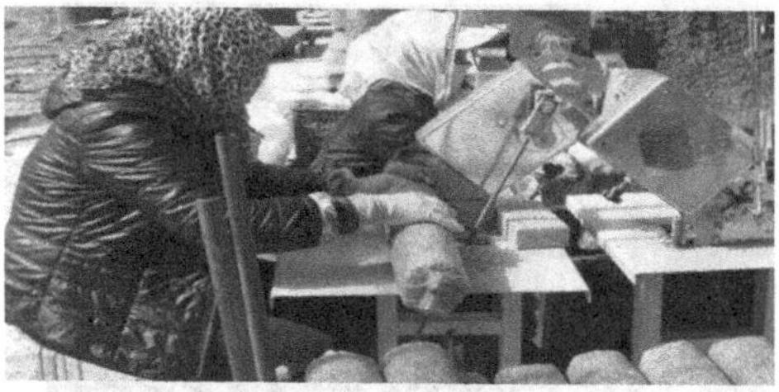

图 2-39　封口机封口

四、灭菌、冷却

装袋后尽快放入灭菌锅里灭菌。灭菌方法有常压蒸汽灭菌和高压蒸汽灭菌两种。采用高压蒸汽灭菌时，在锅内 0.15MPa 压力下灭菌 2h。采用常压蒸汽灭菌时，在 3～5h 内升温至 100℃，如一次灭菌 3000～5000 袋维持 20～24h。达到灭菌目的后退火，打开塑料膜趁热搬运料袋，应戴上棉纱手套仔细检查筒袋，如发现裂痕、刮破的袋应趁热贴上胶带。要小心搬运，防止刮破料袋和雨水淋湿，合理堆放至冷却室。灭菌、冷却应该注意的问题如下：

(1) 及时进灶　培养料有大量微生物群，调水后如未及时灭菌容易酸败，装料后要立即进灶灭菌。

(2) 合理叠袋　菌袋可上下对齐顺码（图 2-40），上下袋形成直线，使气流自下而上畅通。如有条件最好用周转筐，装好一袋放入一袋（注意从四周向中间装，防止箱子刮袋）。料袋也可装入筐中灭菌（图 2-41），既避免了料袋间挤压变形，又利于彻底灭菌。装锅时要轻拿轻放，若遇到“水袋”或过软料棒，要剔出返回上个程序。

图 2-40　对齐顺码

图 2-41　周转筐

(3) 排放冷气　无论是高压或常压灭菌，都应排尽冷气，否则会造成假压，使灭菌不彻底。高压灭菌时，当蒸汽压力达到 0.05MPa 时排冷气，排尽冷气后关闭排气孔。常压灭菌时，应打开灭菌锅的排气孔，待排出的蒸汽到 98℃时，再过 10min 关闭排气孔。灭菌锅炉见图 2-42，灭菌包见图 2-43。

图 2-42　灭菌锅炉

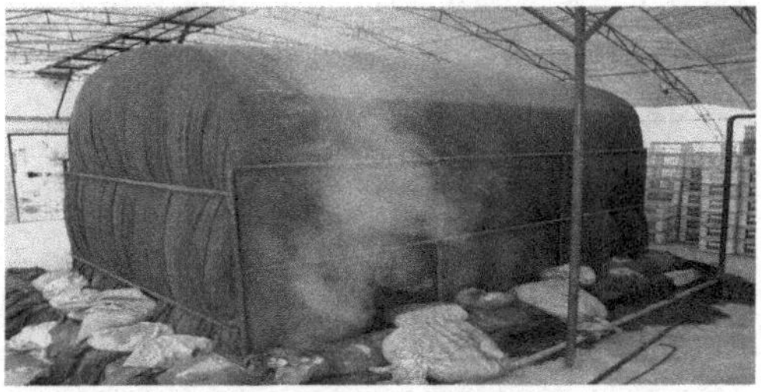
图 2-43　灭菌包

（4）温度指标

① 高压灭菌　灭菌锅内蒸汽压力达到 0.15MPa，温度达到 126℃后保持 2h。

② 常压灭菌　袋进蒸仓后，立即旺火猛攻，使温度 3～5h 到 100℃。灭菌时间长短随料袋多少而定，3000 袋左右需要 20h，5000 袋需要 24h，8000 袋以上需 36h 以上。灭菌时间达到后再停火闷 6h，做到“攻前、稳中、保后”，防止“大头、小尾、中间松”。注意升温缓慢易引起培养料酸化，锅内水分不足时应加 80℃以上的热水。

（5）卸袋搬运　卸袋前先把蒸仓门板螺钉旋松，把门扇稍向外拉，形成缝隙，让蒸汽徐徐逸出。如果一下打开门板，仓内热气喷出，外界冷气冲入，容易引起菌袋破裂。当温度降至 70℃以下时，可套上棉纱手套趁热卸袋，出灶不可太冷，要趁热出灶，否则将不利于料袋的成形。料袋出锅装车卸车时要轻拿轻放，如发现袋头扎口松散或袋面出现裂痕，随手用纱线扎牢袋头，用胶布贴封裂口。卸下的袋子要用铺麻袋的板车运进冷却室，防止刺破料袋。

（6）冷却　灭菌后的培养袋及时搬进冷却室内，按“井”字形 4 袋交叉排叠，每堆 8～10 层，让袋散热冷却（图 2-44），待袋内温度下降到 28℃以下即可接种。对于冷却范围大又很通风的地方，最好在料棒上盖薄膜以防灰尘落到料棒上影响接种成品率。料棒灭菌应达到的质量标准是：灭菌彻底，棕褐色，光泽度增加，发亮，冷却后黏结为一体，不收身，有骨架。

灭菌过程要做记录，内容为蒸锅编号、送气时间、盖膜胀起时间、排气及持续时间、料温达到要求及持续时间、停止送气时间、闷锅及持续时间、出锅时间等，一旦出现问题，好及时查找原因。

五、接种

袋栽香菇接种是关系到生产成败的关键环节。一般情况下，1kg 菌种可接种 40 袋菌袋，1 袋 2kg 菌种可接种 80 袋菌袋。首先，菌种要求菌丝洁白、健壮、浓密、均匀一致，无褐色菌膜，无酱色液珠，无杂菌，培养基无萎缩干枯衰老现象，

图 2-44 冷却的菌袋

图 2-45 覆膜法

凡鼠咬、破袋及杂污劣种应予以淘汰，菌龄视菌丝发至袋底 10～15 天内使用最好。

1. 接种方法的种类

香菇接种一般采用打穴接种，常见的有 4 种方式。

(1) 人工打穴接种封口法　在料袋的一面用酒精棉球擦拭消毒后打 4 个穴，迅速接入菌种，然后用 3.25cm×3.25cm 的专用胶布封贴穴口，待菌丝生长至所贴胶布大小时掀开胶布一角，当两穴菌丝相连时将胶布全揭去。

(2) 人工开放式接种法（覆膜方式）　此法适合在温度低时使用，接种后的菌袋不封口，最初单层码放 10～12 层，垛间距 0.8m，并用等宽的薄膜进行分层覆盖（图 2-45），待菌丝长到 5～6cm 时，再撤去薄膜。

(3) 人工套袋接种法　在接种室（箱）内，接种时解开外袋的一端袋口，将料袋拉出 4/5，打 4 穴，迅速接入菌种，再随手将料袋推回套袋内，外袋口扎活结。待菌丝长到 6～8cm 时，去掉套袋。

(4) 香菇全自动接种机接种　工作流程：将菌袋放在链条输送托盘上→通过电机传动进入无菌净化空间→将酒精或消毒药水喷洒在菌包表面实施往复式擦拭消毒→打孔→破开菌种→通过强制送料方式将菌种准确注入打好的孔穴内→自动推手将菌包推入套袋口→由人工把外袋套在套袋口上将推出来的菌包直接取下扎口完成操作。

该技术可以全面实现工厂化、规模化、自动化的生产需求，有效提高生产质量、生产效率及降低生产成本，同时其生产效率相当于人工操作的十倍以上。

2. 人工接种具体步骤

目前菌袋接种场所有两种：一种是用接种箱接种，成品率高但速度较慢；另一种是用“接种帐”接种，成品率高且速度快。与接种箱相比，接种帐的优势有两点：第一，操作者可进入其内，方便操作；第二，接种帐容纳量是接种箱的几十倍，工作效率大为提高，接种箱日接种菌袋数量约为 500 袋/人，接种帐日接种菌袋数量约为 2000 袋/人。下面以接种帐套袋人工接种法为例介绍操作要点。

(1) 接种帐的搭建　接种场地面积不宜过大，以不超过 $50m^2$ 为好。若选择塑料大棚，可用薄膜在棚内隔离出 $50m^2$ 的接种场地。接种帐可以用塑料布（8 丝农用薄膜）密封围成，长 5m、宽 5m、高 2m，空间约 $50m^3$，可满足 2000 菌棒和 4 个接种人员操作。接种帐示意图见图 2-46。

图 2-46 接种帐

图 2-47 处理的菌种

（2）接种前的准备

①“接种帐”进行空间消毒　接种前先将“接种帐”进行空间消毒，然后把刚出锅的菌棒运到接种帐排放好，再把接种用的菌种和胶纸、打孔用的圆锥形打穴棒或接种钻、75%酒精棉球等接种工具准备齐全，关好门再次消毒。一般一帐放 2000 菌袋，相应放入菌种 35～40 袋。消毒可用气雾消毒盒，每立方米用量 4～6g，每盒 50g，$50m^3$ 的接种帐用 4～6 盒。使用时用火柴点燃喷出白色烟雾，密闭 6～8h，即可达到灭菌目的。

② 接种前放气　用塑料棚帐接种的则可把帐门打开，再将覆盖料棒的薄膜掀开一部分，一直放到接种人员能够忍耐药物气味，即可进行开放式接种。

③ 接种工人消毒　接种工人的消毒要求接种工人进帐前保持个人卫生清洁，指甲一定要修剪干净。接种人员在进入接种室之前要用肥皂洗手，进帐时接种人员要换鞋、工作服及工作帽。进帐后再用 75%酒精棉擦手、消毒接种工具。

④ 菌种的处理　将菌种放入消毒药液（0.2%的高锰酸钾、稀释 300 倍的克霉灵或稀释 300 倍的新洁尔液等）中浸泡数分钟取出，用酒精棉擦净表面后，用小刀划开菌袋，去掉菌种表面的老菌皮（图 2-47）。

（3）接种方法　接种要几个人同时进行，一般 4 人一组。

① 一人负责擦袋消毒、打孔，要点如下：

a. 用 75%酒精棉擦拭料袋朝上的侧面时注意应顺着一个方向擦，不能来回擦。打孔棒的圆锥形尖头放入盛有 75%酒精的瓶中，酒精要淹没棒尖头 2cm。

b. 打孔时在菌棒一侧等距离打四个孔，孔口直径 1.5cm，深 2cm（图 2-48）。注意应慢慢将打孔棒（图 2-49）旋转抽出，并用手按住接种孔袋壁，以防菌袋与培养料脱离而进入空气，造成杂菌污染。

用打孔棒毕竟是人工在操作，工作一段时间都会手臂酸痛，这是一项劳动强度很大的工作。为了减少劳动成本、减轻劳动者的负担、提高接种质量与效率，可以将接种钻（图 2-50）安装到电钻或角磨机上，直接通过控制开关来接种打

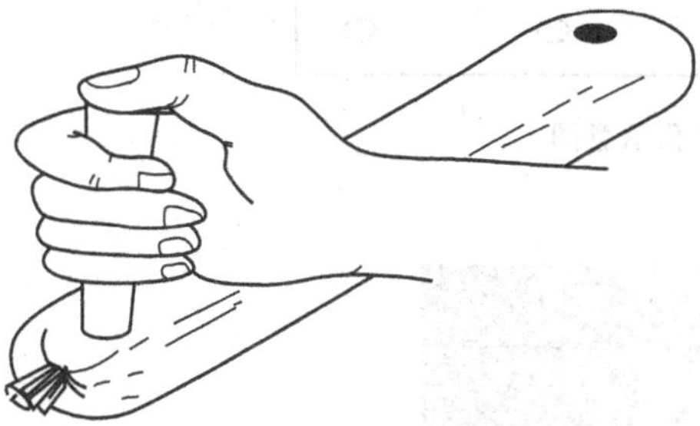

图 2-48　打孔棒打孔

图 2-49　打孔棒

图 2-50　接种钻

图 2-51　接种钻打孔

孔。接种钻打孔比打孔棒更高效，效率是以往的好几倍，目前主要用接种钻打孔（图 2-51）。

c. 因为填充粗木屑时，装袋机的冲力很大，容易造成袋底产生微孔，另外袋头用封口机封口不严也容易漏气，所以袋的两头扎口处和折角处容易感染杂菌。在打孔时，两头的孔应尽量靠近袋的两头，这样菌丝容易长满袋的两头（图 2-52），减少感染率。菌袋打孔示意图见图 2-53，菌袋打孔实例图见图 2-54，接种处和封口处见图 2-55。

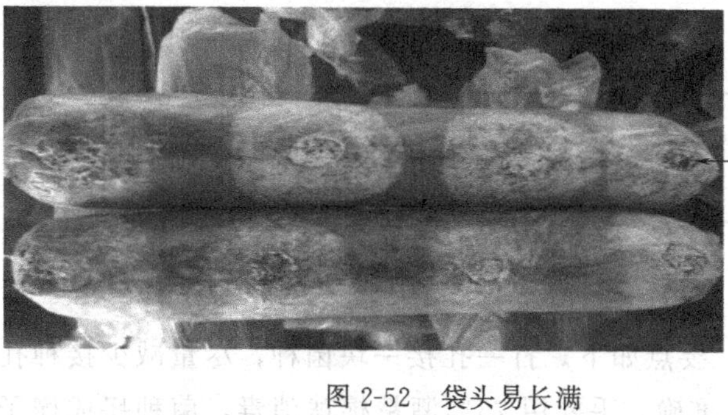

图 2-52　袋头易长满

d. 在生产中，除了在一面打 4 孔的接种方法外，还可采用双面五点接种法，一面接 3 点，另一面接 2 点。双面接种法优点是两边菌丝向菌棒中间一起长，缩短

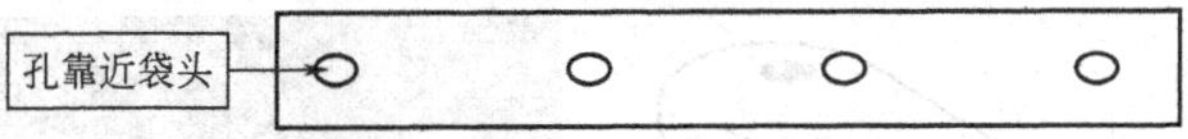

图 2-53　菌袋打孔示意图

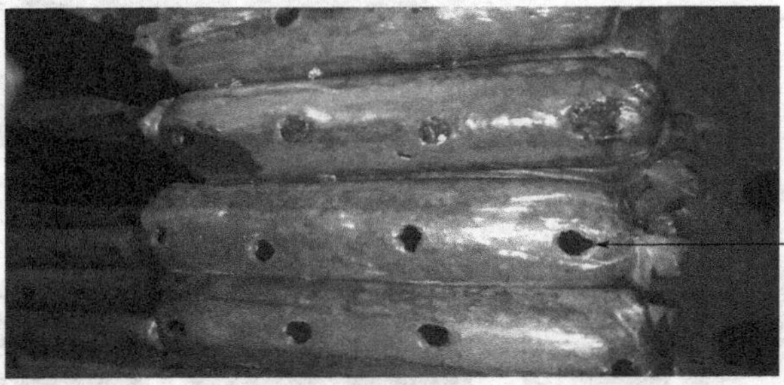

图 2-54　菌袋打孔实例图

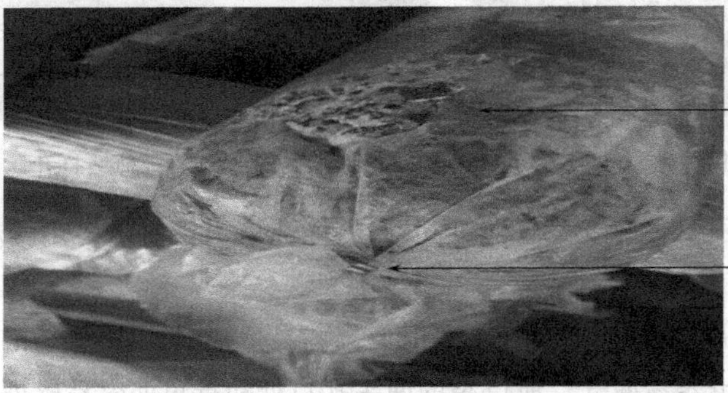

图 2-55　接种处和封口处

了菌棒长满时间，但打孔数量增多，易感染杂菌，一般用套袋接种法。五点接种示意图见图 2-56，五点接种发菌示意图见图 2-57。

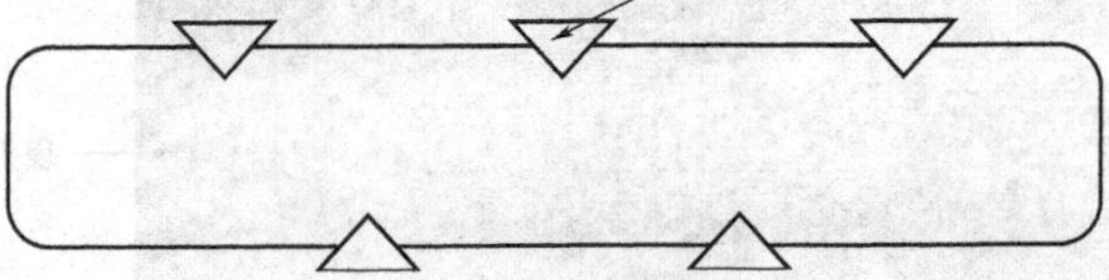

图 2-56　五点接种示意图

② 一人负责接种，要点如下。打一孔接一块菌种，尽量减少接种孔暴露的时间，接种动作要迅速、准确。手要用 75%酒精棉球消毒，菌种掰成楔子状，即一端尖，一端平底。用大拇指、食指、中指轻拿住菌种块，尖端向下，大拇指抵住菌块平底（图 2-58），塞入孔内堵实菌穴（图 2-59），并冒出筒表 3～5mm，呈“钉子

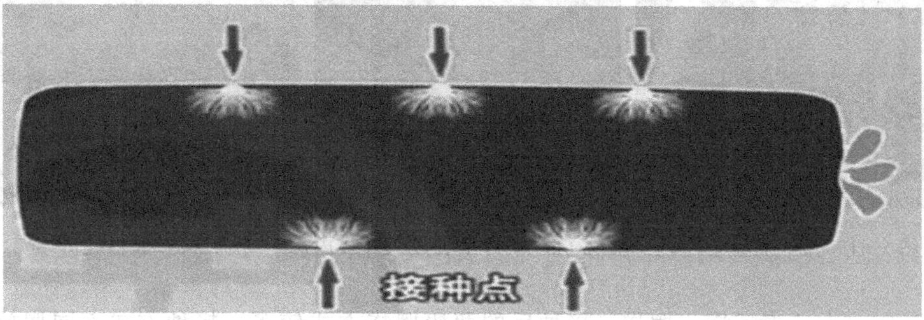

图 2-57 五点接种发菌示意图

帽”状（图 2-60）。接种动作不可太用力，不能弄碎种块，要整块地塞入，易于成活。也不能将种块捏出水，以免造成死菌感染。

图 2-58 接种

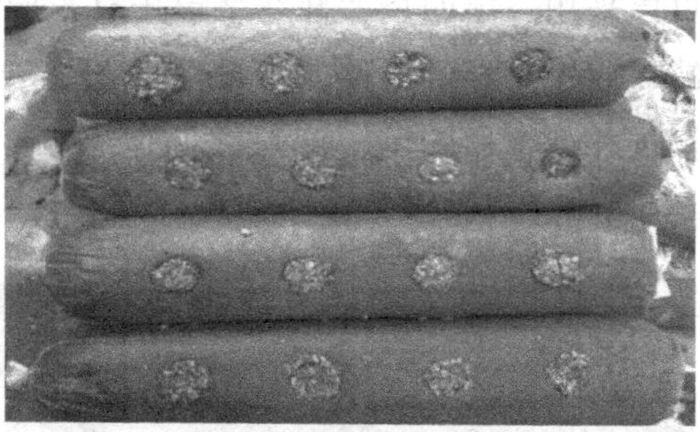

图 2-59 接好的菌袋

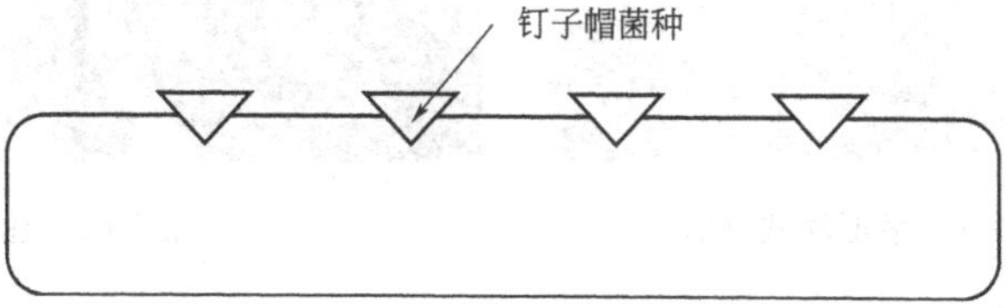

图 2-60 呈“钉子帽”状

③ 一人负责打开套袋和封闭套袋。

a. 如果装袋时外面套一层外袋的，接种时要解开外袋的一端袋口，将料袋拉出 4/5，接种后再随手将料袋推回套袋内，外袋口扎活结。这是比较稳妥的方式。

b. 如果装袋时外面不套外袋的，可以先在架子上套上外袋（图 2-61），然后将接好菌的袋从架子上端口放入外袋内（图 2-62），然后将袋口扎活结即可（图 2-63）。这种方式适合经验丰富的栽培者，且要求接种环境好。如不用外袋随即用专用胶布封贴穴口，也可用等宽的薄膜进行分层覆盖。

图 2-61　架子上套上外袋

图 2-62　接好菌袋放入外袋内

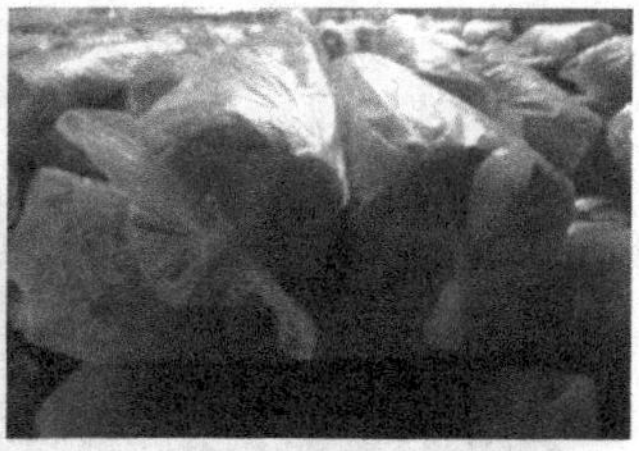
图 2-63　袋口扎活结

④ 一人负责运袋、摆袋。接种后的菌棒摆袋方式较多，接种方式不同摆放菌袋方式不同。覆膜方式接种一般接种孔朝上“一”字形垛式摆放（图 2-64），最上层接种孔朝下（最上层菌袋表面湿度小，菌块易干）。为了防止光照对菌丝生长的影响，在最上层菌袋表面覆盖报纸遮阳（图 2-65）。套袋接种（打穴接种封口法）可以采用一层四袋“井”字形排放，接种孔朝侧面，朝上或朝下会因菌棒堆压造成缺氧或水渍导致死种。每堆垒的层数要看温度的高低而定，一般层高 10～11 层，双排并列相靠防倒，两垛之间留 20cm 的通道利于通风散热，排与排之间要留有 40～50cm 的走道，便于通风降温和检查菌棒生长情况。

图 2-64　“一”字形垛式摆放

图 2-65　遮阳

3. 注意事项

① 操作人员在接种前做好个人卫生，洗净头、手，更换干净衣服。在帐内操作人员尽量不要说话，无特殊情况在未接种完前不出帐，防止带进杂菌。

② 要树立无菌意识，严格按无菌操作规程操作，接种动作要迅速、准确，切莫轻率从事。

③ 对于含水量低的栽培种，压入穴口的压力可以大一些，对含水量高的要注意轻压，防止按压力太大导致水渍死种而感染霉菌。接种穴一定要侧放，否则种块上易滋生霉菌或造成死种。

④ 接种最好在早晚气温低时进行，此时杂菌处于休眠状态，成品率高。高温季节选择深夜或凌晨抓紧进行，但注意当接种环境温度达 28℃ 以上时应停止接种。

无论哪种接种方式，都必须将菌种填实、填满、高出穴口、盖密穴口。

⑤ 目前采用“接种帐”接种最大的问题在于栽培者没有无菌概念，偷偷打开一角通风，接种时谈笑等致使外界杂菌进入帐内，造成污染率升高。目前对接种帐进行如下改进：在接种帐四周及顶部打开边长为 20～40cm 方形或直径为 20～40cm 圆形的孔洞，用中间加有灭菌棉花的纱布补齐孔洞，让空气通过孔洞进行内外交换，气雾剂可跑出，空气可进入，但杂菌被棉花过滤，可改善接种环境，降低污染率。接种帐示意图见图 2-66。

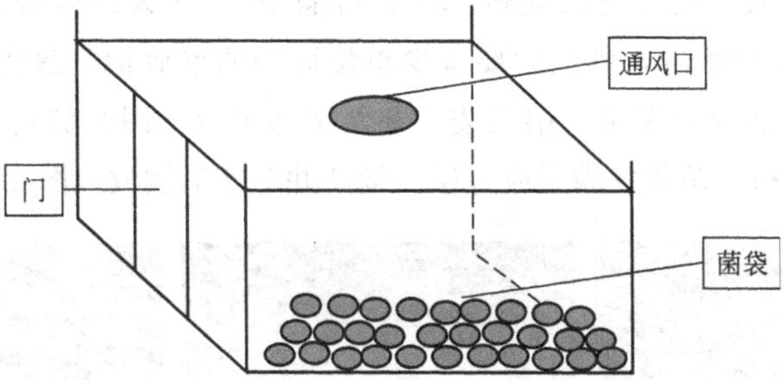

图 2-66 接种帐示意图

⑥ 接种后确定专人分棚管理发菌，要做到两点：一是列表登记培菌棚基本情况，内容是棚号、接种棒数、品种名称、接种时间，以及接种时棚温、堆温等；二是每天上午九点、下午三点进棚观察记录，内容为棚温、菌棒体温、发菌动态（如菌种萌发期、吃料定植期、菌穴延伸连接期、发菌满袋期、起瘤状况等）、管理措施（如脱外袋翻堆期、起堆形式、刺孔日期及方法等）。

六、菌袋培养

发菌阶段目标是促使菌丝稳健生长，菌袋必须达到菌丝生理成熟、具备了出菇的内在条件才能正常出菇，否则即使具备一切外在条件（如温差、低温、光照、惊蕈等）都不能出菇，由此可见养菌的重要性。不同品种香菇成熟所需的时间不同，一般培养需要 60～80 天。

1. 培养优质的香菇菌袋的总体要求

菌袋培养期间，注意根据不同生长期观察气温和菌温变化，人为地加以调节，防止高温危害。

① 培养室必须洁净，经过消毒。

② 5～30℃均可发菌，一般控制在 10～25℃，最好控制在 24～26℃。

③ 空气相对湿度保持在 40%～50%。

④ 合理通风，达到空气新鲜。

⑤ 前期遮光培养，促进菌丝生长，防止过早出现香菇原基。后期增加散射光，

利于菌丝转色、生理成熟。

⑥ 菌种定植后结合翻堆检查有无杂菌侵染，同时进行刺孔增氧。

2. 菌袋堆放培养及翻堆检查

菌袋在菌丝培养阶段要翻堆3～4次，让菌袋均匀发菌。一般当菌圈直径达5～6cm（菌丝圈鸡蛋大小）时进行第一次翻堆检查，翻堆时将上下、里外菌袋互相对调，把好菌袋堆在一起，把污染菌袋搬出后及时清理，并使菌穴侧向摆放菌袋。翻堆检查后，一般采用一层四袋“井”字形堆放，每堆高10～11层，双排并列相靠防倒，两垛之间留20cm通道利于通风散热。以后每隔10～15天结合解套袋口、脱套袋、刺孔通气等措施进行翻堆，刺孔后要减少单位面积的堆放量。菌袋排列由一层四袋“井”字形堆放逐渐变为采用一层三袋“井”字形堆放（图2-67）、一层三袋“三角形”堆放（图2-68），菌袋发满后应一层二袋“井”字形摆放（图2-69）。

图2-67 一层三袋“井”字形堆放（彩图）

图2-68 一层三袋“三角形”堆放（彩图）

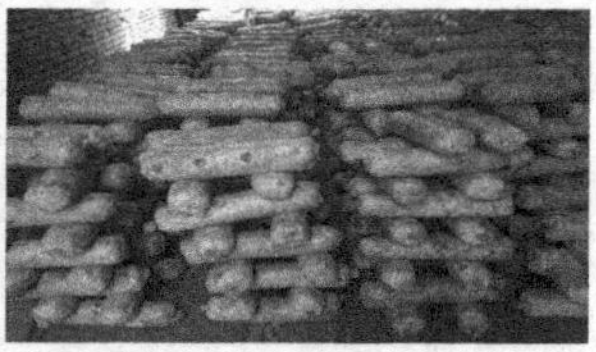

图2-69 一层二袋“井”字形摆放

3. 刺孔

（1）刺孔的原因 当穴位菌丝深入培养基内吃料，由于逐渐远离接种口，通气越来越差，加之菌丝生长过程中产生大量的新陈代谢产物，使菌丝老化、衰退，造成菌棒内缺氧，必须刺孔通气。刺孔可使菌丝生长处于被激活状态，加强代谢活动，为越夏和转色创造良好的环境条件。

（2）刺孔的方法 菌棒在培养阶段，一般要经过2～3次刺孔过程，刺孔总的原则先少后多，先浅后深，先细后粗，低温时刺孔，分批刺孔。具体方法如下：

① 第一次刺孔时间，对于接不套袋采用地膜封口的菌棒，当接种口菌丝（图2-70）生长至直径6～8cm大小时进行第一次刺孔通气。但刺孔操作需要灵活进行，如高温季节刺孔可适当提早进行，而其他季节应是在菌丝圈相连时进行第一次刺孔。如果是用套袋封口的，因氧气可以从接种孔进入，刺孔的时间则可以适当往后推，一般可在菌丝圈直径10cm时进行。

第一次刺孔用5cm长的简易增氧锥在每个接种孔菌丝圈内侧2cm的地方刺4～6个孔（图2-71），孔深1cm，整段菌棒的刺孔总数为16～24孔。

② 第二次刺孔时间掌握在菌丝圈在接种孔背面相连时（图2-72）。第二次刺孔用5cm（1.5寸）铁丝制成的简易增氧锥在每个接种孔菌丝圈内侧2cm的地方刺8

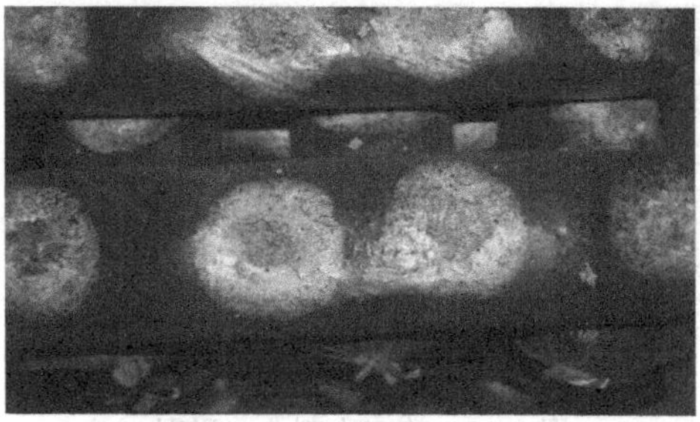

图 2-70 菌丝

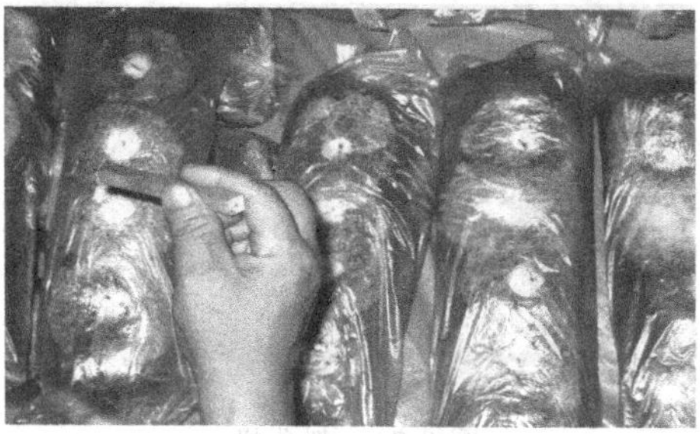

图 2-71 刺孔

个孔（图 2-73），孔深 1～1.5cm，整段菌棒的刺孔总数约 30 孔，菇农习惯上把这一时期的刺孔通气称为“通小气”。此时期要严防孔径太大、刺孔太深、孔数太多，以免导致菌棒在今后培养过程中失水过多而影响菌棒瘤状物的形成及原基的发生。

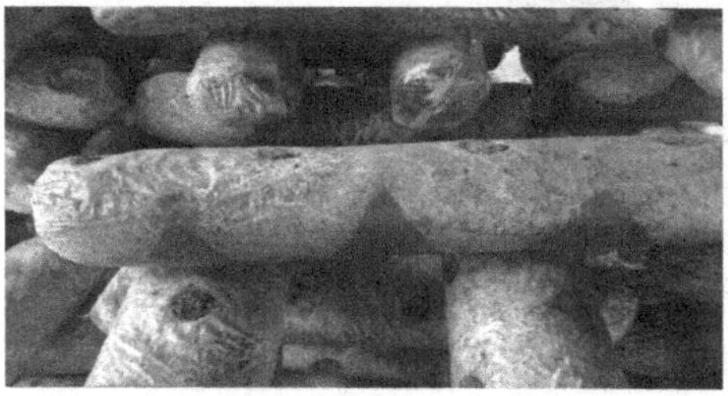

图 2-72 菌丝圈背面相连（彩图）

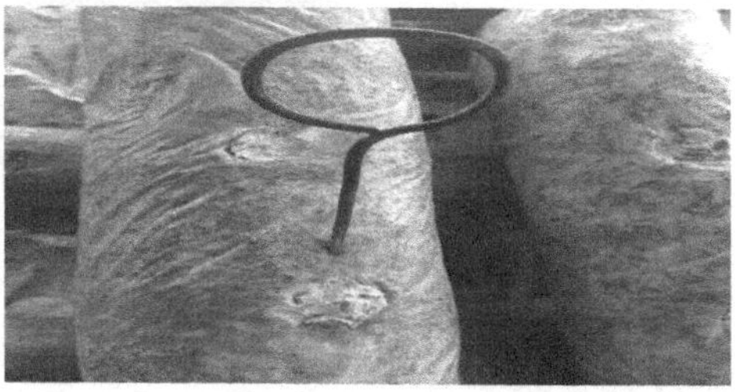

图 2-73 第二次刺孔

③ 第三次刺孔通气掌握在脱袋前 7～10 天，此期间接种点周围菌丝首先开始扭结成白色菌球，菌球慢慢生长成瘤状突起。当菌棒接种点面有约三分之一左右出现瘤状突起后，用刺孔机（图 2-74）或铁钉板刺孔，孔深 4～5cm，孔数 60 个（图 2-75）。菇农称这一时期的刺孔通气为“放大气”。此次刺孔能进一步促进菌丝生理成熟，排出菌丝产生的废气，同时起到“惊蕈”作用，并可大大减少第一批菇中畸形菇的数量，顺利出好领头菇。这次刺孔一定要等袋表面产生瘤状物后再刺，如果刺得太早，菌袋就不易产生瘤状物了，虽然也能出菇，但出菇的时间一般会推迟。

带有一排铁钉的木板的制作方法：选一块厚 1.5cm、宽 5～6cm、长 50cm 的木板，一端削成手柄，另一端在 35cm 范围内钉上 6.6cm（2 寸）铁钉 2 排计 20 枚。此刺孔器一次可在菌棒上刺 20 个孔，提高了工效。

（3）刺孔注意事项

① 以下三种情况不能刺孔 一是料壁分离处不能刺孔；二是感染部位不能刺孔（图 2-76）；三是室内温度在 28℃以上一般不应刺孔通气，超过 30℃时严禁刺孔通气，否则极易造成烧菌、闷堆和烂棒。

图 2-74 刺孔机

图 2-75 第三次刺孔（彩图）

图 2-76 感染部位不能刺孔

② 第一次、第二次刺孔要特别注意角度　菌丝在菌袋里生长是“V”字形，像原子弹的“蘑菇云”，如果竖直扎孔易扎到没有菌丝的地方，易染杂菌。倾斜一定角度（约 45°）向内扎孔（图 2-77），扎到“V”形内有菌丝的地方，可减少杂菌感染，提高成品率。

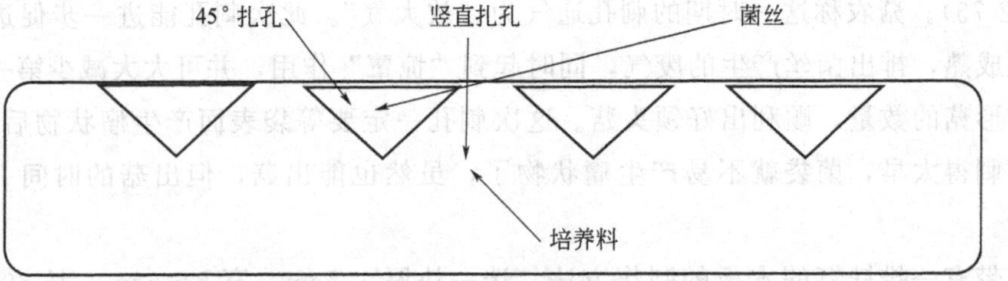

图 2-77 刺孔角度示意图

③ 刺孔的深浅、多少要灵活掌握

a. 对装袋紧密或配料含水量高的菌棒，刺孔时可适当刺孔深些、孔数多些，以加速水分散发；反之浅些、少些。

b. 通风干燥的发菌场地刺孔数要少些，孔深要浅些；反之则多些、深些。

c. 对容易出菇的品种，刺孔应少而浅；对周期长的品种，刺孔应多而深。

d. 料粗的袋内含氧量多，刺孔应少而浅；料细的袋内含氧量少，刺孔应多而深。

④ 刺孔增氧后，因大量氧气进入，菌丝呼吸作用显著增强，温度通常升高5℃以上，必须重视观察菌袋内温度的变化（图2-78），及时进行通风调节，控制袋内中心温度在18～25℃，绝对防止高温烧菌。

图2-78　测量菌袋温度

4. 发菌时要注意的问题

① 发菌棚或发菌室要求干燥、干净、暗光、通风，最好安装防虫蝇装置。使用前要清扫、消毒。消毒用气雾消毒盒，4～6g/m^3，点燃，关闭门窗24h。在菌袋培养过程中也应定期进行消毒。

② 多数菇农发菌棚没有升温设施，这对发菌影响不大，因香菇菌丝在低温下发菌可降低污染率，只是发菌期延长，会影响到出香菇的最佳时期。此时，可通过使发菌棚升温缩短发菌期及后熟期。香菇菌丝最佳生长温度为20～25℃。

③ 香菇为好氧真菌，菌袋缺氧，菌丝停止生长或生长缓慢。故培养室要经常进行通风换气（图2-79），排出室内废气，减少空气中的杂菌密度，增强菌丝生命力。可根据人走进培养室内的感觉决定是否需要通风，如果感觉空气不新鲜，有种

图2-79　通风换气

很浓的香菇培养基的特殊气味，人感到不舒服，则要通风。

④ 刺孔后接种口内氧气供应充足，菌丝新陈代谢加快，袋温也不断提高，通常比室温高出3～5℃。如果袋温超过30℃时间过长，加上高温缺氧，将造成香菇菌丝生长缓慢、发软、萎缩，甚至死亡。因此，发菌后期必须防止高温烧菌，方法是：接种20天后要特别注意培养室内及菌袋的温度，若菌堆中的温度高于28℃，就必须采取打开门窗通风、减少菌袋排放数量等措施，将菌袋的温度控制在28℃以下。要特别注意遮阳、防雨工作，在香菇菌丝培养阶段要把空气相对湿度控制在60％以下，抑制杂菌的污染。

特别注意，香菇菌袋在培养过程中，有“四怕”。

一怕弄破。一旦有破洞，哪怕再小，肯定感染无疑，因为杂菌的孢子有孔就入。

二怕淋雨或弄湿。接种后的袋，湿袋感染的机会更多。

三怕太阳直射。无论是料袋还是菌袋，照射时间长了会发酵胀气，使棒不紧，菌袋内的菌丝会被太阳紫外线杀伤。

四怕摔打振动。菌丝满袋后原基初步形成的菌袋，经强烈振动会“早产”出菇，导致菌丝的营养生长不良，成熟期推迟。所以，每次操作都应轻拿轻放，不能像对待砖块木棒一样抛来接去。

5. 倒垛时发现杂菌污染和虫害的处理方法

常见在菌袋料面和接种口上分别有花斑、丝条、点粒、块状等物，其颜色有红、绿、黄、黑等不同，这些都属于杂菌污染；也有的菌种会不萌发、枯萎、死菌等。翻袋时认真检查杂菌和虫害，及时处理。

(1) 杂菌污染

① 轻度污染 只在菌袋扎口或皱纹处出现星点或丝状的小菌落，没有蔓延的，可用注射针筒吸取5％甲醛溶液或75％酒精溶液注射受害处，并用手指轻轻按摩表面，使药液渗透杂菌体内，然后用胶布贴封住注射口。

② 穴口污染（图2-80） 杂菌侵入接种口而香菇菌丝还处在生长状态、不受多大影响的菌袋，可用稀释500倍的50％多菌灵水溶液或用5％石灰上清液涂患处，但要防止涂至香菇菌丝。两种药不宜同时使用，因为前者是碱性，后者为酸性，同时使用会引起中和反应，失去药效。如发现有死菌的，应在无菌条件下重新接种。

③ 严重污染 菌袋基料遍布花斑点或接种口杂菌占多数、无可救药的，要放在一边集中划开菌袋，加入少量石灰（约2％～3％）和麦麸（约5％），重新拌料、装袋、灭菌、接种，一般多户菇农凑在一起制一灶，称“回笼”。链孢霉传染性很强，气温高、湿度大时能一夜之间使整个房间全部感染，造成“满堂红”，危害较大。一旦发现，立即用柴油涂抹（抹湿后其孢子不会散发），用塑料薄膜袋套住再

图 2-80 穴口污染

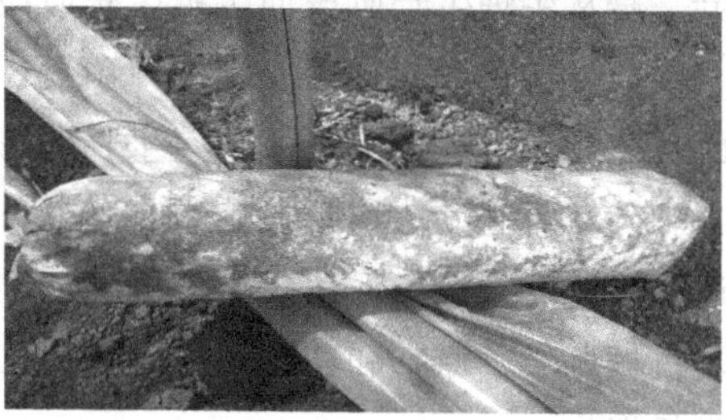

图 2-81 感染链孢霉严重的菌袋

将感染袋轻轻移到另一处阴凉通风好的地方，一般可放在屋后荫处、水沟边或土埋培养，有可能长好，可继续出菇。如发现感染链孢霉严重的菌袋（图 2-81）应及时烧毁或深埋，避免孢子传播，造成环境污染。

（2）防虫处理　菌袋培养过程中最常见的虫害有菇蝇、螨虫，虫害防治以防为主，防治结合。对菌袋堆放场地应提前一个星期全面喷一次稀释 800 倍的敌敌畏液，发现虫害喷稀释 1000 倍的氯氰菊酯，或稀释 800 倍的敌敌畏。

6. 菌袋生理成熟的标准

根据实践经验，菌丝生理成熟主要从菌龄、积温、形态、色泽、基质 5 个方面进行综合观察判断，也就是通常所要求的脱袋“五个标准”。上述“五个标准”中，菌龄是参数，后四个必须齐备，缺一不可。下面以 L808 菌株为例，介绍一下判断脱袋的依据。

（1）看菌龄　从接种日算起到开袋出菇前的时间为菌龄，L808 菌株的菌龄约为 150 天。不同品种都有相对稳定的菌龄，可以作为脱袋期选择的一个参数。菌棒发菌期间的温度、氧气、培养料配方等不同，菌龄也不一致。同一品种不同海拔高度菌龄不一样，原因是海拔每升高 100m，气温下降 0.6℃，海拔高，气温低，菌龄长。菌龄是参数，仅供参考。

（2）看积温　香菇完成一个生长周期，必须满足一定的温度要求，这个总的温度要求称为“积温”。积温受发育时间和发育期间的温度两个因素的影响。香菇菌丝正常生长发育的最低起点温度为 5℃，因此，用日平均气温减去 5℃来计算其有效积温。

即有效积温＝Σ(日平均气温－5℃)，其中日平均温度应$\geqslant$5℃。

L808 菌株要求有效积温约 2200℃，反季大棚生产需 4～5 个月。

有效积温比菌龄要确切，但还不能确切地反映脱袋的最佳时间，原因是有效积温也只反映了温度和时间两个参数，没有反映通气、培养料配方等因素对菌丝发育、生理成熟的影响，因此掌握菌棒生理成熟的标志至关重要。

（3）看形态　菌袋产生瘤状物达到 2/3 表明菌丝已分解和吸收积累了丰富的养

分，是从生理生长阶段向生殖生长阶段转变的一个特性。

（4）看色泽　袋内布满浓白菌丝，长势均匀旺盛，气生菌丝呈棉绒状，袋外看已转色、吐黄水，是进入生殖生长的信号。

（5）看基质　用手抓菌袋有弹性，表明已成熟；如果基质仍有硬感，说明菌丝还处于营养生长期。菌袋生理成熟后在菇蕾即将破皮而出时再脱袋。若菌袋受冷热及机械刺激，原基和菇蕾大量生出时必须及时脱袋排场，加强管理，减少畸形菇，降低损失。

生理成熟的菌袋见图 2-82。

图 2-82　生理成熟的菌袋

图 2-83　越夏菌袋

七、越夏管理

春季接种的菌袋要经过夏季高温季节，从 6 月开始至 8 月份出菇之前的这一段时间称为越夏期，通风降温、防止烂筒是越夏管理（图 2-83）的主要工作。为确保菌袋安全越夏，必须选择好越夏场所，并采取必要的降温、通风措施。室外菇棚是最为理想的越夏场所，因为菇棚通风性很好，光线均匀，气温低，并且一般排灌比较方便，便于高温期降温；同时，菇棚内一般空气湿度较高，菇场常受雨淋，菌袋不易失水，有利于菌丝保持较高的活力，菌袋发生烂筒的现象要比在室内培养房间越夏的菌袋减轻很多，而且菌袋转色全面，脱袋出菇后更易于管理。菌袋移至室外菇棚越夏的时间以 5～6 月为宜，菌袋经最后一次刺孔通气后一周左右即可进棚。无论是室内或室外菇棚越夏，在管理上都要十分重视通风降温工作。主要做好以下几个方面的管理：

① 注意遮阳和棚内卫生。菌棒进棚前，要全面加厚菇棚顶部及四周的遮阳物，确保无直射阳光进棚，并对整个菇棚环境进行一次全面清扫，做好消毒灭菌、杀虫工作。

② 调节好温度、湿度及通风。棚内或室内温度要控制在 32℃以下，湿度 75%～80%，如果天气干燥，湿度较高，可在早晚向地面洒水降温，在温度低时要保持经常通风。

③ 及时放黄水。在培养后期常出现菌棒吐黄水的现象，要及时刺小孔让黄水吐出。因为此时气温较高，放黄水时刺孔不要刺伤培养基，以防造成菌丝受伤难以恢复。

④ 腐烂部位的处理。越夏期内，有些菌棒某些部位会出现黑水，有臭味，这属于细菌感染。要及时将此部位的薄膜割破，用净水冲洗掉黑黏液，放于干燥处使其微干，控制腐烂部位蔓延。腐烂严重的菌袋应及时移出菇棚填埋或焚烧。

⑤ 自然温差大时的管理。立秋以后，白天气温还较高，而夜晚气候开始凉爽，此时严禁翻动菌棒，如个别菌棒需要管理，要在中午高温时进行，防止过大振动刺激引起菇蕾大量发生，造成早产，从而增加管理难度。

⑥ 越夏期间菌棒不宜过多翻动。如果翻动过多、过重，会使菌皮较厚，易造成转色，影响出菇。

⑦ 越夏期间，菌棒不宜运输。如要运输，须待气温下降至20℃以下时进行。

⑧ 及时听天气预报，如有大雨、暴雨要提早预防，及时排除积水，防止菌棒受淹。

第五节 出菇管理

一、温室斜置式（立棒）栽培

该模式在出菇棚内脱外袋，斜靠于架好的钢丝上，每亩栽1.2万袋，是香菇生产的重要方式之一。顺季生产的出菇时间为8～11月以及来年4～6月，反季生产的出菇时间为5～10月。如果是反季节生产，发菌期应有增温设施。立棒栽培产量高、菇质好，能有效节水，防止烂袋现象发生，确保产品质量安全。此项技术有不注水不出菇的特点，可以分批分期出菇，解决用工难的问题。较适宜的立棒香菇菌种有“灵仙1号”“L808”和“168”。

（一）出菇架的搭建

在平整完的地面上每隔2m安放一排地面以上高度为25cm、长1.4m的钢筋架，把钢线或防老化绳固定在钢筋架上，每行钢线或防老化绳的间距为22～25cm，中间留50cm宽的人行道，中间排6道线（图2-84），靠边的排3道线（图2-85）。生产中可根据场地情况灵活掌握，只要便于管理即可。

（二）脱袋摆菌棒

1. 脱袋方法

当接种穴四周出现不规则小泡隆起并出现褐色色斑，可将菌棒搬入棚内“炼筒”7～10天（图2-86），选择晴天或阴天上午脱袋。脱袋有一次脱袋法和两次脱

图 2-84 中间排 6 道线

图 2-85 靠边排 3 道线

袋法。

（1）一次脱袋法　脱袋时左手提菌棒，右手拿刀片进行“Y”字形破袋，顺手脱掉薄膜（图 2-87）。菌棒脱袋后应在 1/3 处靠于菇架上（图 2-88），与畦面成 70°～80°夹角，排放间距约 5cm，一般每平方米摆放 20 袋。要注意菌棒的靠位比例，如果靠位比例上多下少，以后菌棒容易垂头；若下多上少会引起菌棒弯腰。

图 2-86 “炼筒”（彩图）

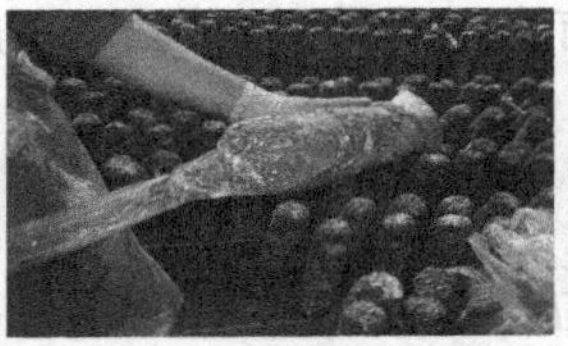
图 2-87 脱袋（彩图）

图 2-88 摆菌棒（彩图）

（2）二次脱袋法　按脱袋要求划破膜后将菌棒斜靠在菇架上，这样可破膜增氧、促进菌棒袋内自然转色，形成菇蕾后再脱袋。该方法适于气温过高（超过 25℃）或过低（低于 12℃）的环境条件，以及脱袋时间掌握不熟练的栽培者。

菌棒摆放示意图见图 2-89。

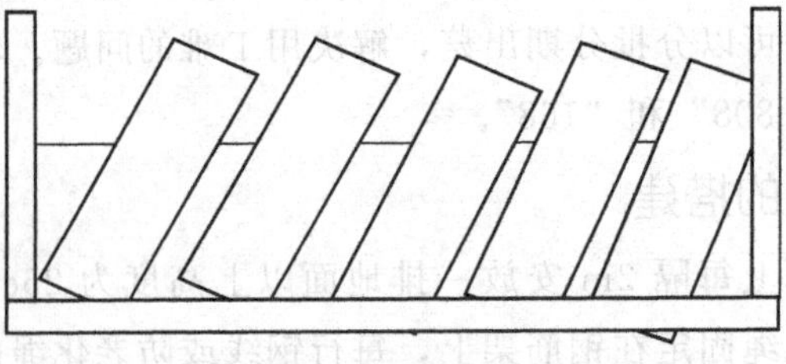
图 2-89 菌袋摆放示意图

2. 香菇脱袋时需注意的问题

脱袋工序看起来很简单，但其中也有许多奥妙之处。同样品种，同一块菇床，上午脱袋能长菇，而下午脱袋就不能长菇。这是因为上午、下午脱袋时气温不同，方法不一，效果也有别。一般上午气温低，空间湿度大，适合脱袋；而下午气温高或遇干燥风侵袭，菌棒表面菌丝被吹干，难以转色，也就影响出菇。因此脱袋要求注意以下几个方面：

（1）注意天气　选择晴天或阴天上午脱袋，晴天的中午气温高，空气湿度低，脱袋后的菌棒表面易失水而影响转色出菇；雨天菌袋易感染杂菌，不宜脱袋；超过3级风天菌棒表面易被吹干，不利于转色，不宜脱袋。

（2）注意气温　脱袋最适温度为18～22℃，气温高于25℃或低于12℃时暂不脱袋。气温高于25℃原基不能形成而只长菌丝，引起菌丝徒长；低于12℃菌棒表面菌丝恢复困难，导致转色困难。

（3）注意及时盖膜　菌棒由“裹膜”到“露体”是一个重大转折，必须边脱袋、边排棒、边盖膜，防止菌棒表面失水影响转色。

（4）注意断棒吻接　脱袋要轻拿轻放，防止菌棒折断，折断后要用竹签将其吻合连接。

（三）转色管理

香菇菌丝生长发育进入生理成熟期，表面白色菌丝在一定条件下逐渐变成棕褐色的一层菌膜，称为菌丝转色。转色是正常生理现象，也是袋栽香菇菌丝生理成熟的标志。转色的好坏直接影响出菇的快慢、产量高低、香菇品质、菌袋的抗杂能力及寿命。转为深褐色的菌袋出菇迟、菇稀、菇体大、质量好、产量中等；转为红褐色的菌袋出菇正常、稀密适当、菇体中等、质量好、产量高。转色后表面呈黄褐色、表皮呈灰白色的菌袋出菇早、密，体小，质量差，产量中等偏低。在实际生产中，由于转色场地气候不同，方式也不同，在温暖潮湿的南方多采用脱袋转色，而在寒冷干燥的北方既可采用脱袋转色也可使用不脱袋转色。图2-90和图2-91分别为转色差菌袋和转色好菌袋出菇的图片。

图2-90　转色差菌袋出菇（彩图）

图2-91　转色好菌袋出菇（彩图）

转色的方法有很多，依其出菇方式不同可分为脱袋转色和不脱袋转色。转色过程框架图如图2-92。

1. 脱袋转色（图2-93）

（1）气生菌丝阶段　脱袋后转色场地的温度控制在18～23℃，不要超过25℃，光线要暗些。开始3～5天尽量不要揭开畦床上的罩膜，空气相对湿度为85%～90%，使菌丝在一个温暖潮湿的稳定环境下继续生长，菌棒表面布满白色绒毛状气

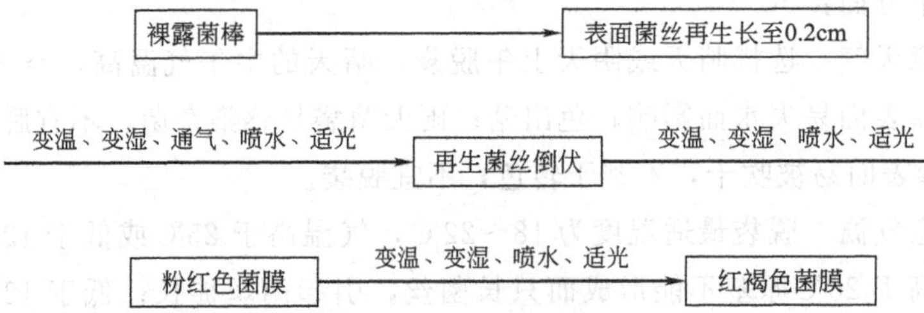

图 2-92 转色过程框架图

生菌丝。此期间气温若超过 25℃，要短时间掀膜通风。

（2）气生菌丝倒伏期　在 5～7 天、当筒外表面长出一层短绒毛状 2mm 的气生菌丝时，就要增加掀膜次数，降温，降湿，促进绒毛状菌丝倒伏，使形成一层薄的菌膜。

（3）菌丝转色期　在 7～8 天、当料表面的白色气生菌丝逐渐倒伏，并会分泌出浅黄褐色水珠时，要每天通风三次，每次半小时。在揭开罩膜通风的同时，转色场地不要同时通风，二者的通风时间要错开。也可结合通风每次向菌棒表面轻喷水 1～2 次，喷水后要晾 1h 再盖膜。一般 10～12 天，菌丝从白色转成粉红色，再转成红褐色，转色完毕。

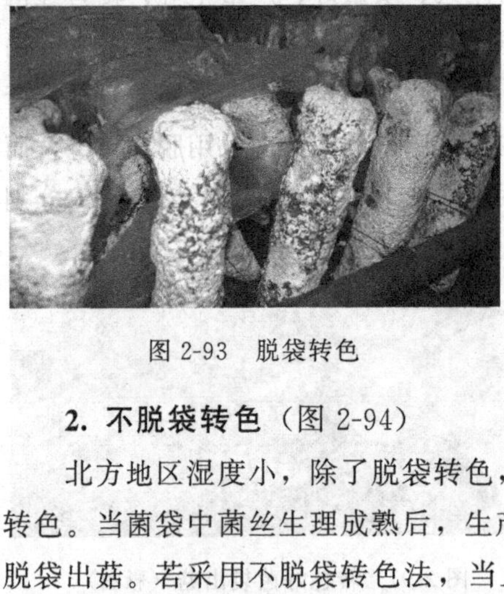

图 2-93　脱袋转色

图 2-94　不脱袋转色

2. 不脱袋转色（图 2-94）

北方地区湿度小，除了脱袋转色，也可采用不脱袋转色，其转色管理参照脱袋转色。当菌袋中菌丝生理成熟后，生产上有的采用针刺微孔通气转色法，待转色后脱袋出菇。若采用不脱袋转色法，当上部 70％菌棒转色后再倒一次垛，调整菌棒摆放位置使菌棒转色均匀一致。如果菌棒使用双层塑料袋，转色时双层塑料袋夹层间积累的黄水要及时排除，防止感染绿霉导致烂棒。这些转色方法简单，保湿效果好，在高温季节采用可减少杂菌污染。

（四）出菇管理

1. 秋季香菇管理

秋菇发生在 9～11 月，每年立秋以后气温开始下降，特别是晚上很凉快，白天气温依然比较高，昼夜温差大，农谚说的“立秋分早晚”就是这个意思。这非常有利于菇蕾的形成和香菇的生长，所有菌棒的菇蕾都会一起大发生，好像憋了一个夏天的菇劲一下爆发出来（图 2-95）。秋季出菇期管理应抓好以下几点：

图 2-95　秋季的香菇

第一，控制出菇温度，适度拉大温差。

菇棚内温度最好保持在 13～18℃。秋季气温多变，高低不稳，若温度一直处于 20℃以上时，原基不易形成子实体，可在早晚气温低时，揭开薄膜通风散热。温度低于 12℃时，可在中午打开遮阳网，让一定的阳光照射，增加热源。

香菇属于变温结实菌类，催蕾需要一定的温差。实质上这句话是不确切的。准确的说法应该是：子实体的分化要求合适的温度和一定的温差。仅仅有温差而没有温度也是不行的。−10℃与 0℃之间的温差也有 10℃，但那无论如何是不会出菇的。另外，温差包含着两种概念，即气温和水温的差别，对于催蕾掌握这一点很重要。我们可以通过早晚通风、调整遮阳网拉大菌袋表面温差，也可利用浸水、注水、喷水等方法降低菌袋温度，促使原基形成。温度对子实体生长的作用示于图 2-96。

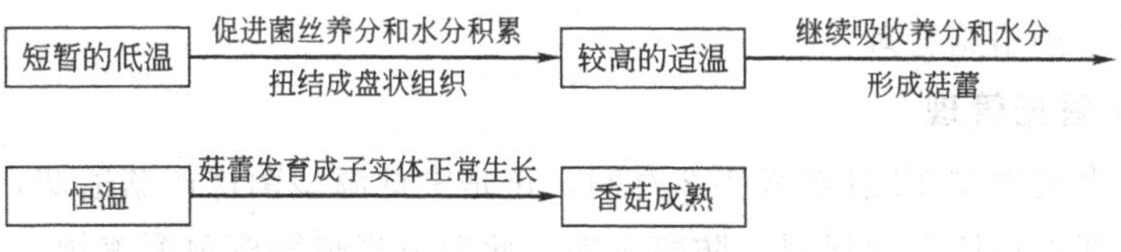

图 2-96　温度对子实体生长的作用

第二，保持空气相对湿度。

菌袋摆放区保持空气相对湿度为 85%～90%，促进菇蕾形成，防止菇蕾枯死。菇蕾长到 1cm 时减少喷雾，加大通风，提高品质。菌盖直径 2cm 后，一般少喷水，靠菌袋自身所含水分长菇，如此管理菇色好、菌肉密实、耐运、质量好。在菇蕾发生后保持菇棚的空气相对湿度在 80%以下，否则会使菇色变黑，甚至呈水浸状，商品性差。欲生产高品质厚菇的还应将空气相对湿度降低至 60%左右；即使生产薄菇，空气相对湿度也不要超过80%。在早晚温度较低的时候向空中喷雾状水，如果在中午高温时喷水会造成菇盖红顶，像生了铁锈一样。

第三，调整好通风度和透光度。

有经验的菇农只要根据香菇的形状、颜色就能猜测到菇棚内的情况。如果菇柄粗且松，手捏感觉像海绵，而且菇柄较长，那就是菇棚通风不良，此时要保持菇床通风，减少长柄菇；如果菇盖颜色呈嫩黄色，盖边缘较薄，那就说明菇棚太暗，应该将棚顶和四周的遮阳物拉开或打开塑料膜，增加通风透光（图2-97）。

第四，适当疏蕾。

如果菇蕾出得太多，需要采取疏蕾措施（图2-98），摘掉弱小菇蕾，间开丛生菇蕾，使菇蕾在菌棒表面均匀分布，一个菌棒上保留10～15个菇蕾即可，菇农称之为“计划生育”。这一点是新菇农要特别注意的，不要“心太软”。

图2-97　通风透光（彩图）

图2-98　疏蕾（彩图）

第五，清理死菇及菇根，复壮养菌。

出菇采收后要及时清理菌袋上的死菇及菇根，尽量减少喷水、降低湿度，复壮养菌。一般要养菌15～20天，当菌袋恢复硬度、菇脚坑转为红褐色、菌袋拿起来感觉比较轻又有一定的硬度时，说明菌丝又重新生长、恢复营养了，这时可注水催蕾，进行下一潮出菇管理。

2. 冬季香菇管理

冬菇大多发生在12月至来年2月间，正是中低温型菌株产菇适期，品质最优，售价高，此期着重抓保湿保温，防寒避冻。此期适当疏散棚顶覆盖物，让阳光透进菇场，增加热源，提高菇床温度，促进菇蕾顺利形成。菌袋较轻的要补水或注水调节其含水量，保持适宜的湿度。菇棚的薄膜要罩盖严密，同时注意减少通风次数，缩短通风时间，杜绝外界恶劣环境的直接侵袭。寒冬腊月，有条件可采取用温室蒸汽加温催蕾，蓓蕾如珠，效果显著，可明显提高经济效益。

3. 春季香菇管理

春菇发生在3月至6月上旬，气候干燥、多风，温度变化幅度大，要控制好温度和湿度。春季出菇期管理应抓好以下三点：

第一，经过秋季的出菇及越冬管理，这时的香菇菌袋失水多，水分不足，菌丝生长也没有秋季旺盛，管理的重点是给菌袋补水。同时，通过补水、降低空气相对湿度，人为地拉大了菌袋表面的干湿差，以刺激菇蕾的形成。

第二，加强通风：菌袋补水后的保温养菌。该期间，每天要通风1～2次，每次1～2h，遇阴雨天可适当延长通风时间。

第三，早春要注意保温增温，通风要适当。一般可在喷水后进行通风，要控制通风时间，不要造成温度、湿度下降超出适当范围。菌袋补水后适当拉大温差，通过揭盖塑料膜拉大棚内温差，使香菇菌丝由营养生长阶段再次进入生殖生长阶段，诱发菌袋形成更多的菇蕾。图2-99所示为春季的香菇。

图2-99 春季的香菇（彩图）

(五) 香菇菌棒补水

1. 补水的原因

采过几批菇后，菌袋重量明显下降，子实体形成受到抑制，如不及时浸筒补水，产量就会受到影响。为使菌丝尽快恢复营养生长，加速分解和积累养分，奠定继续长菇的基础，就必须及时补水。补水能快速见蕾的原因有五个：一是水温低于袋温，造成温差刺激；二是补水造成机械刺激；三是补水后短期缺氧，起到刺激原基形成的作用；四是排除菌丝生长发育中所产生的代谢物及废气，有利于菇蕾发生；五是补充在发菌期间散失的水分，达到菌袋含水量适宜，以利于出菇。

2. 补水的时机

头茬菇一般不用补水，若菌袋失水过多，菌袋含水量下降40%以下或重量减轻1/3，可适当补水。

3. 补水的方法

常用的方法一般为：注水法和直接浸泡法。

(1) 注水法

① 注水法特点　菌棒破损少，棒内营养不易外渗流失，水分容易控制，出菇较均匀。

② 注水方法　注水时把注水针插入香菇菌棒内，借助喷雾器压力把水输入菌棒内，达到补水目的。注水针插入深度约占菌棒长度的3/4，不宜透底，以免注入

的水分流失。一般常见的注水针有两种，一种手柄处有开关，一种手柄处没有开关，开关的作用就是防止注水针抽出菌棒时有水喷出。针长一般有 25cm、28cm、33cm、38cm 几种规格，直径 0.5cm、0.6cm，根据菌棒长度进行选择，不能长于菌棒。

③ 补水注意事项　在种植香菇的过程中，菌棒的注水问题是一大难题。菌棒注水太早，会不出菇；太迟，菌棒又会缺水，菌丝活力减弱，出来的菇会偏小偏少。注水太重会烂棒，太轻又不太会出菇。菌棒注水要注意以下几点：

一是看天气。补水最好在变天前后进行，补水后有 3～5 天晴天。补水后必须在适宜的出菇温度范围，若温度不适宜，补水后不仅不会出菇，而且会导致菌丝缺氧、死亡、烂棒。

二是水要清洁，水温一般要在 16℃以下，水温要比菌棒的温度低 5℃以上。

三是菌棒要成熟。采收后菌棒养菌成熟后（菌棒恢复硬度，菇脚坑转为红褐色）才能开袋或注水出菇。如果菌棒不成熟，过早注水，菌袋温度、透气性急剧变化，干扰促熟管理，往往会严重推迟出菇时间，更严重的会烂棒、烂心，最终导致较大的损失。

四是根据菌棒的质量。一般来说 16cm×60cm 的袋子，棒做好后质量约 2.5kg，养好菌后菌棒质量是 2.1～2.3kg，应出菇后再注水。如菌袋失水严重，养好菌后质量低于 1.9kg，宜先注水再出菇。

五是注水的轻重。在种菇过程，注水的轻重是很关键的。补水要把握好质量决不能超过原菌袋的质量，第一次补水应为菌袋原质量的 85%，宁少勿多，以后每次注水应为上茬菌袋质量的 80%。

六是注水的次数。我们通过多年的实验，一个菌棒从出菇到结束注水次数为四次或五次，甚至更多，每注一次水就出一潮菇。所以，只要合理安排好注水，菌棒的产量会很高。

七是在注水过程中要注偏针或斜针，不要将水一次性注入菌棒中间部分，注水的同时若适当地对菌棒进行振动，能促进出菇。

八是若不出菇不要强行多次注水，含水量过大会影响菌丝呼吸，容易造成烂袋。一旦注水过多就要刺孔增氧并释放多余水分。菌袋不成熟，如果过早注水，菌袋温度、透气性急剧变化，干扰促熟管理，往往会严重推迟出菇时间。一般注水后 5～7 天便会有菇蕾大量发生，出菇快而且整齐，出菇期集中。

九是注水后将菌棒翻个，水分在菌棒中分布更均匀，整个菌棒更容易出菇，出菇更均匀。

十是在注水时双膜和单膜要有所区别。双膜水分不易流失，水压要大，注水要快，少注水，头两次注水一般都用四根针，6000 棒 3 人 1h 就可注完水。越往后，菌棒保水性越差了，注水时间越长，到第三茬以后上八根针，6000 棒 3 人 2～3h 可注完水。

注水针见图 2-100，大棚内注水见图 2-101。

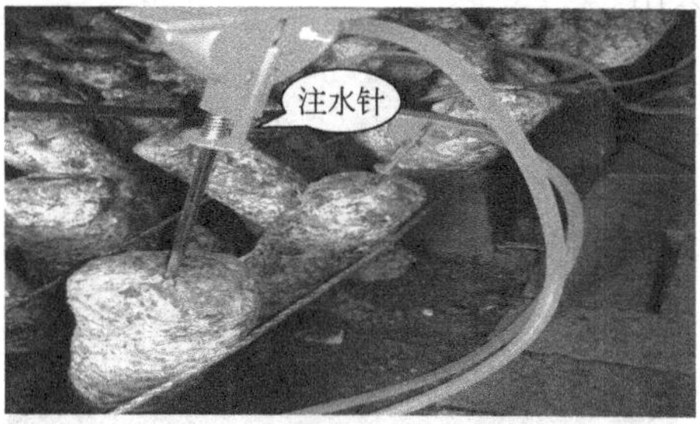

图 2-100 注水针（彩图）

图 2-101 大棚内注水（彩图）

（2）直接浸泡法　直接浸泡法为传统方法，补水均匀透心、吸水快、出菇集中，但劳动强度大、菌棒易断裂或解体，具体方法如下。

用 8 号铁丝在菌棒两端打几个 10～15cm 深的孔洞，然后按失水程度分别搬离菇床，整齐排叠于补水沟内加盖木板，用石头等重物紧压，再把清水灌进沟内，以淹没菌棒为宜。鉴定菌棒是否吃透水，可用刀将菌棒横断切开，看其吸水颜色是否一致，未吃透的部分，颜色相对偏白。补水时间，第一次 2.5～3h，以后每次递增 0.5～1h，通常要浸 4～5 次，最后 1～2 次的浸棒时间需 8～12h。

二、夏季冷棚地栽

脱袋覆土栽培地栽香菇，菌棒覆土后，不易感染杂菌，能充分吸收土壤中的水分和营养，可减少菌棒补水的烦琐工序，解决了北方夏季高温季节不产鲜品香菇的问题，具有很好的推广价值。下文介绍一下它的技术要点：

1. 搭建出菇棚

出菇棚应选生态环境好、空气清新、水质优良、昼夜温差大，地势平坦且排灌方便、交通便利的地方。为保证夏季高温季节里长好香菇，最好选择海拔 600m 以上的地区作栽培区。反季节地栽香菇出菇季节从 5 月初开始至 11 月结束，其间要经过炎热的夏季，要降低温度并保证遮阴。经过生产实践证实，外层高架遮阳网的双层出菇棚能达到这种效果，遮阴度要八阴二阳。出菇棚规格一般长 35m、宽 6.4m、脊高 2.5m、前后檐高 1.8m，四围底部用塑料布做成距地面 30cm 高的围子（当揭棚膜通风时，可缓解通风对菌棒的直接影响），棚外开排水沟。棚外可采用多种方式遮阳：一是双层遮阳网结构；二是一层塑料布上面悬挂一层遮阳网，两者间距为 1m，如果天气太热可在塑料布上面再覆盖一层遮光度 90% 的遮阳网覆盖。每个出菇棚内设置两排微喷管路，每隔 2m 安装一个微喷头。

一般每个小区有12个出菇棚，作业主道4m，两侧各6个出菇棚，两侧6个棚间距为2.0m。每10000个菌袋养菌占地面积约150m^2，每8000个菌袋出菇占地约1亩。

出菇棚规格见图2-102，出菇小区见图2-103。

图2-102　出菇棚规格（彩图）

图2-103　出菇小区

2. 做畦、备土

按南北走向做畦，四排畦床宽分别为80cm、160cm、120cm、80cm，畦深6～8cm（图2-104）。一般三排过道四排畦床，畦床间距50cm，长因棚而异。可在通道上安装2排微喷管路，每隔2m安装一个微喷头，以利保湿降温。菌棒下地前，所选地块首先要曝晒2～3天，然后每平方米用0.25kg石灰撒施表面，浇透大水后备用。

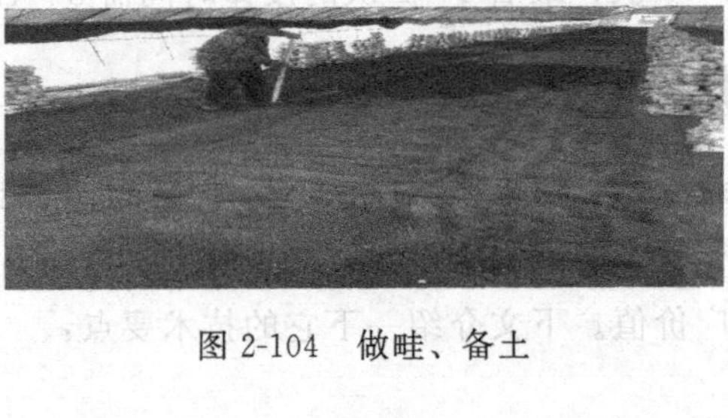

图2-104　做畦、备土

选择沙壤土、山土为覆土材料，含沙量以40%为宜，单独的细沙、黏土不宜采用，覆土量按每1000棒500kg准备。摆袋前先在畦床底部铺2cm厚在烈日下曝晒2天的沙土，既隔离杂菌又防止底部积水造成烂棒。

3. 将菌袋由发菌棚运到出菇棚“炼棒”

菌袋进棚后，不要急于脱袋，要像在室内养菌一样叠放在畦床上，继续养菌，进行“炼棒”（即利用早晚温差大的环境对菌棒进行适应性锻炼培养），适应7～10天。在此期间要经常检查堆温并及时翻堆，特别是温度突然升高时，要将菌袋由三袋“井”字形改为两袋“井”字或三袋“三角形”，同时降低层数，铺开疏散。经过一段时间培养（随气温高低有长短），菌丝渐渐成熟、转色、现原基并有弹性时，就可以排场脱袋覆土。未生理成熟的菌棒较疏松没有“筋骨”，易断袋，很容易被杂菌侵染，不易形成菇蕾，影响产量，偶尔生菇采摘时还会带下培养基，造成伤痕，给杂菌以可乘之机，最好不要下地。

菌袋运输见图 2-105，菌袋“炼棒”见图 2-106。

图 2-105 菌袋运输

图 2-106 菌袋“炼棒”

菌袋运输时要注意轻拿轻放，否则容易造成“惊蕈”，致使脱袋后立即形成密密麻麻的脱袋菇（俗称“胎菇”）。脱袋菇由于个体多，营养跟不上，只能形成个小、肉薄的等外菇，作为普通菜菇上市。

4. 脱袋、排袋

选择晴天上午，用锋利刀片在袋底端呈“Y”字形切割（图 2-107），翻转后将袋脱下（图 2-108）。雨天、大风天、高温天不宜脱袋，气温 15～25℃较好。

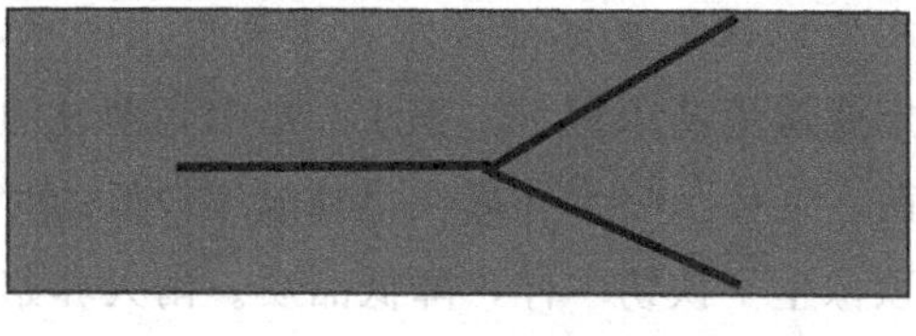

图 2-107 “Y”字形切割

脱袋前先用大水将地面浇透，将成熟的菌棒接种点向上横卧于沙土上，菌棒间隔 1.5cm，菌棒之间的空隙用沙土填实，填充高度到横卧菌棒高度的 3/4 处，露出 1/4 处不与沙土接触，使香菇集中在上 1/4 部位出菇。菌棒摆放完毕后浇一次大水，将菌棒上部沙土冲洗干净，加强菌棒与土壤的紧密接触。每个长 35m、宽 6.4m 的出菇棚内按 2 排、4 排、3 排、2 排的方式进行摆放，可摆放菌袋约 3000 个。图 2-109 为排好的袋。

脱下的废筒袋不要乱扔，以免造成环境污染，要将其每 100 只一把扎好集中存放，卖给专门回收废塑料的厂家或收购商打包运回后重新加工成塑料粒。菇农一般可收回 1/3 的新筒袋成本。

5. 出菇管理

（1）春夏期出菇管理（5～6 月） 第 1 批菇（图 2-110）出菇时间在 5～6 月，雨季湿度大，温差大，对子实体分化有利。此时白天将拱棚上的薄膜放至腰间，傍

图 2-108　脱袋（彩图）

图 2-109　排好的袋（彩图）

图 2-110　第 1 批菇（彩图）

晚掀开薄膜，结合喷水增湿降温，保持温度 10～25℃、湿度 85%～90%、散射光、良好通风，经过 3～5 天的连续刺激，菌棒表面就会形成白色裂痕，发育成菇蕾。菇蕾形成后除了正常的管理外，应及时疏去多余的菇蕾，每袋只留 6～8 朵。如果小的不去掉，那么所有的菇都将是朵形小、菇肉薄的菇，上市价格很低。

在菇成长期间喷水要以饮用水标准补水，严禁使用污水，喷水要做到干湿交替，菇床不积水。一定要避免菇床积水，积水会影响到菌丝的呼吸及代谢，菌丝变弱，产量下降甚至退菌、烂棒。喷水选择在早晚温度较低的时候，如果在中午高温时喷水会造成菇盖红顶像生了铁锈一样，降低品质。雨天养菇要覆盖好薄膜，防止雨水滴落到棒和菇上，同时要保持菇床通风，减少长柄菇。

第一批菇采收完毕后，停止喷水，要大通风一次，晴天 2h，阴天 4h，进行7～10 天的休菌。待菌棒含水量降低，表面菌皮变硬，采摘头茬菇留下的伤口恢复至红棕色，再喷大水一次，重复上面的出菇管理措施，准备出第二潮菇。第二潮以后，随着菇的数量的减少，增加喷水次数进行补水，使水分充分补充。补水一般掌握“宁少勿多”的原则，以菌袋内培养料含水量达 55%为宜。

(2) 越夏期出菇管理（7 月）　当菌棒长 3～4 潮菇后，已进入 7 月份，一年中最热的月份，管理以降低菇床温度为主，结合“惊蕈”，促进子实体发生。

菇床降温的办法：一是每天利用微喷对空间多次喷水催菇（图 2-111）；二是加盖遮阳网；三是早晚低温时通风，中午气温高时关棚盖膜；四是沟内灌山泉水至菌棒的底线，降低菌棒温度。

采用人工“惊蕈”催菇的具体方法是：在夜间用竹片绑塑料拖鞋轻轻拍打菌棒（图 2-112），使菌袋表皮震伤，菌丝断裂，赶走杂气，使氧气进入，通过温差和干

图 2-111 微喷催菇

图 2-112 拍打催菇（彩图）

图 2-113 越夏期出菇

湿刺激，促进菇蕾发生。注意要轻拍菌棒，拍得太重容易造成出菇多而密、小而薄。

要特别注意催菇在27℃以下进行，当日平均气温超过27℃时采用人工惊蕈的方法催蕾，菌棒代谢大为加快，消耗大量养分，不但催不出菇蕾，反而加速了菌丝生长势的衰退，容易引起后期烂棒死菇现象的发生。

越夏期出菇见图2-113。

（3）早秋期出菇管理（8～11月） 早秋期的特点是气温由高到低，温度一般在20～30℃，非常适合香菇的发生。早秋降雨少，空气湿度小，要做好补水保湿工作。经过越夏，菌棒含水量有所下降、发生收缩，菌棒之间会产生裂缝，要及时用沙土把裂缝抹平。用小铁钉结合拍打催蕾钉入菌棒0.5～1cm深处，然后通过喷水补充菌棒含水量，拉大温差、湿度差刺激菇蕾的发生，3～4天后，菇蕾就会形成，此时要增加空气湿度，每天早、中、晚喷水2～3次。控制温度，早晚通风2次，促进子实体的发育。此期间注意温差大，菌棒会自然出菇，不要“惊菌”，否则会大量现蕾，菇蕾密而小、质量差。早秋期出菇见图2-114。

（4）间歇期（见图2-115）管理 当菌棒上的香菇数量占这潮菇出菇数量的15%以下时，就要进行转潮管理了。因为每出一潮菇，均要消耗掉较多的养分，应让菌丝休养生息，蓄积养分，准备下潮菇出菇。所以采完一潮菇后不要急于喷水、催蕾，反而要停水、加大通风、降低菇床湿度、适当提高地温，让菌丝恢复生长、积累养分。一般7～10天，待采菇凹陷处的菌丝已恢复并长出，而且变红，可喷一次水催菇，进入下潮菇管理。

图 2-114 早秋期出菇

图 2-115 间歇期

(5) 出菇时常见的问题及防治方法

① 底部长菇（图 2-116） 又称地雷菇。主要原因：菌棒底部覆土不实，使新鲜空气进入；震棒时拍打过重，菌棒下、左、右三面与覆土脱离。解决方法：取出菌棒，清除底部长出的香菇后放回原位，把菌棒之间和两端的缝隙用覆土填满，填不满的间隙用水冲实后再次填土即可。

② 不出菇 主要原因是菌皮硬厚、光照太强、湿度不够。解决办法：对菌皮硬厚的菌棒在近傍晚时间用木板轻拍菌棒表面。菇棚顶上加厚遮阴物，减少强烈光线照射，勤喷井水、降温。

③ 出菇菇蕾太多（图 2-117） 主要原因是拍打菌棒太重，出菇太多太密，菇小而薄，优质菇率少，商品价格低。解决办法：轻轻拍打菌棒。

图 2-116 底部长菇

图 2-117 出菇菇蕾太多

④ 菇床地碗菌 地碗菌（图 2-118）俗称“假木耳”，地面上长出一层质地如木耳的碗状肥嫩子实体，常发生在香菇等食用菌的菇床上，大量消耗培养料中的养分使香菇发生数量少，影响产菇量。

主要原因：菇房湿度大、通风不良的情况下，该菌极易发生。

解决办法：选择地势高、通风好的栽培场地，防止畦面积水；覆土要慎重，选择未被污染的地方取土，进行消毒处理；及时检查菇床，当发现地碗菌发生时，应立即挖出并填补经过消毒处理的新料，以防止此菌的蔓延；无菇时对染病处喷洒0.2%的漂白粉，可有效控制病菌的再生和蔓延。

⑤ 烂棒 主要原因：覆土未做消毒处理，土壤中存在的各种杂菌侵入菌袋；喷水太多导致菌丝不能及时获得氧气，代谢活力下降，杂菌乘虚而入。

解决办法：争取每年换新沙土，做好晒棚工作，摆袋之前撒石灰，并对覆土进行消毒处理，要注意水不要喷得过大。

⑥ 利用黄板、捕虫灯防治菇蝇 参照平菇黄板、捕虫灯防治虫害的方法设置黄板、捕虫灯，可以有效防治菇蝇（图 2-119）。

图 2-118　地碗菌

图 2-119　黄板、捕虫灯的应用

三、高棚层架花菇栽培

这种出菇法常可提高花菇率和经济效益。花菇是菌盖上带有白色龟裂纹的香菇，是在特定环境条件下形成的一种特殊畸形菇。龟裂纹越多、越深、越宽、越白越好。不脱袋层架分为有保水膜和无保水膜两种，有保水膜的不用割孔，菇自然长出，无保水膜的需要割孔。高棚层架花菇栽培有顺季和反季两种，顺季一般 2～3 月底生产菌棒，夏季高温来临之前转色结束越夏，8～11 月以及来年 4～6 月出菇。反季栽培一般上一年 10 月中旬至 11 月中旬进行菌棒生产，5～10 月出菇。下面以北平泉村为例，介绍一下高棚层架花菇反季栽培技术要点。

1. 生产设施

（1）发菌棚（图 2-120）　一般南北向建发菌棚，长度以 60m 为宜，棚宽 11～16m，边高 1.5m，矢高（拱形结构最高点到拱底的高度值）3.8～4.5m，棚间距 2～4m。发菌棚覆盖物为两层塑料膜，中间保温材料为岩棉或棉被；棚头材质为空心砖墙或苯板墙，一侧留门；棚顶安装无动力通风器。

图 2-120　发菌棚

（2）出菇架（图 2-121）及雾化喷淋（图 2-122）　用直径为 12mm 的螺纹钢弯制焊接出菇架，出菇架 7 层，层高 0.2m，宽 0.85m，层间距 0.35～0.40m。用 5cm 钢管焊接架头，架头的结构与出菇架相同。每个棚内铺设 3～4 条雾化喷淋。

（3）出菇棚（图 2-123）　出菇棚由六根不锈钢管弯制而成，棚宽 7.50m，矢高 3.00m，边柱高 1.0m，棚长 58m。棚内摆放 4 排出菇架，操作道 5 排，单排宽 0.9m，可放置 2 万棒。棚门可以采用内外两门交错设计方式安装，通风时起到缓冲作用（图 2-124）。

图 2-121　出菇架（彩图）

图 2-122　雾化喷淋（彩图）

图 2-123　出菇棚

图 2-124　两门交错设计

为了提高反季栽培效果，目前可在棚上搭建连片遮阳网（图 2-125）和双层拱棚（图 2-126）。

图 2-125　棚上搭建连片遮阳网

双层拱棚的建造：

双层拱棚的出菇棚由两层拱架组成，内外棚间距 100cm。外拱棚为遮阳棚，外覆遮光率 90％以上的遮阳网。外拱棚规格长 60m、宽 10m、顶高 4.0m、拱架间距 100cm，采用 12 螺纹钢焊制而成。内拱棚为保温保湿棚，外覆普通塑料膜。内拱棚长 58m、宽 7.5m、高 3.0m、拱架间距 100cm，采用 6 分镀锌管弯成。双层拱棚的组合兼顾了香菇生长过程中所需要的一定的遮阳和生长中对温度及湿度的动态需求，特别是在炎热的夏季对香菇生长极为不利的环境条件下，双层拱棚创造了较好的生长环境。

图 2-126　双层拱棚

（4）风机水帘幕应用　风机水帘幕是特种养殖业和园艺种植业采用的一种降温设施，把它引入到香菇生产中为香菇生长创造适宜的环境条件提供了灵活高效的控温手段。

第一，降温作用。

风机水帘幕由两部分组成，一个是 1.1kW 的电机和风扇组成的引风机，另一个是由硫酸纸组成的水帘幕。安装时，把两部分分装在大棚的两端，在水帘幕的一侧同时配备三个水桶或水池，内放一个 300～500W 的潜水泵，将管道与水帘幕的进水口、出水口相连。辽宁地下水温度常年稳定在约 15℃，通过潜水泵把 8～12℃的水引入到水帘幕中，让水均匀缓慢地流下，形成水帘；在另一端的引风机的作用下，空气从水帘幕的空隙中通过，水会带走空气中的大量热量，从而使空气降温，降温后的空气平流过出菇棚，达到使整个出菇棚降温的效果（水帘降温系统见图 2-127）。

图 2-127　水帘降温系统（彩图）

图 2-128　送排风系统（彩图）

第二，换气与调温作用。

出菇棚两侧的塑料膜是封闭的，整个出菇棚内只有两端内外相通，风机水帘幕的运转可以有效地更换出菇棚内的空气，提供足够充分的氧气（送排风系统见图 2-128）。同时风机水帘幕也可高效地调节出菇棚内的空气相对湿度，进而控制香菇子实体的干湿度，提高香菇子实体品质，提高产品的市场竞争力。

2. 上架

在保证菌棒已达到生理成熟、气温连续下降，并稳定在17～21℃的情况下可以考虑排场上架。上架时间一般安排在8～9月气温较低的季节，选择阴天或晴天上午进行，上架3～5天后即可出菇。菌棒生理成熟后及时脱袋排场（有保水膜的只要脱去外袋即可），每袋间隔15cm摆上出菇架。上架（图2-129）时要将含水量低的移到地面近层架，含水量适中的放在中间层架，含水量高的移到上面层架，以便今后的出菇管理。如果菌袋已经有菇蕾，有菇蕾的袋面向上，只保留上面和左右两侧的菇蕾，用按压或剔除的方法清除袋底部菇蕾，防止生成畸形菇消耗菌袋中的营养。

图2-129　上架

3. 催蕾

在花菇栽培中，充分抓住和利用有利于花菇成花的晴朗天气是非常重要的。如何使菇蕾在适宜花菇形成的好天气（即连续5天以上晴朗天气）来临前发生，并长至适当的成熟度，是高棚层架栽培花菇技术的重要环节之一。催蕾包括头潮菇的催蕾和采收后的催蕾，其中头潮菇的催蕾尤为重要。一般头潮菇出得好，以后每潮菇蕾出得就比较容易，可以根据具体情况采用以下几种方法：

（1）利用温差　香菇属于变温结实型菌类，出菇需要一定的温差刺激才能形成菇蕾，要求昼夜温差在10℃以上。具体操作方法是：白天盖上薄膜，使温度高出日平均气温3～4℃，夜里揭膜使温度下降，力争使温差达10℃以上，棚温控制在10～25℃，连续3～5天，促使出菇。

（2）利用注水　层架花菇栽培头潮菇对水分偏低的菌棒要在催蕾前给予补充水分，依据菌棒自身重量确定注水多少，注水重量一般为0.3～0.5kg，用于注水的水温一定要比菌棒低5℃以上。注水见图2-130。对个别含水量过高的菌棒必须进行排湿增氧以达到合理的含水量。

（3）拍打等机械振动刺激　对前两种方法还未出菇的菌棒可用此法，即通过搬动、调翻层次、拍打等。拍打时可用木板拍打菌棒，或用两根菌棒互相拍打，促使香菇菌丝末端断裂来形成新菌丝以达到出菇目的。催出的菇蕾见图2-131。

4. 割膜育蕾（无保水膜）

有保水膜的菇蕾自然出菇，无保水膜的则需要割膜出菇。以幼菇蕾长到1.5～

图 2-130　注水

图 2-131　催出的菇蕾

2.0cm 时割口较为适宜。

用小刀片沿菇蕾四周 3～5cm 处环割 2/3～3/4，只割透菌袋表面的薄膜，不割掉菇蕾上面的薄膜，让菇蕾在生长中顶开薄膜。环割时，要防止刀尖划伤代料，损伤菌丝。要剔除多余菇蕾（见图 2-132）和畸形菇蕾，每个菌袋均匀保留 3～8 个圆顶、肥壮的菇蕾。育蕾期的温度为 8～20℃，湿度为 80%～90%。

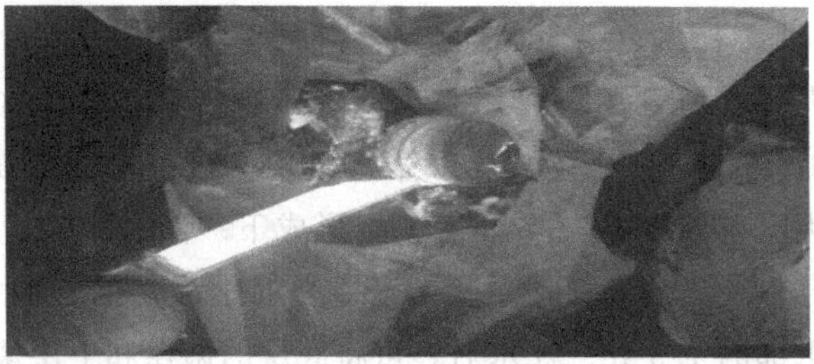

图 2-132　剔除多余菇蕾

刚割袋的菇蕾和直径小于 2～3cm 的幼菇尚处于十分娇嫩的阶段，必须进行保温保湿育蕾。因此，经过割膜的菌棒要放下薄膜，待菇蕾长至直径 2～3cm 再进行催花管理。

5. 催花（图 2-133）

图 2-133　催花（彩图）

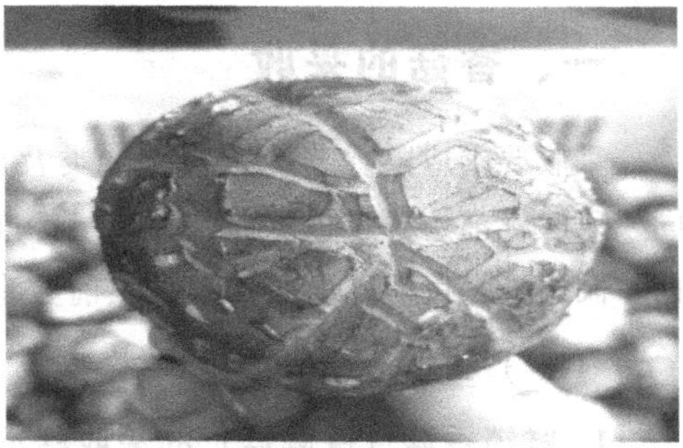

图 2-134　采收的花菇（彩图）

适宜花菇形成的湿度为 50%～68%，最佳湿度为 50%～55%，温度为 8～22℃，最佳温度为 12～16℃。棚内最高温度应在 20℃左右，同时又有 10℃以上的昼夜温差，适宜花菇生长发育和裂化。

如在严寒季节，日最高温度在10℃以下，可将荫棚上的遮阳物移开或开天窗，促使日照透入菇棚内来提高棚内的温度，保证花菇形成所需的温度。如菇棚内温度、湿度过低，可下降出菇棚四周的塑料膜来增温保湿；反之升膜来降低棚温，以达到逆向作用。风速一般只需2～3级的微风，如果风力过大将会使菇面水分蒸发加快，使得还未长大的小菇蕾干枯，成为菇丁。在5～12℃的低温条件下，花菇生长缓慢，菌盖厚，柄短，品质上乘。

6. 采菇

温度适宜时从出菇管理到采收一般需要8～12天，温度高时需要6～8天。花菇须选择适宜天气采摘，当遇上阴雨天气来临前、湿度过高时，对洁白的花菇应适当提前采摘，以免因高湿使白花菇变成茶花菇甚至厚菇，使花菇品质下降。采摘时注意不要把小段菇柄残留在菌棒上，以免菇柄腐烂引起菌棒污染霉菌。采收的花菇见图2-134。

7. 间歇期养菌、补水、下潮出菇

每采收一茬菇后，菌袋要休养15～20天，停止喷水，保持20～25℃、相对湿度75%～85%、暗光、适当通风。待采菇穴出现白色菌丝时表明菌丝恢复正常，再采取注水、拉大温差催蕾，5～7天后就会形成下一潮菇，然后进行正常的出菇管理即可。架子菇一般出一潮菇，注一次水，为了让水分在菌棒中分布得更均匀，可将水注在菌棒上部的1/3处。注水后，可将底层的菌棒和上层菌棒互换。另外注射架子菇的针要长些，因为架子菇的水分不往菌棒另一端渗。具体注水操作方法可参考立棒香菇补水。

第六节　香菇的采收、保鲜与加工

一、香菇的采收

采收要求应随香菇的等级、种类及用途（如鲜销、制罐及干制）的不同而不同，采收标准主要是根据商品的质量标准来确定的。最好在天气晴朗的早上采摘香菇，阴雨天尽可能不要采摘。采收前数小时不能喷水，以减少菇内含水量。

（一）采收标准

1. 鲜销香菇（保鲜菇）的采收标准

对于现采收现销售的鲜菇来说，应掌握在菌盖将展开，边缘尚有少许内卷，呈铜锣边，菌褶已完全张开，孢子尚未正常弹射的八分成熟时采收。若是外销出口的保鲜菇，因采收后尚须保鲜加工，还要包装、运输等，应当在比上述标准时期更早一些（约六分成熟）、菌膜未破的时候采收。

2. 干制香菇的采收标准

子实体长至七八分成熟，菌盖边缘仍向内卷呈铜锣边状时是采收适期。这时的子实体菌盖厚、质地紧、口感滑润。当菌盖展平时表示已过熟，这一时期的子实体菌盖变薄，纤维质增多，质地变松软，品质下降，质量也变轻。

（二）采收方法

香菇的采收以不损坏原有基质、保持子实体的完整为原则。采摘时，用拇指和食指紧握菇柄，左右旋转使菌柄与基质脱离，不要用力往上拔，以避免将整块基质带起（见图 2-135）。

鲜菇采下后应用小箩筐或小篮子盛放，下衬塑料布或纱布。轻放，不能挤压，以保持鲜菇完整，采收时还应注意手只能接触菇柄，不能擦伤菌褶及菌盖边缘。

采收的鲜菇见图 2-136。

图 2-135　采菇（彩图）

图 2-136　采收的鲜菇

二、香菇的保鲜

香菇的保鲜方法有冷藏保鲜、速冻保鲜等，常采用冷藏保鲜的方法，一般要修建冷库，容量在几吨到几十吨，冷藏保鲜温度为1～4℃。

1. 脱水冷藏保鲜

香菇采收前10h停止喷水，七八成熟时采收，精选去杂，切除柄基，根据客户要求标准分级，然后将香菇菌褶朝上摆放在席上或竹帘上，置于阳光下晾晒，秋、春季节晾晒约3～4h，夏季阳光强晾晒1～1.5h。晒后的香菇脱水率为25%～30%，即100kg鲜香菇晒后为70～75kg。这时手捏菇柄有湿润感，菌褶稍有收缩。将香菇分级、定量装入纸盒中，盒外套上保鲜袋，再装入纸箱中，于0℃下保藏。

2. 密封包装冷藏保鲜

鲜香菇经过精选、修整后，菌褶朝上装入塑料袋中，于0℃左右保藏。一般可保鲜15天左右，适合于自选商场销售。

冷库贮藏的鲜菇见图 2-137。

图 2-137　冷库贮藏的鲜菇

三、香菇的加工

1. 自然晒干

晴天采收后，应及时分级、修剪、去杂并置于通风处的晒席或网筛等晒具上将菌褶朝上晒干，一般 3～4 天可以完成干燥（图 2-138）。

图 2-138　自然晒干（彩图）

图 2-139　烘干香菇（彩图）

2. 烘干

烘干的工艺流程：采收→剪柄去杂→分级→烘筛上晾晒 24h→进干燥机烘烤→成品分装。用香菇干燥机干燥应分为三个阶段控制烘烤温度。

第一阶段：先使机内温度降低，一般为 36～40℃，再摆放鲜菇，菇体受热后，逐渐调至子实体的表面干燥温度 45～50℃，机内湿度达近饱和状态，及时采取最大通风量使水蒸气迅速排出机外，这样可固定菌褶直立不倒伏。此时，应控温 36℃大约 4h。

第二阶段：子实体内脱水。待菇形基本固定后，将烘烤温度由 36℃逐渐提高到 50℃，以后每小时提高 2～3℃，待机内相对湿度达到 10%，维持 10～12h。技术关键是控制温度稳步上升到 50℃后必须恒温，否则将会造成菌褶倒伏，色泽不亮。同时，应及时交换干燥筛的位置，使其干燥一致。

第三阶段：为整体干燥阶段。50～55℃干燥 3～4h 烘干至八成时，再次 58～60℃烘烤，直至烘干至含水量小于 13%。代料香菇的转干率，一般为（9～10）：1。一般在 15℃、相对湿度 50%封袋遮光保存。烘干香菇见图 2-139。

第七节 香菇栽培中的常见问题和处理措施

香菇栽培过程中，杂菌主要有木霉（图 2-140）、链孢霉（图 2-141）等；虫害主要有蚊类、耳蝇、螨类等；常见的病害有生理性病害和侵染性病害，生理性病害如荔枝菇、连盖菇、长柄菇等，侵染性病害如褐腐病、细菌性斑点病（又叫褐斑病）、病毒病等。在防治上要遵循“预防为主”的原则，采取物理防治为主的防治措施。在把有害的生物体控制在最低状态采取化学防治时，要选用无公害药剂科学用药。香菇杂菌和虫害的防治可以参照平菇，下面主要介绍香菇常见病害的防治。

图 2-140 木霉（彩图）

图 2-141 链孢霉（彩图）

一、发菌阶段的病害

1. 香菇菌袋退菌

（1）症状 在香菇养菌期菌丝由白变黄，菌袋内菌丝生长的部位变为木粉原色。此症状是由于养菌期温度在 35℃以上、菌袋翻堆次数不够造成的。

（2）防治方法 避免高温季节制袋培养。培养期长的菌棒要进行打孔增氧处理。

2. 菌棒转色太淡或不转色

（1）表现 菌棒黄褐色。

（2）原因 一是菌龄不足，脱袋过早，菌丝生理没有成熟。二是菇床保湿条件差，湿度偏低，不符合转色需求。三是脱袋时气温偏高，喷水时间太迟，或脱袋时气温低于 12℃。

（3）处理措施 一是喷水保湿，结合通风，连续喷水 2～3 天，每天 1 次。二是检查菇床罩膜，修理破洞，罩紧薄膜，提高保湿性能。三是菌棒卧倒地面，利用地温地湿促进菌棒一面转色后再翻一面。四是若因低温影响的，可把遮阴物拉开，引光增温，中午通风；若由高温引起的，应增加通风次数，同时用冷泉水喷雾降温，中午将菇床两头薄膜打开，早晚通风换气，每次半小时。

3. 菌丝体脱水

(1) 表现　菌棒表层粗糙，手摸有刺手感，重量明显下降。

(2) 原因　一是发菌期菌袋受强光曝晒，或接种穴胶布脱落，袋内水分蒸发。二是脱袋时遇西北风或干热风袭击，菌丝细胞断裂，营养物质外流，菌棒表层干燥。三是栽培场地与菌丝体干湿相差大，多发生在旱地菇场，湿度小，菌棒水分被地面吸收。四是菇床薄膜保湿条件差，例如采用有破洞的旧薄膜，或罩膜不严、菇床内气流过畅而失水。五是通风不当，揭膜时间长，受干热风影响。

(3) 处理措施　一是加大喷水量，可用喷壶大量喷水于菌棒上，连续2天，达到手触不刺而有柔软感为度。二是罩严薄膜缩短通风时间，保持相对湿度为90%。三是灌“跑马水”于菇床的两旁沟内，增加地面湿度。

4. 菌膜增厚

(1) 表现　皮层质硬，颜色深褐，出菇困难。

(2) 原因　一是脱袋延误，菌龄太长，基内养分不断向表层输送，菌丝扭结，逐层加厚。二是培养料配方比例不当，氮源过量，碳氮比例失调，菌丝徒长，延长倒伏，转色后菌膜增厚。三是通风不当，脱袋后没按照转色规律要求时间揭膜通风，或通风次数和时间太少。四是菇场过阴，缺乏光照。

(3) 处理措施　一是加强通风，每天至少通风2次，每次1h。二是调节光源，菇场要求保持“三阳七阴”。三是拉大干湿差和温差，迫使菌丝从营养生长阶段转为生殖生长阶段。四是仿效“击木催菇法”，用棕刷蘸水，在菌棒表面来回擦刷，或用手捏筒，使菌丝振动撕断，裂缝露白，扭结出菇。

5. 菌袋吐黄水

(1) 表现　随着菌袋的逐渐成熟，菌袋表面会不断分泌黄褐色的水珠，俗称“黄水”。黄水含有一定的养分，如果长时间过量积累，极易感染木霉等杂菌，最终会导致烂袋，应及时处理。

(2) 解决措施　一是加强通风，避免黄水在缺氧的环境下滋生细菌，通风也能促使黄水蒸发。二是适当处理，用锋利的、经消毒的刀或针在黄水积累处刺孔（刺破塑料袋即可，不宜刺入菌丝体），使黄水流出。注意避免黄水流入菌袋的接种口内，也可以于淋水降温时将流出的黄水冲洗干净，但应避免水流入袋内。

6. 菌棒霉烂

(1) 表现　菌袋脱袋转色期间菌棒出现黑色斑块，手压有黑水渗出，闻有臭味。

(2) 原因　一是脱袋后气温变高，特别是雨天，通风不良，造成高温、高湿，引起杂菌滋生，危害菌棒。二是发菌期霉菌未及时检出，潜伏料内，脱袋后温湿度适宜而加快繁殖。三是脱袋太迟，黄水渗透入筒内，引起杂菌侵染；四是菇场位置过阴，周围环境条件差，气流不畅。

（3）处理措施　一是隔离另处，把霉烂菌棒集中于一个菇床上，地面撒上石灰粉。二是采取人工抠除结合药物进行防治，先用小刀将腐烂部分抠除，露出菌棒正常部位，不留任何腐烂物，然后用50%多菌灵稀释200～300倍液进行擦洗或涂抹局部受害处，能有效抑制烂筒。三是控制喷水，防止湿度偏高。四是增加通风次数，每天揭膜1次，保持菇床空气新鲜。五是菇棚四周遮阳物过密的，应打开南北向通风窗，使空气对流。

二、出菇阶段的病害

1. 生理性病害及防治

香菇生理性病害是一种非病原性病害，主要是由于环境条件不适宜而引起的。例如在子实体形成时，温度过高或过低、二氧化碳过浓、碳氮比过低、光线过弱、脱袋不及时等，都会造成各种畸形菇出现。

（1）荔枝状原基

① 病状　原基形成后呈圆锥状突起，似荔枝形，菌盖、菌柄不分化，或仅有很小的菌盖，无商品价值（图2-142）。

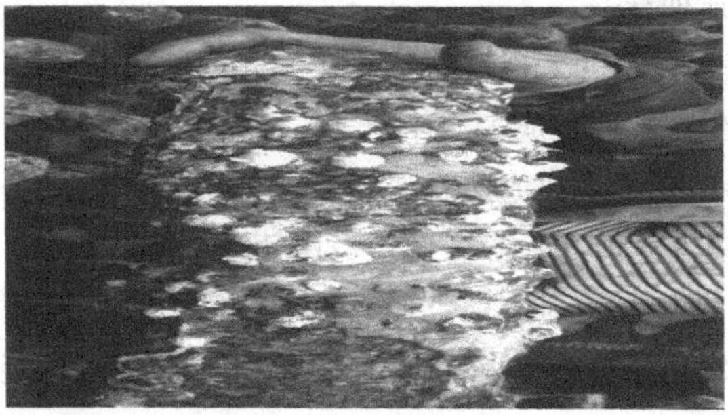

图2-142　荔枝状原基（彩图）

② 病因　高温型菌株菌龄未到，即生理不成熟，却遇低温而出菇；低温型菌株也是菌龄未到，即生理不成熟，却遇高温而出菇；培养料碳氮比值小，即氮源太丰富等原因，都会导致荔枝状原基。

③ 防治对策　调节好培养料的碳氮比，准确掌握菌株温型特点，安排好制种期，养足菌龄，使菌株达到生理成熟。即待培养料被充分分解，菌丝体长满料层，累积了丰富的营养物质，温度适宜时，再进行出菇处理。一旦发现有荔枝状原基，应及时摘除，以减少营养消耗。

（2）长柄菇

① 病状　菇柄伸长而菇盖缩小（图 2-143）。

② 病因　出菇菌棒摆放过密，光照弱，温度过高，二氧化碳过浓。

③ 防治对策　适当加大菌棒摆放间隙，增加光照量，加强通风散热散湿管理。

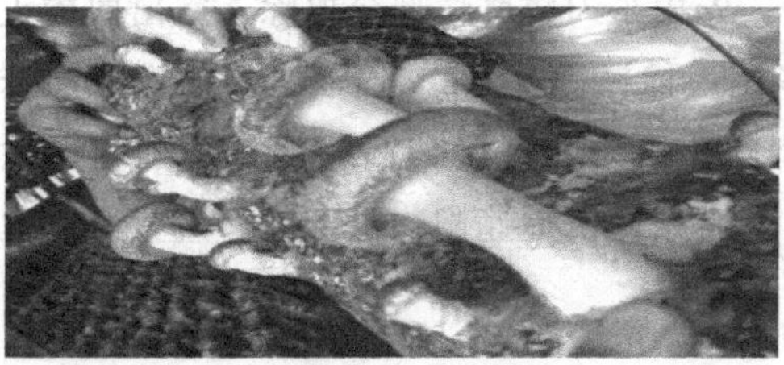

图 2-143　长柄菇

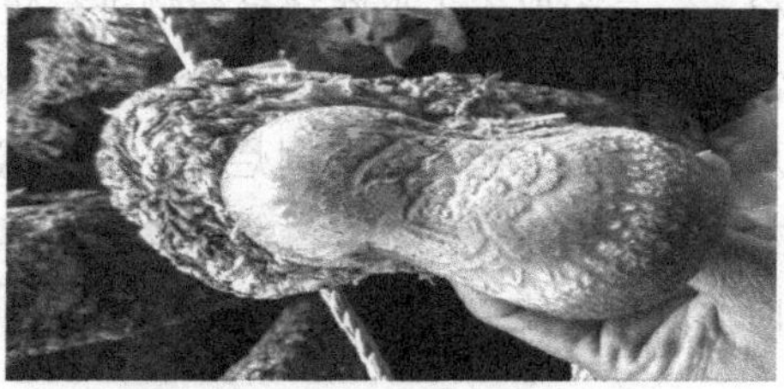

图 2-144　扁形菇（彩图）

（3）扁形菇

① 病状　菇盖扁平，不圆整，无鳞片，呈棕褐色（图 2-144）。

② 病因　菇棒未转色（或部分转色）先出菇，又未及时脱袋，而被袋膜挤压成各种形状的菇，如多边形菇、钟形菇、卷缩菇、扭曲菇等畸形菇。

③ 防治对策　当菌棒达到生理成熟后，如不到出菇温度，就不要给予机械刺激，防止早生菇。待转色达 50%以上，脱袋转色，再给予温差刺激，促进出菇。如发现有早出菇现象，就应及时脱袋，进行出菇管理。

（4）连盖菇和连柄菇

① 病状　原基形成密度大，有的丛生在一起同时分化生长，有的菌盖生长在一起，有的菌柄连生在一起，成为连体菇。

② 病因　菌棒未达到生理成熟就遇到强烈刺激，特别是水刺激过重，使原基密度过大，所以原基丛生分化后导致菌盖、菌柄连生。

③ 防治对策　菌棒未达到完全生理成熟不可给予强烈刺激，特别是不可给予水和温差刺激。如发现原基丛生，就应及时剥除以减少营养消耗。

（5）空心软菇

① 病状　菇柄空心、柔软，盖小，出菇过密而丛生。

② 病因　使用老化、退化菌种，菌丝生活力差，分解培养料能力弱，吸收利用养分不正常，导致菇体内细胞发育不良。

③ 防治对策　选用活力强、菌龄适宜的菌株。取用超低温（液氮）保藏菌株时一定要进行复壮处理，培养 2～3 次，达到正常生长速度时方可用于生产。

（6）拳状菇

① 病状　菇丛生，菇盖卷缩，菌柄扭曲，菇形似拳头状。

② 病因　由于装袋时松紧度不均，或打穴接种太深，使菌丝长势和菌丝成熟度不一，空隙大处菌丝先成熟而出菇，又受穴壁的限制无法使菌体各部位生长

正常。

③ 防治对策 装袋时要注意培养料的松紧一致，打穴不可太深、太大。

(7) 菇蕾萎缩

① 病状 在出菇初期，发生菇蕾萎缩、变黄，最终死亡，严重者成片死亡。

② 病因 在原基期、菇蕾形成期遇上干热天气，没有温差刺激，或浇水不当（即高温喷水），或农药过量，或采菇不慎，损伤旁边小菇，因而造成菇蕾死亡。

③ 防治对策 依据香菇的温型特性科学安排制种期，避免干热出菇；正确使用农药，高温期不向菇蕾上喷水。小于1.5cm的菇蕾对环境的抵抗力弱，注意加以保护。

(8) 袋内菇

① 病状 子实体被束缚在袋内，长不成形，即袋内菇（图2-145）。经过一段时间后，子实体感染绿色木霉，导致烂袋。

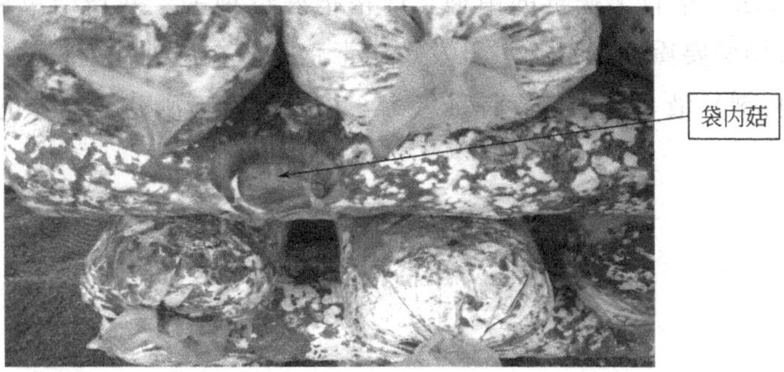

图2-145 袋内菇

② 病因 由于菌棒培养时翻堆次数太多，培养室温差太大，光线太强。

③ 防治对策 菌棒翻堆次数以3～5次为宜，发现袋内菇后，割袋将子实体连根拔除。

2. 侵染性病害的发生与防治

(1) 褐腐病 香菇子实体褐腐病是由细菌引起的，病原菌为荧光假单胞菌，在香菇的组织细胞间隙中繁殖引起发病。

① 发生与危害 褐腐病多发生在含水较多的菌袋上，在气温20℃时发病明显增多，气温降低后发病轻微，主要是通过被污染的水或者接触病菇和带菌的工具传播。受害香菇子实体停止生长，菌盖、菌柄的组织和菌褶变褐色，最后腐烂发臭。

② 防治方法 搞好菇场卫生和消毒，接触过病菇的手和工具要严格消毒，及时清除发生病变的菇体，然后用72%链霉素可溶性粉剂喷洒菌袋，杀灭潜藏在菌袋上的病菌，防止第二茬菇生长时复发。

(2) 细菌性斑点病（又叫褐斑病） 病菌形态主要有球形、杆状和螺线形3种，一般很小，仅几微米，有些具有鞭毛。细菌主要以裂殖法进行繁殖，菌落大小不一，形状各异，一般呈灰色。

① 发生与危害　病原细菌侵染子实体，会使菇体畸形、腐烂，菇盖、菇柄发生褐色斑点，纵向凹陷，成为凹斑。若病原菌侵染培养料，会使基料变黏并发出臭味。

② 防治方法　培养基灭菌时的温度和时间都要达到要求，接种时严格按照无菌操作规程进行。若发现病菌污染时可用次氯酸钙（含有效氯30%）稀释1000倍液喷施。子实体被侵染后，立即摘除，并喷液消毒，防止传播。

（3）香菇病毒病的发生与防治

① 发生症状　香菇病毒症的症状是在香菇菌丝生长阶段的菌种瓶、袋及栽培袋出现“秃斑”和退菌现象；在子实体生长阶段，一是出现畸形子实体，二是子实体早开伞、菌肉薄、产量低。

② 防治方法　培育无病毒的菌种，严格把好母种关。栽培结束后，对发生病毒较重的栽培场所要熏蒸消毒。一旦发现病毒感染，在患处注射稀释500倍苯来特（50%可湿性粉剂）液，并用代森锌稀释500倍水溶液喷洒菇场，防止扩大传染。

第三章 黑木耳栽培

第一节 概 述

黑木耳（*Auricularia auricula*），亦称木耳、光木耳（相对毛木耳而言也称光木耳）、云耳等，属于担子菌亚门、层菌纲、木耳科、木耳属。明代李时珍在《本草纲目》中记载："木耳生于朽木之上，无枝叶，乃湿热余气所生。"古籍上木耳又名树鸡、木蛾。木耳是一种大型胶质真菌，其子实体春、秋季生于栎、榆、桑、槐等阔叶树种的枯干或段木上，是特定的气候、生态、树种条件下大自然孕育的"精灵"。黑木耳是著名的山珍，可食、可药、可补，中国老百姓久食不厌，对其有"素中之荤"之美誉，世界上被之为"中餐中的黑色瑰宝"。木耳栽培历史悠久，是我国最早人工栽培的食用菌，也是人类最早人工栽培的食用菌。栽培区域遍布全国的 20 多个省、自治区、直辖市，产量为世界产量的 95%，其中以东北三省的黑木耳品质更优而享誉国内外。栽培黑木耳主要以农业和林业的副产物为栽培料，在温室、大地、林地栽培，菌糠可以直接还田，不仅生态环保，而且可以提高地力。东北短袋栽培黑木耳模式，每袋装填干料量为 0.5kg，浙江长袋栽培黑木耳模式，每袋装填干料量为 1.0kg，产出干耳分别是 50g 和 100g。黑木耳栽培每亩地摆 10000 袋，纯收入达 10000 元以上，如利用温室立体种植，效益还可提高，是农民致富的优势产业。本章主要介绍温室大棚立体栽培和大地栽培技术。

一、人工栽培黑木耳发展史

黑木耳人工栽培在公元 600 年前后起源于我国。唐朝川北大巴山、米仓山、龙门山一带的山民，曾采用"原木砍花"法种植黑木耳。从发展史上看，黑木耳人工栽培分四个阶段，即：古代的自然接种法生产、20 世纪 60 年代的半人工半自然接种段木生产、20 世纪 70 年代开始的纯菌种接种生产、20 世纪 80 年代开始的代料栽培。

黑木耳传统上是段木栽培（图 3-1），20 世纪八九十年代迅速发展。但是随着我国保护资源、保护生态环境、封山育林政策的落实，段木栽培受到极大的限制。20 世纪 80 年代后期黑木耳也开始采用代料栽培方式。到了 90 年代，段木栽培急剧减少，黑木耳的代料栽培开始兴起，在辽宁、黑龙江、吉林等地逐渐利用棚室开展大面积的黑木耳代料栽培，后来栽培设施越来越简单，覆盖物越来越少，由温室大棚（图 3-2）到小拱棚（草苫、遮阳网）直至林地栽培（图 3-3）、大地栽培（图 3-4）。目前，大地栽培和温室大棚立体栽培已经成为我国北方黑木耳栽培的主要方式。基于人们对保健养生品的需求，栽培技术也不断得到改进。其中对黑木耳产品质量提高最大的是改大“V”字形孔（图 3-5）（耳基大）的技术创新，既提高了产品质量，又减少了人力物力的浪费。目前由吉林农业大学李玉院士团队选育的玉木耳新品种（图 3-6）已在吉林、辽宁、山东等地栽培成功，并成功推广，市场前景广阔。

图 3-1　段木栽培（彩图）

图 3-2　温室大棚栽培（彩图）

图 3-3　林地栽培（彩图）

图 3-4　大地栽培（彩图）

图 3-5　“V”字形孔（彩图）

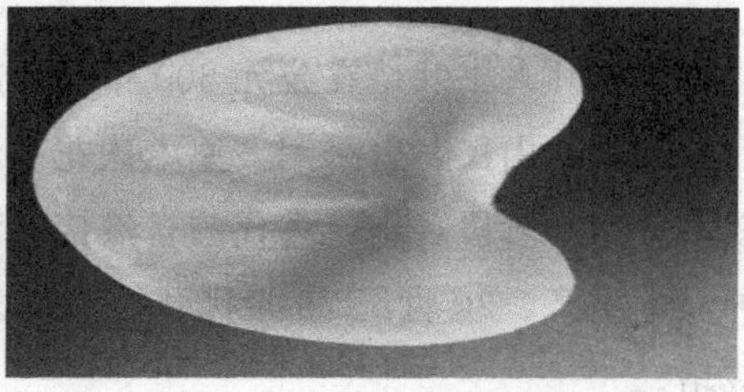

图 3-6　玉木耳（彩图）

二、形态特征

木耳由菌丝体和子实体两种基本形态组成。

1. 菌丝体

菌丝有隔、纤细，菌丝白色（图 3-7），生长整齐，生长速度较慢，在培养基上生长均匀密集，前缘整齐，老熟后常分泌褐色的色素。担孢子萌发为单核菌丝，经过质配后形成双核菌丝（图 3-8），在生活史中双核菌丝占据的时间长。作为菌种的双核菌丝具有锁状联合（形态像骨节嵌合状），单核菌丝更纤细，没有锁状联合，这也是检验菌种的指标之一。

图 3-7　白色菌丝

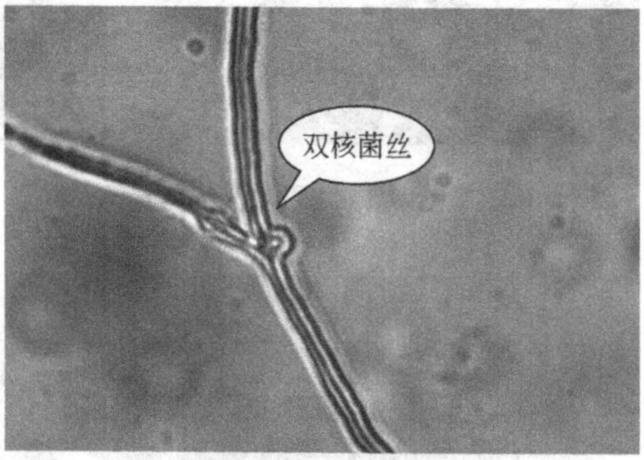

图 3-8　双核菌丝

2. 子实体

黑木耳子实体单生或聚生，长大呈叶状或耳状，胶质有弹性，近无柄，宽 2～6cm，最大者可达 12cm，厚 2mm 左右，深褐色（玉木耳白色），呈胶质片状，有腹背两面。腹面（子实体层面，又称为孕面）光滑、色深，是产生孢子的表面；背面（又称为不孕面）长有许多短毛、色浅。孢子无色、光滑，常呈弯曲、腊肠状，许多孢子聚集在一起时，如同一层白霜。

从子实体生长形态来分，主要分为多筋（图 3-9）、半筋、无筋（图 3-10）三种。多筋、半筋黑木耳一般情况下是耳基丛生、朵状，耳片不舒展，同等管理条件

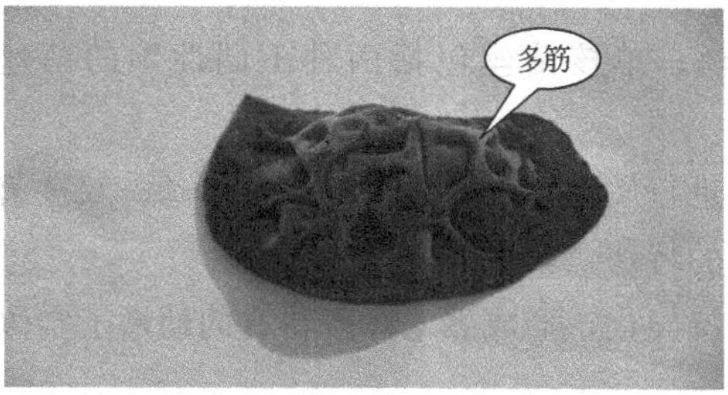

图 3-9　多筋

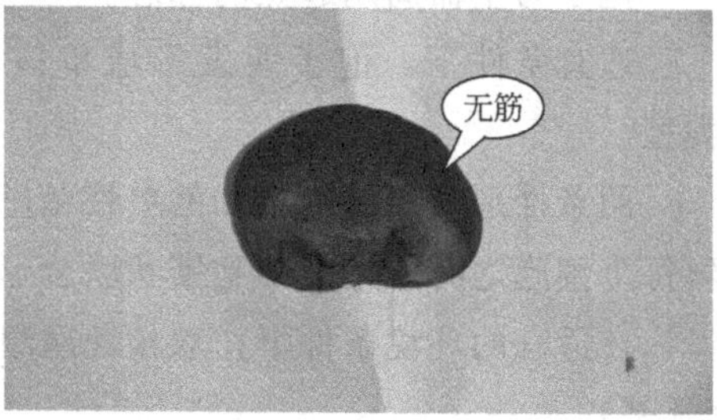

图 3-10　无筋

下菌丝生长速度快，相对抗杂能力强，产量高。无筋的单片有些品种是耳基单生，所以长出来的木耳开小孔时容易出单片碗耳。所以我们如果要开“V”形孔就选择多筋类菌种，如果要开小孔就选择半筋类菌种或无筋类菌种。

黑木耳子实体的发育主要经历以下 4 个时期：原基形成期（浅黑色瘤状物）、耳片分化期（幼耳期）、展片期（子实体旺盛生长期）、成熟期（子实体成熟、孢子尚未弹射）（图 3-11～图 3-14）。

图 3-11　原基形成期

图 3-12　耳片分化期

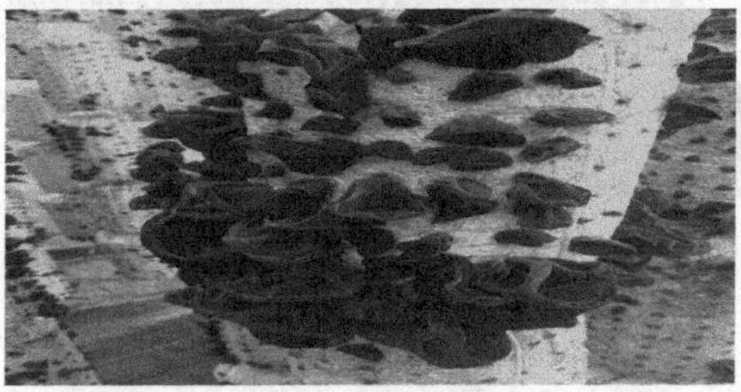

图 3-13　展片期

图 3-14　成熟期

三、生活史和繁殖方式

（一）黑木耳的生活史

黑木耳的生活史是指从孢子萌发，经历菌丝体、子实体阶段，直到产生第二代孢子的一个生命周期。

孢子为生命周期起点的标志。

适宜条件下，孢子萌发形成单核菌丝；单核菌丝包括两种不同性别的菌丝类型。

两条性别不同的可亲和的单核菌丝间进行质配，形成异核的双核菌丝。双核菌丝每个细胞之间可见由细胞锁状联合形成的特殊“锁状”结构。

在适宜的环境条件下，双核菌丝组织特异化，形成黑木耳所特有的幼嫩子实体（耳基）。

耳基进一步长大形成成熟的黑木耳子实体，在黑木耳子实体腹面内的子实层发育成担子，担子内细胞核经核配、减数分裂直至形成担孢子。

担孢子成熟、弹射，形成新的孢子，完成一个生命周期。

黑木耳的生活史见图 3-15。

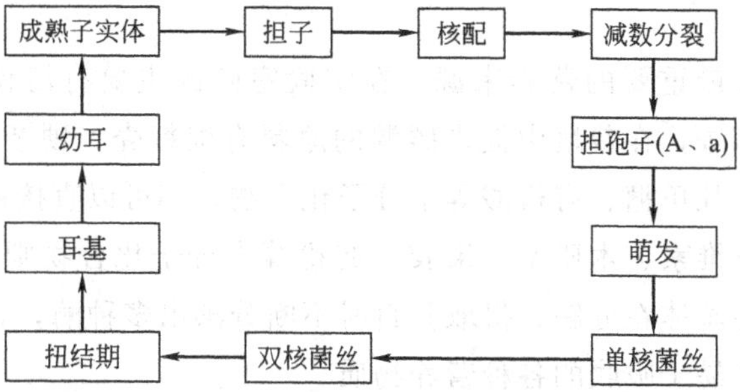

图 3-15 黑木耳的生活史

(二) 黑木耳的繁殖方式

黑木耳主要的繁殖方式分为无性繁殖和有性繁殖。

1. 无性繁殖

利用亲代食用菌机体上的一部分组织块而不通过有性孢子直接产生新个体的繁殖方式叫无性繁殖。食用菌的无性繁殖可以通过菌丝断裂的方式繁殖；也可以通过产生无性孢子的方式繁殖；还可以通过出芽方式繁殖。在黑木耳栽培中，黑木耳子实体的组织分离、菌种转管（瓶）、传代都是利用其无性繁殖的特性繁殖后代的。

2. 有性繁殖

通过有性孢子繁殖的方式叫有性繁殖。黑木耳的有性繁殖是以异宗结合的方式进行的，即必须由不同交配型的菌丝结合才能完成其生活史。黑木耳是异宗结合的二极性交配系统，是单因子控制，只有不同交配型菌丝 A 与 a 之间的配合才能完成有性生殖过程。二极性异宗结合的黑木耳同一菌株所产生的担孢子之间的交配反应如表 3-1。

表 3-1 二极性异宗结合的黑木耳同一菌株所产生的担孢子之间的交配反应

交配型	A	A	a	a
A	−	−	+	+
A	−	−	+	+
a	+	+	−	−
a	+	+	−	−

注：“+”表示亲和；“−”表示不亲和。

四、生长发育条件

（一）营养需求

1. 碳源

碳源是黑木耳最重要的营养来源，在实验室碳源主要有淀粉、纤维素、木质素、葡萄糖、蔗糖等，在栽培中提供碳源的原料有棉籽壳、硬杂木屑、玉米芯等。在常见的碳源中，凡单糖、有机酸等小分子化合物，都可以直接被黑木耳细胞所吸收；纤维素、半纤维素、木质素、果胶、淀粉等大分子化合物则不能直接被吸收，必须通过黑木耳菌丝体在分解、摄取养料时不断分泌出多种酶，将大分子化合物分解成黑木耳菌丝体易于吸收的各种营养物质。

2. 氮源

黑木耳通常可利用无机氮和有机氮。常利用的无机氮有铵盐；常利用的有机氮有黄豆粉浸汁、玉米粉、马铃薯浸汁、蛋白胨、酵母膏、尿素、豆饼、米糠、麸皮等。不同种类的氮源对黑木耳菌丝生长的影响差异很大，有机氮源明显优于无机氮源，铵态氮优于硝态氮。在代料栽培黑木耳的培养料配方中常适当添加麦麸、米糠或玉米粉等物质，对菌丝生长以及产量都能起到积极作用。

黑木耳在营养生长阶段，碳氮比以（15～20）∶1为好，而在生殖生长阶段以（30～35）∶1为宜。

3. 矿物质营养

黑木耳的生长发育也需要钙、磷、钾、硫、镁等矿物质元素，常利用的矿物质有碳酸钙、硫酸镁、磷酸二氢钾、磷肥、石膏等。

4. 生长因子

黑木耳生长常利用的生长因子有维生素、氨基酸、核酸、赤霉素、生长素等。一般情况下，这些营养可从栽培原料中获得，不须额外添加。

（二）环境需求

1. 温度

黑木耳属于中温结实性菌类，它的菌丝体在5～36℃之间均能生长，但适宜的生长温度为22～28℃，在14℃以下和36℃以上受到抑制。子实体生长的温度范围是10～30℃，适宜子实体原基形成的温度为18～28℃，适宜子实体生长发育的温度为15～25℃。在适宜的温度范围内，温度稍低，子实体肉厚、产量高，质量好。28℃以上生长的木耳肉稍薄、色偏淡、质量差，容易发生流耳、烂耳。

2. 湿度

湿度也是黑木耳生长发育的重要条件，包括培养料的含水量和空气相对湿度。

菌丝体生长阶段培养料的含水量范围在60%～65%，空气相对湿度范围在60%～65%，过低过高均会影响菌丝生长。子实体生长阶段充足的水分有利于黑木耳子实体的生长和发育，空气相对湿度要求在90%～95%，这样可以促使子实体迅速生长，耳丛大、耳肉厚；空气相对湿度低于80%，子实体形成缓慢，甚至不易形成子实体。实际生产中，一定要讲究“干湿结合”，既要给予适当喷雾保湿，使之达到85%～95%的湿度，又要给予适当的停水，任其风吹日晒，以达“蹲耳”的目的。

3. 光照

黑木耳菌丝生长阶段需要黑暗条件，强光线会抑制菌丝的生长；子实体形成阶段和子实体生长阶段一般需要较强的散射光，无光菌丝不能分化成子实体。菌丝在黑暗中能正常生长，子实体生长期需250～1000lx的光照强度。光强为150lx时，耳片色泽变淡白，200～400lx时为浅黄色，1250lx以上时色泽趋深，这说明光对木耳色素的产生有作用。因此，栽培黑木耳必须有“花花太阳”的环境，北方气温低、日照短，栽培环境要求“七分阳三分阴”。近年来的木耳栽培多数都是在露地直栽的，直接与普通农作物一样生长在阳光下，这就是东北地区创造的“地栽木耳”技术。

4. 空气

黑木耳是好氧性真菌。在发菌阶段，室内空气应始终保持新鲜，在保证湿度和温度的同时常通风换气是发菌的关键。在子实体发育阶段，黑木耳对氧气的需求量很大，当空气中二氧化碳含量超过1%时就会阻碍菌丝体生长，子实体成畸形，往往不开片，易形成“鸡爪耳”；空气中二氧化碳含量超过5%，就会导致子实体死亡。因此，在黑木耳整个生长发育过程中，栽培场地应保持空气流通新鲜。空气流通清新还可避免烂耳，减少病虫的滋生。

5. 酸碱度

黑木耳适宜在微酸性的环境中生活，以pH 5.5～6.5为宜。拌料时pH值可适当提高至8左右，经过木屑基料发酵、料袋灭菌等程序，即可符合其要求。在制作培养料时，可在培养料内加入碳酸钙或硫酸钙使培养料呈现微酸性。

五、黑木耳的营养价值、药用价值

1. 黑木耳的营养价值

黑木耳属胶质菌，其子实体的质地滑、嫩、脆，味道鲜美，营养丰富，被誉为“素中之荤”，在世界上被称为“中餐中的黑色瑰宝”。经现代科学化验分析，每100g干黑木耳中含有蛋白质10.6g、脂肪0.2g、碳水化合物65g、纤维素7g、灰分5.8g；此外，还含有多种维生素及微量元素等。

黑木耳中的蛋白质中氨基酸种类比较齐全。黑木耳（干品）中蛋白质含量相当于肉类中蛋白质的含量，胱氨酸和赖氨酸的含量特别丰富；脂肪不同于动物脂肪，多为不饱和脂肪酸；维生素 B_2 的含量是一般米面和大白菜的 10 倍，比猪、牛、羊肉中维生素 B_2 的含量高 3～5 倍；灰分含量比一般米面和大白菜以及肉类中的灰分含量高 4～10 倍。黑木耳矿物质及微量元素含量也很丰富，所含铁质在食用菌家族中名列前茅，比动物食品中含铁量最高的猪肝高近 7 倍，比蔬菜中含铁量最高的芹菜高 20 倍，比肉类高 100 多倍，为各类食品含铁之冠；钙的含量也很高，是肉类钙含量的30～70 倍。

2. 黑木耳的药用价值

黑木耳不仅是烹调原料，而且还具有药用价值。历代医学家对于黑木耳的药效都有详细的记载，明代李时珍在《本草纲目》中就记载，木耳“性平、味甘”“益血不饥，强身健体”，有补养益智、润肺补脑、活血补血等功效。可见我国在古代已对木耳的药效有相当的研究。《食疗本草》云木耳有“利五脏、排毒气”之功效。因为木耳中含大量发酵素和植物碱，对纤维植物等异物能起到催化剂的作用，可使人体内吸收的纤维、粉尘等有害物质在短期内被溶化或分解掉，木耳中所含的胶质物质有很强的吸附能力，可将体内的纤维、粉尘等积污吸附后排出体外，因此可减少或排除有害物质对人体的毒害，所以木耳被称为呼吸道和胃肠系统的“清洁工”。木耳子实体含有极为丰富的胶质，不仅对人类的消化系统具有良好的润滑作用，可以清除肠胃中的积败食物，而且还有清肺润肺的作用，因而木耳是轻纺工人和矿山工人的保健食品之一。黑木耳所含的多糖是酸性异葡聚糖，其主要成分为木糖、葡萄糖醛酸、甘露糖及少量的葡萄糖，经常食用黑木耳能减少人体的血液凝块，缓和冠状动脉硬化，有防止血栓形成的功能。因此，黑木耳不仅是一种滋味鲜美、营养丰富的高级佐料，而且是一种具有药用价值的保健食品。

第二节　栽培黑木耳的准备工作及材料

一、栽培场所和方式

代料栽培黑木耳可分室内栽培和室外栽培两种模式。室内栽培主要在塑料大棚内进行，棚栽可分为层架式立体栽培、吊袋栽培、长袋地栽等；室外栽培可分为露地栽培和农林作物间套种等。

二、生产设施

黑木耳生产利用农林副产物为主要栽培原料，但随着栽培量的扩大，仅仅依靠木材加工厂的木屑远远不能满足生产的需要。枝丫材、清林木等都被加工粉碎成木屑，木材切片机、木材粉碎机被用于生产木屑和粉碎其他原料。一般粉碎的木屑较粗，在使用时应该与较细的木屑混合使用。

生产黑木耳的主要设施包括筛料机、拌料机、装袋机、窝口机、灭菌锅、接种设备、开口设备、浇水设施、晾晒设施等机械和设施。

筛料机用来清除原料中的杂物，防止装袋机堵料和刺破菌袋，最初以人工筛料和挑拣为主，现在一般使用电动振筛机，方便快捷。

大型生产或工厂化生产都使用拌料机，使用二次拌料机可以保证生产的连续性，要根据生产量的需要合理配置拌料机功率。目前普遍使用的装袋机分为立式和卧式，均可调节装料高度。防爆卧式装袋机具有两个护翼扣住菌袋，防止因冲压过大而引起菌袋爆裂。立式装袋机装袋速度快、操作简便。大型菌种厂可使用冲压式连续装袋机，生产效率高，质量稳定。

窝口机（见图 3-16）是较新出现的一种工具，适用于东北地区窝门插棒的封口方式，可明显提高操作效率和工作质量。

图 3-16　窝口机

灭菌设备分为高压灭菌设备和常压灭菌设备两种类型。大中规模基地常用高压灭菌设备，小型基地常用的为常压灭菌设备。常压灭菌锅的搭建方式各不相同，既有固定的永久性箱式锅体，也有简易搭建的临时性灭菌锅，例如用较为常见的塑料布、棉被搭建而成，造价低廉，操作简便。

接种设备在食用菌生产中是至关重要的，接种设备过去有很多土设备，如接种箱、接种帐等，目前主要使用的是离子风接种机、液体菌种接种枪、百级净化自动传输接种机。大型的菌包厂都有专门的接种室，接种室的面积不宜过大，以一组接种人员半个工作日接种量为基准设计接种室，最好有两个接种室轮换接种。个体栽培户一般多采用接种箱，接种箱根据条件和生产量自行制备。

菌包划口设备。菌袋开口经过了手工划口、手工刨口、手工拍口、滚动开口等发展阶段，生产效率不断提高。目前东北地区多采用小口出耳模式，开口工具和设备也不断创新，不同开口方式、不同开口大小、不同开口数量的开口工具不断投入应用，提高了劳动效率及开口质量，目前主要采用菌包自动割口机。不同的开口工具见图 3-17～图 3-19，图 3-70。

图 3-17　手工开口工具

图 3-18　手工滚动开口

图 3-19　机器开口

菌包划口是黑木耳栽培的一个重要环节。过去手工划“V”形孔 8～12 个，产出的是大朵大片黑木耳。若要生产无根单片黑木耳产品，则需划 60～80 个小孔。人工划口很慢很难，而且效率低，一人一天只能划 1500～2000 袋；口的深浅、角度、大小只是凭经验和手劲大小来定，很难达到统一规范。黑木耳菌包全自动割口机既能划“V”形孔，长大朵大片，又能划小圆孔，长出的耳都是无根的单片耳，大大地提高了黑木耳产品的商品质量。生产能力为 2340 包每小时，一台割口机相当于 15～20 个劳动力。

浇水设施一般使用雾化微喷管（图 3-20）和旋转式喷头（图 3-21）两种设备。雾化微喷管造价较低，运输方便，但用水量较大，喷水口易发生堵塞；旋转式喷头造价较高，但可重复使用，用水量小，节水效果较好。

目前干制方法有自然干制和热力干制两大类。黑木耳通常采用自然干制的方法，晾晒设施用钢管或竹木架子搭成，铺上纱网，把采摘下来的湿木耳放在上面晾晒。架子分两种：一种是简易的一层晾晒架，另一种是大棚内搭建立体层架。

简易一层晾晒架一般架高 80～100cm、宽度 1.5～2.0m，在架上面每隔 1m 用竹条搭制“人”字架拱棚，晾晒架一侧放置好塑料布（室外晾晒架见图 3-22）。也可在简易的大棚内搭建晾晒架，可以减少外界不良环境的影响。棚内单层晾晒架见图 3-23。

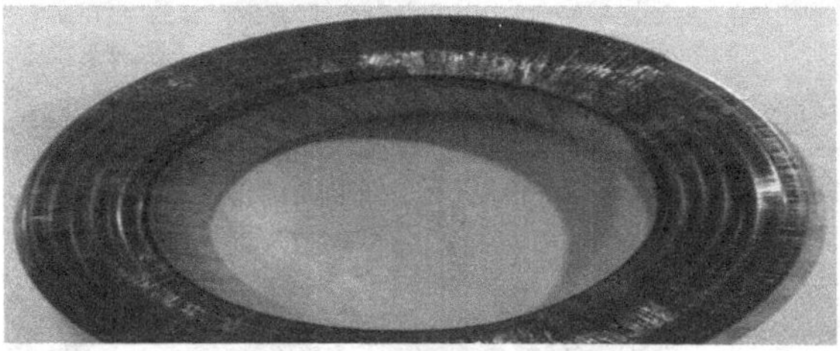

图 3-20　雾化微喷管

图 3-21　旋转式喷头

图 3-22　室外晾晒架

图 3-23　棚内单层晾晒架

目前规模化生产多采用在塑料大棚内搭建立体层架进行晾晒，大棚有塑料薄膜和遮阳网（图 3-24）。架子一般 3 层，每层架子宽 1.5～2.0m，架子最底层距离地面 0.5m，每层之间距离 1.0m，每层架子可以旋转（图 3-25），便于晾晒操作。为了防止风将木耳吹到地上，要在架子边缘安装纱网。

图 3-24　立体层架

图 3-25　旋转层架

晴天因纱网通风好，晾晒得快；阴天由于纱网与木耳接触面积十分小，不会粘在纱网上；遇上连雨天，将架子上方大棚的塑料布盖上遮雨，大棚侧面不遮盖塑料布，里面照样通风、透气。这种方法既适合晴天又适合阴天和连雨天，优点是成本低，通风好，晾晒时间短，晾晒出的干木耳形状美观、质量好。

为了提高劳动效率，人们可以利用工具采收。将木耳放在托盘上，用叉子、夹子固定菌袋，然后捡木耳，操作方便，节省人工。捡木耳的夹子带胶套，更加稳固，不伤木耳。黑木耳采收工具见图 3-26～图 3-29。

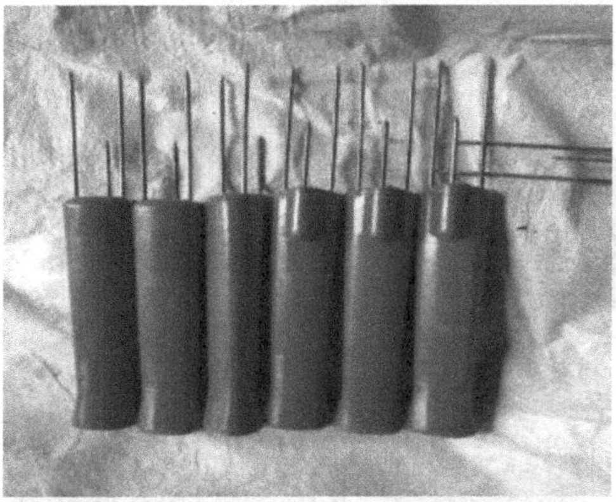

图 3-26　叉子

图 3-27　用叉子固定菌袋

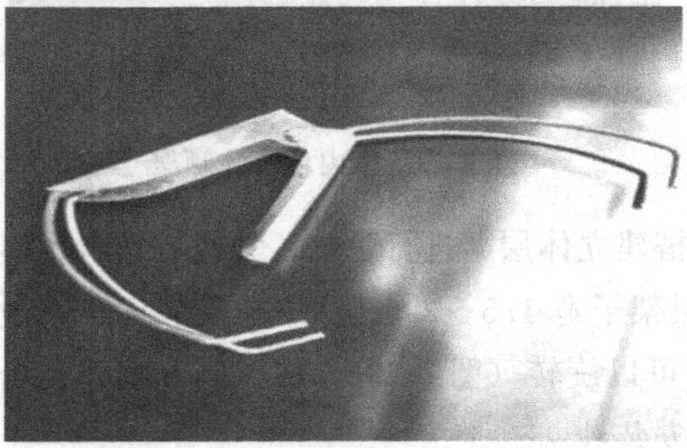

图 3-28　夹子

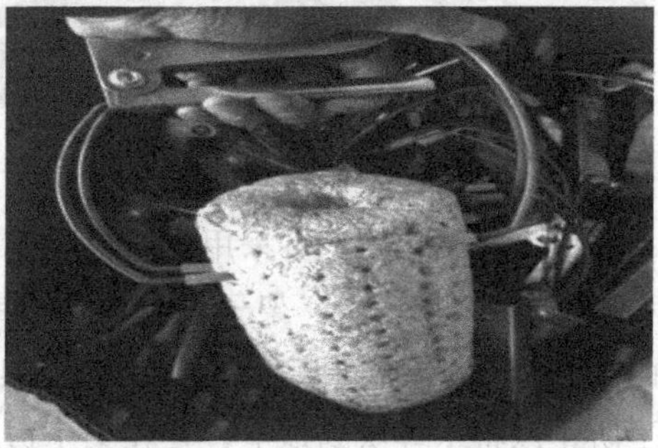

图 3-29　用夹子固定菌袋

三、栽培原料

1. 主料的选择

主料是给黑木耳提供碳源营养的物质，富含纤维素、木质素的木屑、秸秆等都是很好的主料。能够用来栽培的原料有很多，只要注意营养搭配，适当掌握碳氮比例就可以了。

（1）锯木屑　最适宜黑木耳生长，即亲耳能力较强的树种是阔叶硬杂木，包括壳斗科、桦木科、胡桃科等多个树种。其中常见的有 10 多种，柞、栗、桦、榆等树种的木材组织紧密，单位体积内营养含量高。野生黑木耳主要生长在这些树种上。

阔叶软杂木屑木质疏松，如杨、柳、泡桐、椴树等。软杂木木质素含量高，为提高黑木耳对木质素的利用率，可在配料时适当提高糖的含量以诱导木质素酶的产生并提高木质素酶的活性。在软杂木配方中加入玉米芯来提高糖分与维生素含量对黑木耳有十分明显的增产作用，而完全采用软杂木屑为主料栽培黑木耳产量相对较低。

针叶树（主要指松、杉、柏等）虽然营养丰富，但却含有松节油、萜烯类等物质，会抑制菌丝生长。南方安息香科和樟科等常绿树种含有芳香族化合物，抑制菌丝生长和出耳，不宜用于黑木耳栽培。

林区有大量不成材的枝丫、树头、旧木段，都可以用切粉两用机粉碎使用。果树枝条、桑蚕基地的桑树枝条也能用于黑木耳栽培。

木屑粗细不同，透气性就不同。木屑过细，透气性差；木屑过粗，培养基过分疏松，不能正常保水，也不能满足黑木耳生长的营养需求。一般采取粗细搭配的方法。圆盘锯加工的木材粗细适宜，用带锯加工的木屑呈面状，过细，不能全用，只能用于调配粗料。切粉联合机加工的木屑呈颗粒状，适合木耳菌丝生长。

陈年不霉变的木材木屑最适于腐生黑木耳的生长。新伐木材加工的木屑，由于木质细胞未完全死亡，不利于黑木耳菌丝对营养物质的分解和吸收，可充分晾晒或采用半发酵方法进行处理。半发酵方法是将木材边粉碎边淋水边堆积，使含水量达约65%～70%，当堆内温度达到50～60℃时翻堆，如此重复翻堆2次后加入辅料拌料。

（2）农作物秸秆类　棉籽壳必须选择无霉烂、不结块、未被雨水淋湿的新鲜棉籽壳。棉籽壳内组织空隙大，培养料通气性好，有利于菌丝生长发育。

玉米芯含有丰富的纤维素、蛋白质、脂肪及矿物质等营养成分，使用玉米芯前要晒干，粉碎成比绿豆粒略小一点的颗粒。大豆产区的大豆秸秆、棉花产区棉花秸秆资源丰富，大部分作为燃料白白烧掉。它们是袋栽黑木耳的好原料，燃料缺乏的地区可在木耳采收后，将培养基晒干作燃料用。

2. 辅料的选择

辅料也叫精料，是补充糖、氮、维生素、矿物质和调节酸碱度的。

（1）麸皮与米糠　麸皮是很好的氮源、维生素的来源。麸皮以新鲜的为好，千万不要用陈年霉变的麸皮。没有麸皮的地区可用细稻糠、高粱糠、玉米糠代替，适当调整比例就可以了。

（2）豆（饼）粉　为了保证栽培产量、增加氮源，可以加入黄豆粉或豆饼粉，但必须按配方比例加入。黄豆粉或豆饼粉一定要粉细，因它的比例小，颗粒状分布不均匀，只有像细面一样的粉，拌料时才能拌均匀。南方可用菜籽饼粉。

（3）石膏粉、石灰粉　石膏粉可直接购买，也可到水泥厂购买石膏石经烧制后粉碎或碾碎过筛使用。目前市场上出售的石膏粉有的是石灰，一定要谨防上当，以免碱性过大菌丝不长。

石灰主要成分是氧化钙，加水即成氢氧化钙，它含有大量的钙离子，在栽培时能补充矿物质，起到增加碱性、抑制霉菌、增加子实体干重的作用。

四、生产安排

1. 生产工艺流程

备料备种、棚室准备等→拌料、装袋、灭菌→冷却、接种→发菌管理→出菇管理→采收。

2. 栽培季节

黑木耳属于中温型菌类，菌丝生长适宜的温度为22～28℃，子实体生长适宜温度为15～25℃，这是考虑生产季节的关键。黑木耳的栽培季节因地而异，在这里主要介绍东北地区袋栽培模式的栽培季节，其他地区应根据地理位置、气候条件提前或错后。东北地区春季出耳一般1月初制作原种，2月末制作栽培种，4月下旬到5月初开口催耳，5月末至6月上旬开始采收，做到"冬养菌、春出耳"；秋季出耳一般4月中旬制作原种，6月上旬制作栽培种，8月初开口催耳，8月末开始采收，做到"夏养菌、秋出耳"。黑木耳依据采耳的时间，可分为春耳、伏耳、秋耳。伏天之前采收的叫春耳，立秋之前采收的叫伏耳，立秋之后采收的叫秋耳。也正是因为这样，春耳较轻，伏耳易烂，秋耳小而厚。

第三节　菌种制作技术和菌种的选择

一、菌种的种类

黑木耳的菌种一般分为三级，分别为一级菌种（也叫母种，试管装）、二级菌种（也叫原种，菌种瓶、塑料袋装）、三级菌种（也叫栽培种，塑料袋装）。木耳栽培过程中，直接用三级菌种袋划口、摆袋、出耳。

二、菌种的生产计划

生产时间：菌种生产季节应根据当地适合栽培黑木耳的时间而定，在外界环境条件正常的情况下，一般应在开始栽培前50～60天安排生产栽培种，在生产栽培种前40～50天生产原种，在生产原种前15～20天购买或生产母种。菌种生产时间非常重要，一定要按照菌种生产计划严格执行。

生产数量：菌种生产多少也应进行周密计划，由黑木耳的栽培数量来定。一般情况下，10支一级菌种，经过扩大繁殖得到50瓶二级菌种，这些二级菌种再进行一次扩大繁殖，得到1000袋三级菌种，也就是说，生产一万袋的木耳，需要100支的试管菌种。在生产中，母种、原种应适度多制一些，以留有生产余地。

三、优质菌种的标准

1. 母种

菌丝洁白，粗壮有力，紧贴培养基匍匐生长，呈细羊毛状，毛短而整齐，不爬壁，生长速度中等。在25℃条件下，10～12天长满斜面。菌丝长满斜面后逐渐老化，即接种块附近出现黄色斑块，同时在培养基内产生黑色素。一级种放久，有时在斜面的边缘或底部会出现带有胶质状琥珀色颗粒的原基。母种见图3-30。

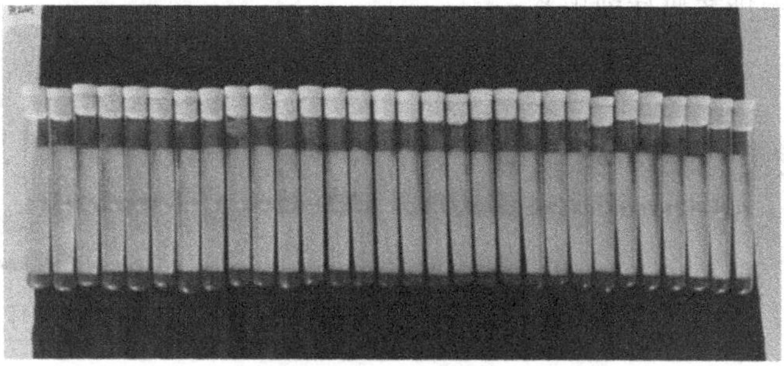

图3-30　母种（彩图）

2. 原种及栽培种

菌丝洁白，呈细羊毛状，毛短整齐，浓密，粗壮有力，齐头并进地延伸直至瓶底，生长均匀，上下一致，挖出来成块，不松散，在25℃条件下，30～40天长满菌种瓶。菌丝长满后，在菌体表面一般会分泌出褐色水珠，以后在瓶壁四周和表面会出现浅黄色透明胶质耳芽。菌种柱与瓶（袋）壁紧贴，瓶（袋）内壁附有少量白色水珠的为新鲜菌种；若瓶底有浅黄色积水，菌柱离壁干缩的为老化菌种。

四、菌种分离（木耳母种的分离）

1. 培养基的配方和制作

（1）培养基配方

① 马铃薯200g，葡萄糖20g，琼脂18～20g，磷酸二氢钾3g，硫酸镁1.5g，pH 6.5～7.0，水1000mL。

② 马铃薯200g，葡萄糖20g，蛋白胨5g，琼脂18～20g，磷酸二氢钾3g，硫酸镁1.5g，pH 6.5～7.0，水1000mL。

（2）培养基的制作　参考平菇部分。

2. 母种的分离

黑木耳的分离方法有组织分离法和孢子分离法。

（1）组织分离法　黑木耳是常规食用菌类中组织分离比较难的品种，因为黑木耳子实体胶质，在子实体内部的菌丝量非常少。并且黑木耳子实体薄，共两层，内部胶质部分基本没有菌丝成分。外面两层处理不当很容易导致杂菌感染，处理过当容易杀死黑木耳子实体内的菌丝。因此，在操作过程中一定要严格认真。下面介绍一下黑木耳用组织分离法提取菌种的操作流程，供参考。

① 制作培养皿或试管培养基　采用普通 PDA 培养基配方即可。

② 种耳的选择　用于组织分离的子实体要选择外观典型、大小适中、无病虫害、健壮成熟的耳片（图 3-31），对黑木耳的采集地点、日期、耳片大小、直径、厚薄等相关数据都要做详细记录。

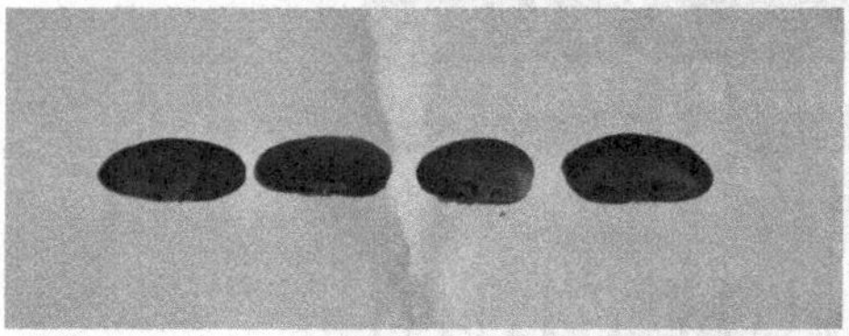

图 3-31　健壮成熟的耳片

图 3-32　剪取耳片

③ 准备工作　将制备好的 10 个培养皿、种耳、5 个空培养皿、无菌水、75%酒精、酒精棉、手术刀、镊子、封口膜等用品表面消毒以后放入接种箱或超净工作台面上。超净工作台打开紫外线灯灭菌 30min。然后打开风机，关闭紫外线灯，再打开照明灯，吹 1～2min，即可进行操作。

④ 操作流程

a. 将无菌水倒入空培养皿中，取种耳放入其中漂洗，用经过酒精灯火焰灼烧消毒的镊子按住种耳的一端，再用经过酒精灯火焰灼烧消毒的手术刀轻轻刮掉种耳表面附着的灰尘、杂质，清洗 2min。

b. 将种耳放到另外一个空培养皿中，倒入无菌水漂洗 2min。

c. 将 75%酒精适量倒入空培养皿中，将漂洗好的种耳捞出置于装有酒精的培养皿中浸泡 2min（根据实践经验决定浸泡时间长短），进行表面消毒处理。

d. 将浸泡过酒精的种耳片再用无菌水漂洗两次，目的是洗掉残存酒精。

e. 将耳片稍稍控干，用灭过菌的滤纸吸干水分，放到洁净的培养皿内，用消过毒的镊子、手术刀对黑木耳片进行切割，将选育出来的黑木耳边缘四周剪掉，剪取远离耳基无筋的最平部位的耳片，大小以 3mm 见方为宜（图 3-32）。

f. 将切割好的黑木耳片放到培养皿内的培养基中心、稍微按实即可。盖好培养皿盖。用封口膜封好培养皿口。

g. 写好接种日期的标签贴于培养皿适当位置。将培养皿放在 25℃、黑暗、干燥、无光的环境中培养。注意每天检查一次萌发情况。

（2）孢子分离法　将现场采下的种耳用冷开水浸 2h 并冲洗 3～4 次放入灭菌培

养皿内，盖上无菌纱布吸净耳面余水，再用灭菌后的剪刀将种耳剪成蚕豆大小的耳片。孢子分离法可以用锥形瓶或试管作容器进行分离，下面以锥形瓶分离法为例进行介绍。用细丝线将耳片腹面向下悬吊在锥形瓶中，另一端吊挂在装有培养基的锥形瓶口部，加棉塞封口，在25～28℃温箱中接收孢子并培养长出菌丝体。正常情况下7天左右就会见到锥形瓶内的培养基上有孢子开始萌发成菌丝，当菌丝生长到一定量时，可转接到母种试管上，试管上长好的菌丝即可作为黑木耳的母种，在生产上转扩应用或保存。

五、菌种的生产

（一）固体菌种生产

1. 母种的生产

（1）母种的扩繁　母种生产的培养基制作参照分离木耳的培养基制作即可。分离成功的试管母种还可以在试管斜面培养基上扩大繁殖1～3次，这个过程称为转管或扩管，也叫传代。一般1支母种可转20支母种，从而满足生产上的需要。母种扩繁的基本程序是：母种试管的表面处理→接种→培养→检查→淘汰污染和不正常的个体→成品。具体方法可参照平菇的母种扩繁。

（2）贴标签培养　试管从接种箱取出前，应逐支在试管正面的上方贴上标签，写明菌种编号、接种日期，随后把试管置于培养箱（室）中25℃下培养，10～12天长满斜面。

（3）菌种保藏　挑选无污染的培养斜面，棉塞用硫酸纸包扎后放置在4℃的冰箱中保藏。

2. 原种的生产

原种是由母种扩接到原种培养基上而得到的菌种，原种培养料包括木屑种、颗粒种和枝条种等几种类型。

（1）木屑种　木屑原种菌种发好后可较长时间存放、不易老化；杂菌检测容易，后期栽培出耳时不易在接种点处感染杂菌，但生长周期长，培养料装瓶操作效率低。

① 培养基配方　培养基常用配方为阔叶树木屑78%，麸皮20%，蔗糖1%，石膏1%（简称782011）。

② 配制方法　先把木屑过筛，将木屑、麸皮、石膏混合均匀，再用水拌料，使培养料的含水量调至60%～65%。测定方法是用手紧握培养料，指缝间稍有水渗出而不成滴。

③ 培养基装瓶、装袋　原种一般使用500mL的标准菌种瓶，也可使用规格15cm×33cm×0.005cm的聚丙烯塑料袋。培养基配好后，即可装入制种瓶（袋）

中，装至瓶肩（袋装至高度 20cm），料面压平。培养料在瓶（袋）中要求上紧下松，中间用木锥扎 1 个孔。瓶（袋）口内外要擦净，菌种瓶用带有透气塞的瓶盖封口，塑料袋用双套环封口。装好的瓶见图 3-33。

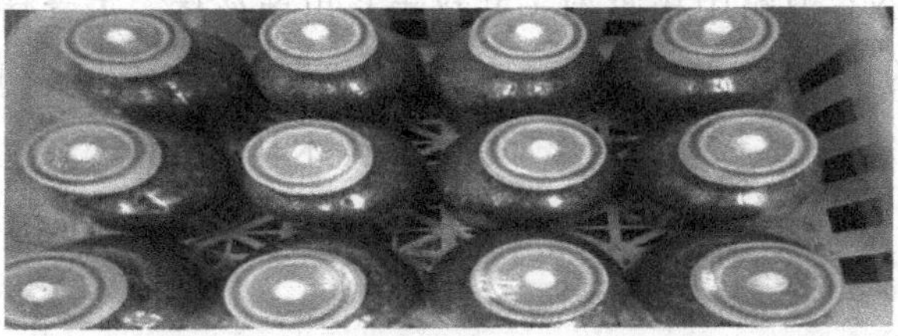

图 3-33　装好的瓶

图 3-34　培养的原种

④ 培养基灭菌　原种装瓶后再装入铁筐或塑料筐内准备灭菌。灭菌方法有常压蒸汽灭菌和高压蒸汽灭菌两种。采用高压蒸汽灭菌时，锅内在 0.15MPa 压力下（锅内温度 126℃）灭菌 1.5～2h。采用常压蒸汽灭菌时，在 4～6h 内升温达到 100℃，然后在 100℃条件下保持 10h，再将培养料在锅中闷 12h，最后出锅、冷却、备用。

⑤ 接种与培养

a. 接种　将经过灭菌后的瓶待料温降到 30℃以下后，搬入接种箱、接种帐或接种室进行接种。接种前，将接种器具、物品搬入接种场所。这些器具和物品主要有接种匙、镊子、酒精灯、酒精棉球、菌种、待接种的料袋。物品放好后，再用气雾消毒剂进行熏蒸消毒，40min 后方可使用。

首先将接种箱、接种室收拾干净，放入培养基、菌种、接种用具。用气雾消毒粉进行熏蒸消毒，每立方米空间用量 1 包（5g）置于容器中点燃，保持 40min 以上。用 75%酒精棉擦抹双手。点燃酒精灯，接种工具灼烧灭菌后开始接种，一般一支试管可以接 5 瓶原种。接种时一定要保持无菌操作，培养基接种后移到培养室进行培养。

b. 培养　培养场所在使用前也要用气雾消毒剂进行熏蒸消毒，培养室要求干净、避光，空气相对湿度保持在 40%～50%，室温 25～28℃，并注意通风换气。待菌丝吃料 2～3cm 后，温度可适当低些，菌丝长一半以后保持在 15～25℃之间，大约 30 天菌丝长满全瓶。培养过程中要经常检查有无杂菌污染。菌种长好后放在低温、干燥、清洁处避光保藏，准备使用。培养的原种见图 3-34。

（2）枝条种　枝条原种接三级种操作方便、数量多，三级种发菌比较均匀，一致性高。主要步骤如下：

① 材料准备

a. 选择优良种木　杨木、桑木、柞木、椴木、柳木等能够栽培食用菌的木材都可以制作枝条菌种，杨木的价格较低，较为常用。现在有专门生产食用菌专用枝条的厂家，也可以用雪糕棒，枝条长度一般在 12～15cm、宽 0.5～0.7cm、厚 0.5～0.7cm，枝条的规格要根据栽培袋的大小进行选择。

b. 菌袋 选 17cm×33cm 的聚丙烯塑料袋，厚 0.005～0.007cm，每个袋内装枝条 200 根。

c. 辅料准备 木屑、麸皮、石膏用来填充枝条之间的空隙；葡萄糖、磷酸二氢钾、硫酸镁用来配制浸泡枝条的营养液。

② 浸泡枝条 先将水倒入池中，再将蔗糖、磷酸二氢钾、硫酸镁按配方（100kg 水加蔗糖 1kg、磷酸二氢钾 0.3kg、硫酸镁 0.15kg）溶解于水中，将枝条整捆放入池中浸泡 24～48h（见图 3-35）。浸泡时间要根据枝条的规格、气温进行调整，目的是要泡透枝条。可以将枝条敲碎，观察是否有白芯，如果有，说明没有泡透。

③ 配制辅料 木屑 78%，麸皮 20%，石膏 1%，石灰 1%（石灰要根据实际情况进行调整），木屑需要提前预湿，拌好后料含水量为 60%～65%。

④ 装袋 将浸泡好的枝条和配制好的辅料混合，使每根枝条表面都粘上辅料，袋底部先装入少量的辅料，然后装入枝条，每个菌袋可以装入 200 根枝条，在枝条表面覆盖少量的辅料，然后封口，准备灭菌。

⑤ 灭菌之后采用常规接种方式进行接种，然后放入养菌室进行培养（图 3-36），要注意由于枝条的质地比较硬，菌丝吃到其内部较慢，所以枝条菌种一般在长满菌丝后要继续在 20℃左右培养 15～20 天方可使用。

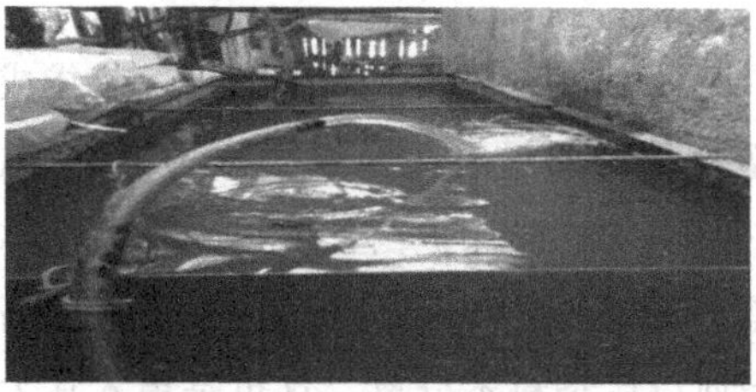

图 3-35 池中浸泡

图 3-36 正在培养的枝条种

3. 栽培种生产

栽培种是由原种扩接到栽培种培养基上而得到的菌种。

（1）栽培原料及配方 黑木耳生产主要原料是阔叶硬杂木，可由木材加工厂购买或用枝丫材、劈柴粉碎而成。带有树皮等杂质的木屑使用前一定要过筛，粗木屑与细木屑混合使用效果最佳（粗木屑占木屑总重量的 65%～75%，细木屑占 25%～35%）。木屑资源缺乏地区可用粉碎后的玉米芯（粉碎成黄豆粒大小较为适宜）与木屑混合进行混合料栽培。麸皮、米糠、石膏等可作为黑木耳生产的辅助原料。栽培者应根据当地资源就地取材选用培养料，培养料配方有很多，下面介绍常用配方供参考。

配方一：木屑 82%，麸皮 15%，豆饼粉 2%，石膏 0.5%，石灰 0.5%。

配方二：木屑 86.5%，麸皮 10%，豆饼粉 2%，石膏 1%，石灰 0.5%。

配方三：木屑 86.5%，麸皮 12%，石膏 1%，石灰 0.5%。

配方四：木屑 58%，玉米芯 30%，麸皮 10%，豆饼粉 1%，石膏 0.5%，石灰 0.5%。

(2) 栽培袋的选择　菌袋选择对黑木耳栽培的生产至关重要，关系到生产的成败。黑木耳栽培生产应选择质地优良、袋薄且伸缩性好的料袋，这样的料袋与菌丝亲和力好，袋料不易分离。一般选用（16.2～17)cm×(33～38)cm 规格的耐高温高压的聚乙烯菌袋，以每千个菌袋重量为 2.6～3.8kg 为佳，菌袋薄且拉力强可以使菌袋与培养料的亲和力增加并减少后期的料袋分离现象。表 3-2 介绍了折径为 16.2cm、不同规格的菌袋装料情况。

表 3-2　菌袋装料参考表

菌袋规格/cm×cm	装料后袋高/cm	菌袋直径/cm	装料后菌袋质量/kg
16.2×33	19	10.5	1.1
16.2×34	20	10.5	1.2
16.2×35	21	10.5	1.3
16.2×36	22	10.5	1.35
16.2×38	24	10.5	1.4

装袋前要检查袋是否漏气、是否运输途中已破损，破损漏气的不能用。装袋成功率、养菌期杂菌率及袋能否和料紧贴都与塑料袋的质量有关。黑木耳不像香菇、平菇那样可在栽培基质表面形成一层老化膜，像树皮一样保护菌丝。黑木耳菌丝靠的是塑料袋保护，如同树皮贴近木材一样。黑木耳用的袋需经高温灭菌，要选用高温不变形、不收缩的特制聚丙烯袋，这样的袋划口后袋料不分离，这也是黑木耳大面积丰产的一个主要原因。

(3) 黑木耳窝口生产中空心棒的选择　在黑木耳生产采用窝口插棒的生产模式中，空心棒是必要的。空心棒是原来的木质菌棒的替代产品，相比木制菌棒的优点是灭菌更彻底，杂菌感染率低，并且规格一样，重量轻，便于运输等。

空心棒的规格也是多种多样，长度主要有 16cm、14cm、21cm、18cm。直径为 0.8～1.2cm。

我们要根据不同的使用情况选择适合的塑料空心棒，以下供大家参考：

① 以木屑菌种为主的原种，我们建议大家采用直径 1.2cm、长度 16cm 以上的

空心棒。因为木耳菌种接种量大，在袋内保留一定的空间可以起到通气增氧的作用。

② 以粮食菌种为主的原种，可以选用直径1.0cm、长度16cm以上的空心棒，粮食菌种接种量小于木屑菌种，如果采用的空心棒直径大，就会造成粮食菌种堆积浪费现象。

③ 以枝条菌种为主的原种，大家要选择直径0.8cm、长度16cm以上的空心棒，这样接入枝条菌种以后可以减少由于菌棒中孔隙过大而导致枝条菌种没有萌发就被风干致死的情况发生。

④ 以液体菌种为主的原种要选择阶梯式的空心棒，或者直径0.8cm、长度10cm的小空心棒，这样接液体菌种以后不会造成从底部开始萌发的现象，不挂壁的情况也会有所减少。

(4) 栽培料的配制　把木屑、麸皮等主要原料用铁丝筛网过筛，剔除小木片及其他异物，以防装袋时扎破菌袋。按照生产配方先称取麸皮、豆粉、石膏及石灰等原料，搅拌混匀。可将木屑平摊到地上，将混合好的辅料撒于其上，与木屑混合均匀，加水搅拌。人工拌料需要来回拌3～4次，大规模生产可采用混料机。

按比例量取所需要的水，并将白糖溶化在其中，把水和培养料用搅拌机或人工混匀，将培养料的含水量调至60%～65%。简便的检查方法是用手紧握一把培养料，以手握指缝有水渗出，不下滴为度。工厂化生产则用测水仪测量，将测水仪的指针扎入料中即可测出含水量。拌完培养料后焖1～2h，使料充分地吸收水分。

当天拌完的料当天装袋，尤其是在夏天高温季节，以免还未灭菌培养料已酸化变质。有的栽培袋菌种接入后萌发不吃料，就是因为培养料酸败抑制了菌丝生长。由于液体菌种本身是液体的，所以要求接入液体菌种的菌包培养基比正常的水分要少一些，一般在58%～62%较为适合。

(5) 装袋　装袋时可用手工装袋或用机械装袋。用手工装袋工作效率低，只适合小规模生产。机械装袋工作效率高，适合大规模生产。目前，国内黑木耳生产的主产区一般采用卧式防爆装袋机，一人套空袋，一人接装好的袋，一人封口。一条生产线可带动1～2台自动装袋机，每台自动装袋机每小时装800袋。装制菌包时，(16.2～17)cm×(33～38)cm规格的菌袋装料高度为21～24cm，在含水65%的状态下，单袋菌包重约1.2～1.4kg。装培养料时要求上下松紧一致，料面平整、无料，菌包袋体无褶皱。

装袋后套上套环、塞紧棉塞或用无棉盖封口后，装入灭菌筐中准备灭菌。灭菌筐有塑料筐和铁筐2种，规格应是长44cm、宽33cm、高22cm（内径），每筐放12袋，最好用塑料筐，不容易刮袋。

目前北方地区一般采用免颈圈菌棒制菌法，即装制菌包时，装袋机在菌包袋的中间留孔，将菌包培养料上面的塑料袋塞入菌包中间的孔中，然后将周转棒插入中间的孔中（图 3-37），倒置于筐中准备灭菌（图 3-38）。这种方法关键技术在于将上部空余菌袋整齐、均匀地插入菌包中间的孔中，严防打折、起皱，造成袋口松散，使菌包接菌、培养发菌时增加感染杂菌的概率。用窝口机窝口能提高制作菌包的标准，使袋料不易分离。

图 3-37　插入的周转棒

图 3-38　菌袋倒置筐中

（6）灭菌、冷却　装袋后，将菌袋和封口塞（图 3-39）尽快放入灭菌锅里灭菌。灭菌方法有常压蒸汽灭菌和高压蒸汽灭菌两种。高压蒸汽灭菌在 0.15MPa 压力下灭菌 2h（图 3-40），常压蒸汽灭菌在 100℃条件下保持 10h。在灭菌时必须将锅内冷空气排尽，菌包摆放不要过于紧密，灭菌结束后应焖锅 2～3h 使培养料进一步熟化（但时间不宜过长），利于后期木耳菌丝的转化，提高菌包质量。待袋温降到 60℃再出锅，防止袋内外产生压力差，出现涨袋现象。

将经过灭菌的菌包搬运入冷却室、接菌室，需冷却到 30℃以下再进行接菌（图 3-41）。工厂化生产量大，建议在冷却室加设强冷降温设施，可以缩短菌包的冷却时间，利于下步接菌时间的安排。

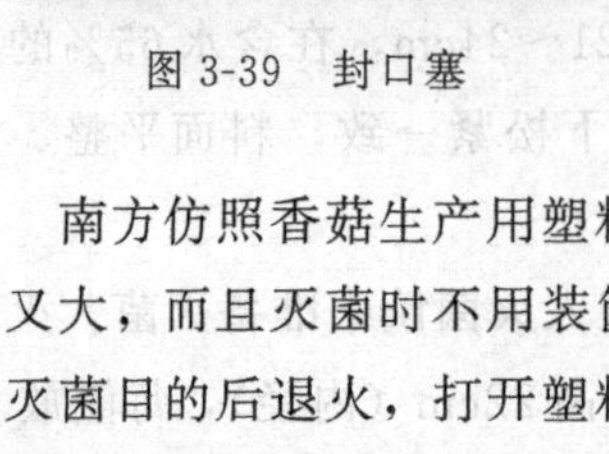

图 3-39　封口塞

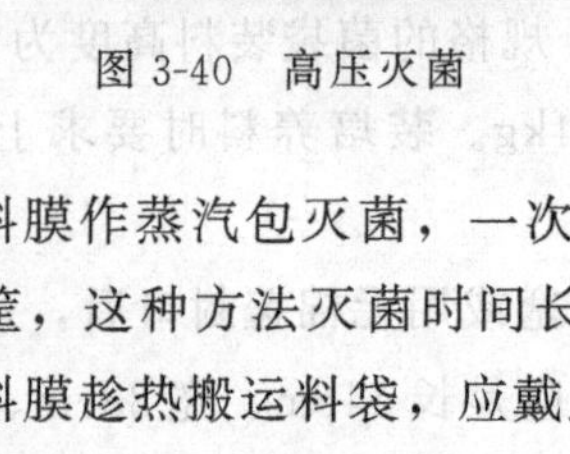

图 3-40　高压灭菌

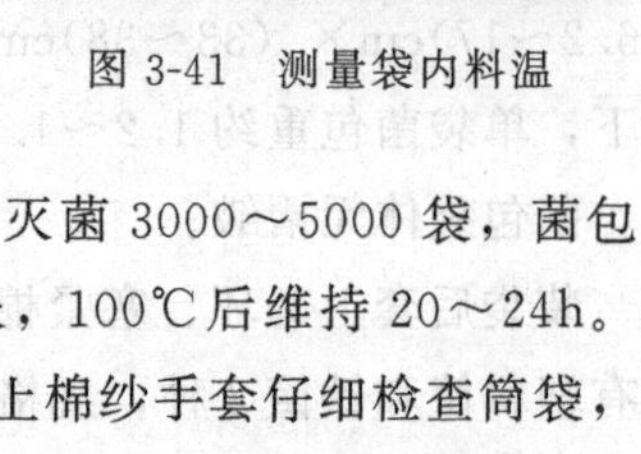

图 3-41　测量袋内料温

南方仿照香菇生产用塑料膜作蒸汽包灭菌，一次灭菌 3000～5000 袋，菌包又长又大，而且灭菌时不用装筐，这种方法灭菌时间长，100℃后维持 20～24h。达到灭菌目的后退火，打开塑料膜趁热搬运料袋，应戴上棉纱手套仔细检查筒袋，如发现裂痕、刮破的袋应趁热贴上胶带。要小心搬运，防止刮破料袋和雨水淋湿，合理堆放至冷却室。

（7）接种

① 接固体菌种　经过灭菌、冷却后的料袋，搬入接种帐、接种室或接种箱进行接种。500mL 的菌种瓶菌种可接 20 袋，15cm×33cm×0.005cm 的塑料袋菌种可接 30 袋。在使用接种箱之前，先向箱内喷 5%来苏儿，然后将接种工序所需的物品搬入箱内。这些物品主要有接种匙、镊子、酒精灯、酒精棉球、菌种、待接种的料袋。物品放好后，再用气雾消毒剂进行熏蒸灭菌，40min 后方可使用。

开始接种前，操作者应将手用 75%酒精棉球擦一遍。接种时，接种工具要在酒精灯上反复灼烧，使之无菌，然后拔出接种棒进行接种，接种后袋口用封口塞塞紧或套环后加上封盖。每瓶菌种接完后必须重新处理接种工具，以防出现交叉感染现象：接种完毕后将菌袋搬入养菌场所培养。箱内进行清扫和消毒处理后再准备下一箱接种。

一般进行大规模的生产，用接种帐、接种室接种，操作方便，效率高。但要严把消毒灭菌这一关，否则料袋污染率会增高，给生产带来损失。

② 接液体菌种　当液体菌种培养好并检测正常后在接种室内进行接种。首先将接种管和接种枪准备好，用 8～10 层纱布包好，高压蒸汽灭菌，在 0.12MPa 压力下（锅内温度 121℃）灭菌 40min。然后在火焰的保护下把接种管接到培养器的接种口上。接种时，调整培养器压力为 0.03～0.05MPa，打开接种阀，开始在接种室的接种机前进行接种。先将料袋接种棒抽出，再用接种枪接种，最后塞紧棉塞。菌种要求接到料袋的中间孔内，这样可缩短养菌时间，每袋接种量为 12～15mL。接种后把菌袋搬到培养室，进行养菌管理。

（8）养菌管理　一般接种后的菌袋要进行养菌管理，下面以固体菌种接种的菌袋为例，介绍一下该期间管理的主要内容。

① 空房、塑料日光温室均可当培养室，应有冬季能升温、夏季能降温的设施。菌袋入培养室前，培养室应预先消毒，将菌袋上架摆放培养。

② 掌握好温度　在菌袋培养的过程中应掌握“前高后低，宁低勿高”的原则。室内挂温度计，菌袋间插温度计，随时观察温度变化，温度不适宜时可通过门窗、通风口的开关、温控设备来调节。

接种后 5～7 天内，培养室温度应适当高些，以 28℃为宜，让刚接种的菌丝体尽快萌发、定植、封面，增加成品率。接种后 7～15 天内培养室温度以 24～26℃为宜。接种后 15～35 天，温度以 22～24℃为宜，此时是菌丝快速生长期，袋内温度一般比室温高 2～3℃，一定要随时观察温度的变化，如果发现菌袋超过 30℃要降温。接种后 35 天以后，菌丝体已经发至菌袋底部。在培养将要结束的 15 天内，再将温度降至 18～22℃，菌丝体在较低温度下生长会很健壮，营养分解吸收充分，这样培养出的菌袋出耳早、分化快、抗病力强、产量高。可将培养好的菌袋在温度降至5～10℃的培养室低温保藏。

当菌丝体吃料1/3时，绝不可使袋体温度超过30℃，以25℃以下为宜。因为在高温下培养的菌丝体容易受伤，严重的菌袋没等划口出耳，菌丝就会收缩发软吐黄水，不仅划口处易长绿霉，而且子实体也很难长出，这就是比较常见的“培养期菌袋烧菌后遗症”。

③ 控制好湿度　菌丝培养阶段要求室内湿度“宜干不宜湿”，空气相对湿度保持在40%～50%为宜。一般室内发菌不需要特殊调节就能保证菌丝生长对空气相对湿度的要求。若湿度过大，可在培养室内多撒白灰粉吸潮，或加强通风排湿。如发菌期过于干燥，可在地面喷2%白灰水使其达到湿度要求。

④ 调整好光线　养菌场所要求黑暗环境，因为黑木耳菌丝一接触光线，就容易形成耳芽。如果菌丝生理成熟前出现耳芽，对产量就有影响，为此，门窗要用黑布遮光。当菌丝将要长满菌袋时，可进行曝光诱发耳芽的形成。

⑤ 调节好通风　黑木耳是好氧性真菌，要注意通风换气，以保证有足够的氧气来维持正常的代谢作用。通风应掌握“先小后大，先少后多”的原则，培养的前5～7天，如果温度不超标可少通风。菌丝生长成封面后及时通风，每天早晚各通风1次，每次30min，促进菌丝生长。菌丝体长至菌包1/3以后加大通风换气次数，每天早、中、晚各通风1次，每次30min。到黑木耳菌丝体生长的后期，更要加大通风量，保持空气新鲜，以人在培养室内不气闷、无异味为标准。

⑥ 菌袋的检查与处理　菌袋培养头3～5天对菌丝体进行第一次粗检，主要检查菌丝体是否定植、萌发、成活；7～10天再检查一次，主要检查菌丝体长势及污染情况；15天左右全面仔细检查一次。若发现有红、黄、绿、黑等颜色斑块，即为杂菌，可根据情况分类处理。若袋内培养料已经发臭，或菌袋感染链孢霉，应深埋或焚烧处理，防止造成交叉感染；感染轻的挑出另室培养，仍有一定产量；没有培养价值的可将菌包内培养料倒出晒干后作新的培养基原料。检查菌袋时要轻拿轻放，避免人为破坏菌袋，造成污染。

黑木耳菌袋在适宜的条件下，一般液体菌种接种的菌袋约30天，固体菌种接种的菌袋约40～50天，菌丝可长满全袋，再培养10～20天达到菌丝后熟即可进行催耳管理。

培养的栽培种见图3-42。

（二）液体菌种生产

液体菌种是黑木耳的菌丝体生长在液体培养基中而形成的液体形态菌种；液体菌种具有制种成本低、时间短，接种速度快、省工、省时，生产效率高，接种后菌丝萌发快、生长快，养菌时间短等特点。

图 3-42 培养的栽培种

图 3-43 液体摇瓶菌种（彩图）

1. 液体摇瓶菌种的制作

（1）营养液配方　常用配方为马铃薯 100g、麦麸 40g、蔗糖 25g、蛋白胨 2g、磷酸二氢钾 2g、硫酸镁 1g、水 1000mL。

（2）配制方法　首先把马铃薯削皮、切片和装入纱布袋的麸皮一起水煮，马铃薯八分熟后取其汁液过滤，在滤液中放入蔗糖、蛋白胨、磷酸二氢钾、硫酸镁，待溶化后分装。

（3）分装灭菌　装入容量为 500～1000mL 的锥形瓶中，每瓶装入量为 100～200mL，加棉塞后再用牛皮纸包扎封口。采用高压蒸汽灭菌锅灭菌，在 0.12MPa 压力下（锅内温度 121℃）灭菌 40min，取出冷却到 30℃以下后接入母种。

（4）接种培养　在锥形瓶营养液中接入一块约 $2cm^2$ 的斜面菌种，于 24～26℃温度下静置培养 1 天，再置往复式摇床上振荡培养，振荡频率为 80～100r/min，振幅6～10cm。如果用旋转式摇床，振荡频率为 160r/min。培养时间一般在 3～4 天。

（5）优质菌种标准　培养液清澈透明，菌液中悬浮着大量的菌丝球，并伴有黑木耳菌种特有的气味，见图 3-43。

2. 液体栽培种的制作

用液体栽培种可以直接生产黑木耳栽培袋。液体栽培种的生产设备是液体菌种培养器，用液体菌种培养器生产液体菌种的过程有如下几个步骤：

（1）洗罐　培养器在使用前及使用后必须进行彻底清洗，除去罐壁脏物及残留的料液。

（2）煮罐　罐体加水后启动加热，在 0.12MPa 压力下（温度 121℃）煮罐 40min，放掉煮罐水后即可使用。

（3）配制营养液　常用配方为马铃薯 100g、麦麸 40g、蔗糖 25g、蛋白胨 2g、磷酸二氢钾 2g、硫酸镁 1g、水 1000mL、消泡剂 0.03%。配制时首先把马铃薯削皮、切片和装入纱布袋的麸皮一起水煮，马铃薯八分熟后取其汁液过滤，在滤液中放入蔗糖、蛋白胨、磷酸二氢钾、硫酸镁及消泡剂，溶化后使用。

(4) 上料　关闭液体菌种培养器进气阀和接种阀，将漏斗插入进料口，把营养液倒入培养器中（图 3-44），装料量为罐体总容积的 70%～80%，拧紧上料口盖，即可灭菌。

(5) 灭菌　按启动开关加热；排出冷空气，0.12MPa 压力下（温度 121℃）灭菌 40min。然后用循环冷却水对灭菌后的培养基进行冷却，待培养基温度降至 30℃以下进行接种。

(6) 接种　在无菌场所利用火焰的保护将摇瓶种迅速从进料口投入罐中（图 3-45），盖好进料口，接种完毕。

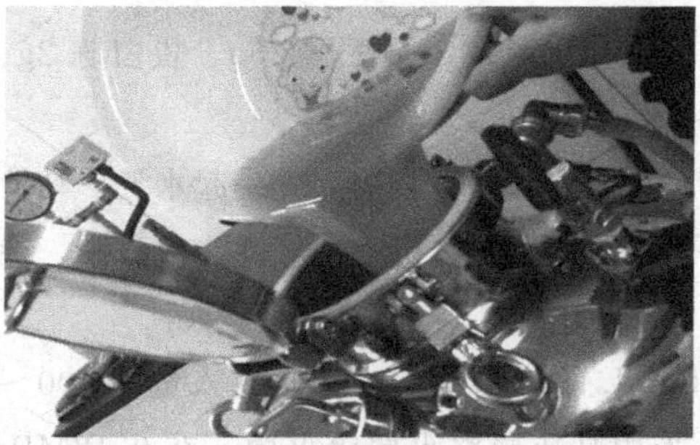

图 3-44　上料

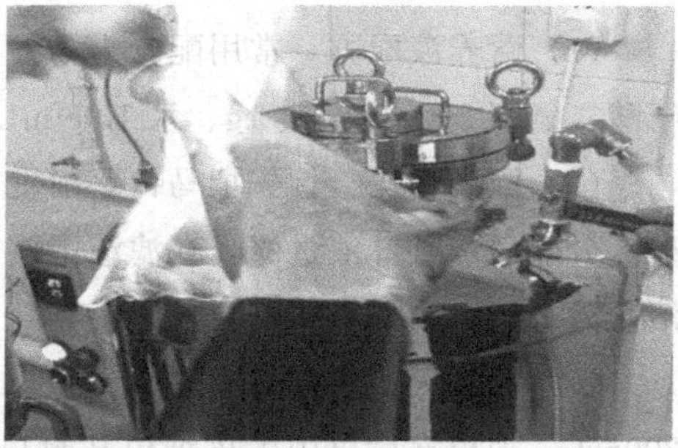

图 3-45　接种

(7) 培养　设定培养温度 24～26℃，通气量 1∶0.8，罐压 0.02～0.04MPa，培养周期 60～72h。接种 24h 后，每隔 12h 从接种管取样 1 次，观察菌种萌发和生长情况。首先看菌液颜色和澄清度，正常菌液颜色呈淡黄、橙黄、浅棕色，不浑浊。还要闻一下料液气味，正常的菌液有香甜味，随着培养时间的延长，味道会越来越淡。此外，还要看一下菌液中菌球数量增长的情况，一般培养 48h 后菌球数量增长迅速。再看一下菌球周围毛刺的情况，毛刺明显，说明菌丝活力强。毛刺消失，菌球光滑，菌液开始老化。另外，菌球颜色由浅变深也是老化的症状。

污染杂菌的菌液通常浑浊不透明、菌球轮廓不清，有酸、臭、霉气。

黑木耳液体发酵罐见图 3-46。

六、菌种选择

我国各地栽培用的黑木耳菌种有很多，辽宁省主要品种有 888 号、998-2 号等，黑龙江省主要品种有黑 29、黑威 981、黑山、雪梅 1 号、雪梅 3 号、8808 等，吉林省常用品种有延特 3 号、延特 5 号等，这些黑木耳菌种以高产优质等特点脱颖而出，生物学转化率均接近 100%。尤其是“元宝”单片黑木耳优良品种最受国内外消费者青睐。我们要选择适合当地气候条件的抗逆性强、抗杂菌能力强、抗病虫能力强、菌丝生长健壮、符合《食用菌菌种管理办法》所规定的菌种。

图 3-46 黑木耳液体发酵罐

黑木耳菌种的优劣直接决定黑木耳的产量和品质，在选择菌种时应选择经过省级以上种子部门审定的品种，而且在选种时应明白所选品种的种性。在选种时应该参考以下几点：

① 要看生产单位是否有食用菌菌种生产资质，有资质的单位不只是有利于我们日后维权，更是对我们自己的一个保障。

② 看生产单位的信誉，还有菌种的稳定性，不要盲目追求新品种。

③ 看子实体的形态，是多筋，还是半筋、无筋的。多筋、半筋黑木耳一般情况下是耳基丛生、朵状，耳片不舒展，同等管理条件下菌丝生长速度快，相对抗杂能力强，产量高。无筋的单片有些品种是耳基单生，所以长出来的木耳开小孔时容易出单片碗耳。所以如果要开“V”形口就选择多筋类菌种；如果要开小孔就选择半筋类菌种或无筋类菌种。

④ 看成熟期，是早熟的还是中熟、晚熟的。这里说的早熟、中熟、晚熟主要指的是菌种发满菌以后到适宜开孔期间的后熟期。一般情况为 10～30 天。早熟品种一般在菌丝长满袋后后熟约 1 周即可开口催耳；中晚熟品种一般须菌丝长满袋后后熟约 20 天，而晚熟品种一般菌丝长满袋后后熟 30～40 天。所以秋耳生产最好选择早熟或中晚熟品种，不适宜选择晚熟品种。因为秋天气温越来越低，而晚熟品种后熟时间太长，时间比较紧张，如提前生产可能赶上高温季节养菌，那样感染率会提高。

⑤ 看标识、包装。仔细检查是否有破损、杂菌感染、退化、老化等现象发生，一经发现有可疑现象就停止购买和使用。正规菌种都会标注：品种名称、生产单位、生产地址、联系方式、生产日期（批号）、执行标准等相关信息。

总而言之，选好菌种是决定黑木耳产量至关重要的一步，好种发好菌，好菌结好耳。

第四节 出耳管理

一、大棚立体吊袋栽培

黑木耳立体栽培的过程实质上就是人为地创造出适合黑木耳菌丝和子实体发育生长的有利条件。该技术与露地栽培模式比较具有土地利用率高（每亩地摆10000袋，如果立体栽培可摆4万袋）、节水、省工、避免天气影响等特点，可早增温、早开口，比地栽黑木耳早出耳20天以上。下面以东北地区春季吊袋为例，具体介绍一下栽培技术要点，秋季吊袋栽培可参照进行管理。东北吊袋时间一般为4月中下旬开口催耳，5月中旬开始采收，7月末采收。

（一）吊袋大棚及设施

1. 棚室结构

黑木耳吊袋大棚必须结构坚固，一般要求为南北走向，宽8～10m，长度为35～40m，大棚过长或过宽不利于通风和作业。大棚须安装通风设施，中间设作业道。

大棚有双弓和单弓两种。双弓大棚棚肩以下斜立，高2.0m，每个弓下1.5～2m远一个立柱；单弓大棚棚肩以下斜立或直立，另设横梁，肩高2.4m，立柱高2.4m，横梁下1.8～2m远一个立柱，棚顶高度一般在3.5～4.2m，作业道宽0.6～0.7m。大棚周围应设排水沟，沟宽30cm，沟深50cm。系绳吊袋所用钢筋与棚同向，两根一组，间距30cm，作业道宽60cm。棚两头开门，一般棚头对应设两扇或四扇门，门宽1.8m，门高2m，以利于通风。

吊袋大棚及吊袋后大棚见图3-47、图3-48，大棚门见图3-49。

图3-47 吊袋大棚（彩图）

图3-48 吊袋后大棚（彩图）

图3-49 大棚门

2. 棚内、棚外配套设施及注意事项

吊袋大棚承重大，地面必须平整，立柱下设预埋件，做好斜拉，大棚必须坚固不倾斜。大棚两侧设地锚（图3-50），用于压实棚膜和遮阳网（遮阳网密度为6针，

遮阳率为85%～95%）。棚顶上部设置喷雾水带（图3-51），用于降温，大棚排水必须良好，微喷管安装在内弓或横梁上，2m一根，1.5m一个“G”形喷头（图3-52）。正常情况是8m宽大棚，7×2排吊杆，8条过道，每条过道宽60cm，每个大棚安装8根水管，每个过道正上方排放一根水管比较合理。大棚先扣塑料膜再扣遮阳网，为方便塑料膜和遮阳网卷放应安装卷膜器（图3-53）。春季吊袋必须上年秋季建棚，扣棚前要准备好大棚膜、遮阳网、压膜绳等物品。为了及时观察棚内温湿度情况，还应在棚内放置温湿度计（图3-54）。在规模大的生产基地，为了能调整水温、调高喷水质量，还可以建造蓄水池（图3-55），为了防止杂物进入水池中和防止绿苔，还可在水池上放置遮阳网（图3-56）。同时要在场地建好水电等设施（图3-57、图3-58）。靠大棚两边的过道上吊杆下放塑料布，留一条过道，然后再铺塑料布，以防止水分渗漏，不浇水时塑料布上的水分还会向棚内蒸发以增加棚内湿度。

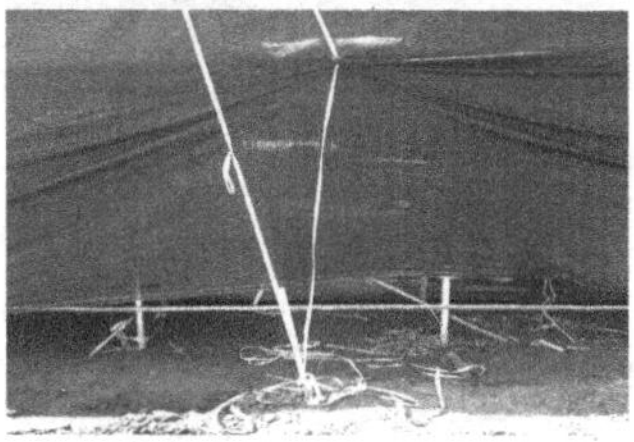
图3-50　地锚

图3-51　喷雾水带

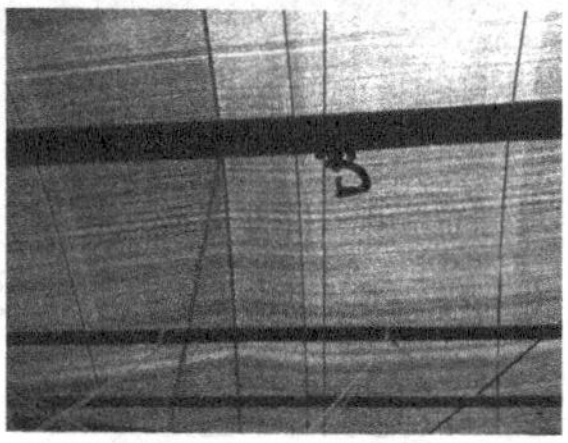
图3-52　“G”形喷头

图3-53　卷膜器

图3-54　温湿度计

图3-55　蓄水池

图3-56　遮阳网

图3-57　排水系统

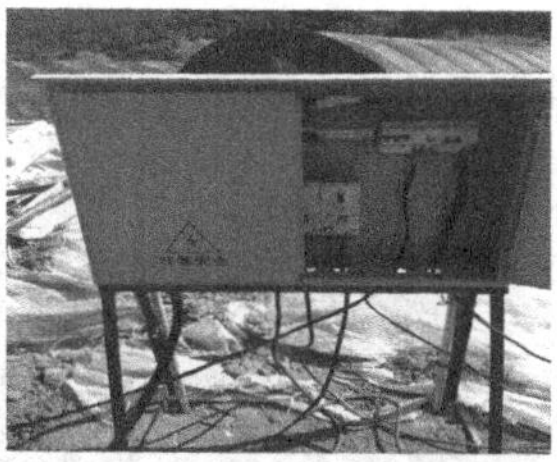
图3-58　供电系统

3. 扣棚及准备工作

2月初清理积雪后用塑料膜扣棚，两块大棚膜在棚顶重叠，以便棚顶开缝降温。用压膜绳将塑料膜加固，吊袋以后再扣遮阳网（图3-59）。扣棚后，吊袋前将吊袋绳拴好，将微喷管等安装完毕。为了防止杂菌发生，在地面上撒一层生石灰。为了防止杂草发生，可在地面铺遮阳网（图3-60），铺设时可将遮阳网放在钢管上，便于操作，并用细绳将地上遮阳网的空隙连接（图3-61），防止浇水时泥沙溅到子实体上影响产品质量。处理完地面后，将大棚密闭熏蒸消毒。

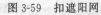

图3-59 扣遮阳网

图3-60 地面铺遮阳网

图3-61 连接遮阳网空隙

（二）菌袋入棚及复壮菌丝

1. 选择菌包

菌包选择无杂菌感染、无病虫害侵害（尤其需要注意的是螨虫）、菌龄后熟期足的优质菌包。

2. 菌袋入棚及复壮菌丝

待棚内地面化冻60cm以上、最低气温稳定在－3℃以上时，菌袋可以入棚，菌袋入棚要轻装、轻卸、轻拿、轻放。入棚时地面铺隔凉保温、防扎破菌袋的塑料膜或草帘，将菌袋袋底相对、袋口朝外排放在草帘子上，菌袋码4层高（图3-62），袋上盖塑料膜、草帘防寒遮阳（图3-63）。因为菌袋堆积到一起后温度容易升高，所以要经常观察菌袋温度，防止烧菌。棚内菌袋保持在温度20～22℃、相对湿度60%～70%，以利于菌丝的恢复。一般4～5天菌袋菌丝变白，将菌袋上下对倒一次，原样摆放继续复壮3～5天后方可划口。

图3-62 菌袋码4层高（彩图）

图3-63 盖草帘子（彩图）

（三）划口和封闭孔眼

1. 划口环境、机器、菌袋消毒杀菌

划口应在栽培棚内环境清洁的地方集中进行，并要选择晴天无风的天气，避免培养基被风吹干而影响出耳。达到后熟期扎眼之前由于在菌袋培养过程中空气中有杂菌孢子，所以在划口前应该要消毒杀菌，环境要清洁、卫生，创造一个相对无菌的扎眼环境，避免交叉感染。

划口可手工划口，也可用机器划口。划口时先用0.1%高锰酸钾溶液或0.1%托布津药液消毒菌袋表面，划口人员的手要用75%酒精棉球擦拭消毒，划口工具（刀片、钉板、机器）用75%酒精消毒，特别是划口器的针锥（图3-64）要用酒精喷到位，不留死角，这样划口后菌袋的菌丝才能不被杂菌侵染（图3-65）。划口时刀片不宜反复使用药水消毒，那样会杀伤菌丝，致使出耳不齐。

图3-64　打孔器的针锥

图3-65　对打孔器消毒

2. 不同的划口方式

目前有大孔（“V”形孔）和小孔两种方式，下面介绍一下它们的特点：

（1）大孔（“V”形孔）　“V”形孔的边长2～2.5cm，角度45°～55°，深度0.5cm，以“品”字形分布（图3-66）。斜线过长或过短对产量都有直接影响。斜线过长，培养基裸露面积大，外界水分也易渗入袋内，给杂菌感染提供机会；斜线过短则易造成穴口小、子实体生长受到抑制使产量降低。开口深浅是出耳早晚、耳

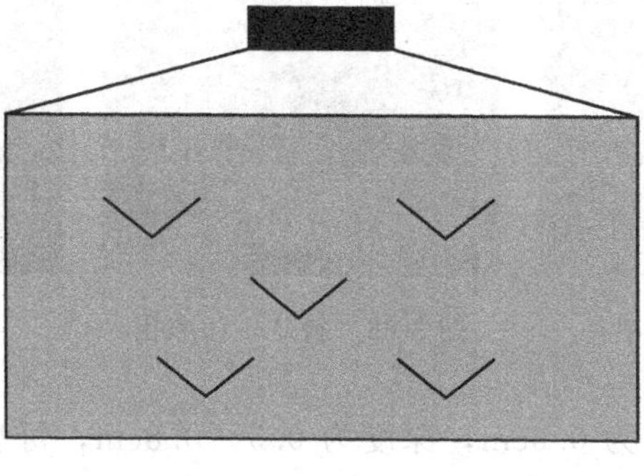

图3-66“V”形孔示意图

根大小的关键。划口过浅，子实体长得朵小，袋内菌丝营养输送效率低，子实体生长缓慢，而且耳根浅、子实体容易过早脱落；开口过深，子实体形成较晚，耳根过粗，延长原基形成时间。开口刺破培养料的深度一般为0.5～0.8cm，有利于菌丝扭结形成原基。

孔口的排列、菌袋划孔的位置和数量根据菌袋的规格和栽培方式不同而不同。长袋立式斜放栽培的，每袋划4层，每层3～4个口，上下层孔口呈“品”字形排列，每袋划14～16个孔口，底层孔口离菌袋底部（离地面）应有5cm距离，以免长耳时进行喷水管理泥土溅脏耳片；卧式栽培的，应横向布局划口。使用17cm×33cm短袋的均为立式栽培，可垂直划口3层，“品”字形排列，每袋可划8～12个口。在实际生产中，对于17cm×33cm短袋，建议春耳划15个口、“品”字形排列，秋耳12个口、“品”字形排列。如果想让木耳长成片状，就划小口、多划口，上下划8～12排，每排8个，划口线长0.5～1cm就行了。以前用自制刀片划口，现在多用自动划口机器划口。

“V”形孔上大下小，孔的上方薄膜不划破，划口处下方的三角薄膜由于耳基形成即翘起，似伞一样遮盖穴口，培养阶段喷水时起到保护伞作用，避免喷水直透穴口，引起杂菌污染。缺点是耳基大，需要进行人工撕片，耳基多被丢弃影响商品性状，造成人力物力浪费。

（2）小孔栽培　目前，很多地方进行小孔栽培，小孔生产的黑木耳朵形好、易成片，且生长健壮、品质好，产出的黑木耳市场售价比常规的“V”形孔每500g高出5～10元。采用“小孔”划口主要有三种划口方式，即小“Y”形孔（图3-67）、斜“一”形孔（图3-68）及圆钉形孔（图3-69）。圆钉形孔对菌丝破坏较重，耳芽形成极慢，但耳形极佳，碗状明显，适合技术成熟的种植者进行管理。斜“一”形孔对菌丝破坏特别轻，刀口恢复极快，耳芽形成极快，且不容易掉芽。小“Y”形孔对菌丝的破坏和耳芽的形成以及产量介于圆钉形孔、斜“一”形孔之间。我们应根据市场需求和个人的熟悉程度选择适宜的开口方式。

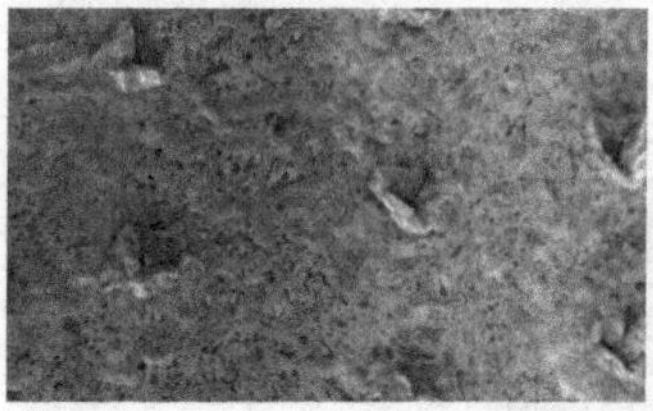

图3-67　小“Y”形孔

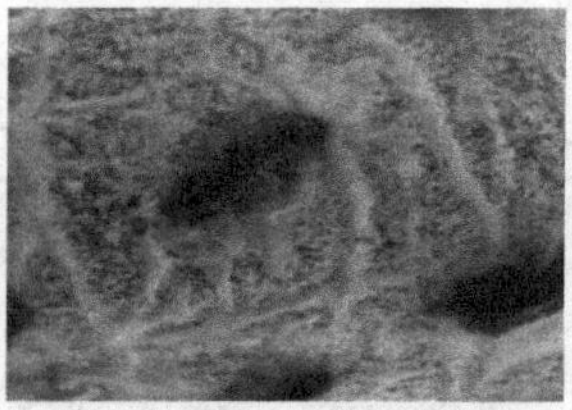

图3-68　斜“一”形孔

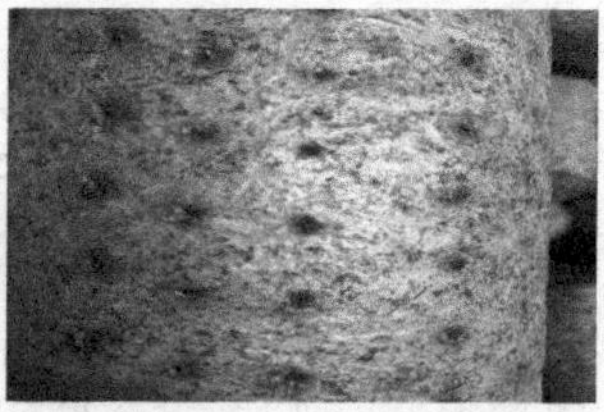

图3-69　圆钉形孔

小“Y”形孔刀口为0.6cm，深度为0.5～0.8cm，每袋菌包扎140～160个眼；斜“一”形孔刀口为0.5cm，深度为0.5～0.8cm，每袋菌包扎160～180个眼；圆钉形孔直径为 0.4cm，深度为 0.5～0.8cm，每袋菌包扎 180～220 个眼。

3. 划口

将经过后熟的菌袋去掉套环和棉塞，袋口用绳扎实后，再用刀片或机器沿袋壁划口。采用窝口的菌袋直接划口，非常方便。大棚吊袋栽培以小孔径为好，一般每个菌袋划口约 180～220 个，以机器划口为主。机器划口时用手将菌袋放在输送带上，菌袋从孔器一端进入，通过划口器后就形成一排排整齐的出耳孔了（图3-70）。划口后，菌袋一般四层垛式摆放（图 3-71），每垛间距 3cm。尽量在料袋紧贴处划口，不要在料袋分离处、褶皱处、杂菌处、袋内形成原基处和无菌丝处划口。不要在强光、高温、大风、雨天（室外催耳）划口。在菌包划口时应注意划口深度，划口过深出耳慢，易产生糊眼（不出耳的眼）现象，划口太浅长出的黑木耳容易掉耳。

图 3-70　划口

图 3-71　摆垛

4. 划口后封闭孔眼

划口后大棚要遮阳，棚内保持在温度 20～22℃、相对湿度 75%，减少水分流失，利于菌丝的恢复。一般划口后 5～7 天在遮光条件下菌丝可封闭孔眼，形成黑眼圈（图 3-72）。划口后菌丝受伤，呼吸作用加强，温度容易升高引起烧菌，所以要经常观察菌袋温度［可以将温度计插在袋内（图 3-73）和袋间（图 3-74）观察袋内和袋间温度］。当袋内温度超过 28℃时，要通过开门通风达到增氧降温。最好划口后 3～4 天将菌袋上下对调一次（利于菌袋催芽整理），再过 3～4 天即可吊袋催芽，垛袋复壮期间通过喷雾状水和使地面潮湿来保持湿度。

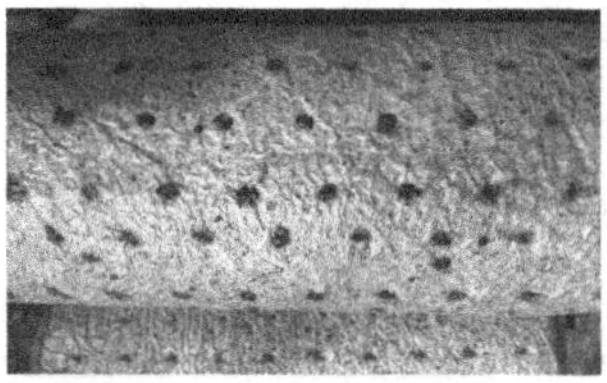

图 3-72　黑眼圈（彩图）

图 3-73　测菌袋内温度

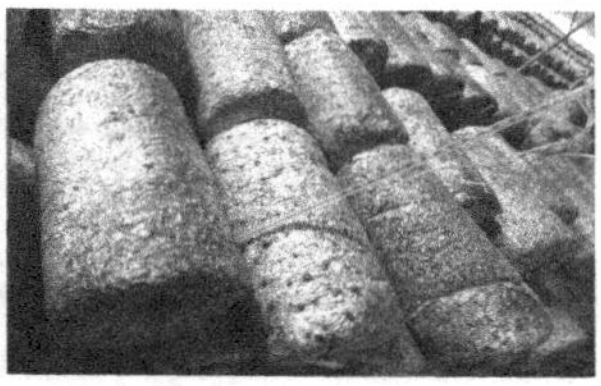

图 3-74　测菌袋间温度

（四）吊袋

1. 吊袋时间

吊袋栽培在东北大部分地区可实现一年两季，春耳4月吊袋，6月末采收结束；秋耳8月初吊袋，10月末结束采耳。

划口处菌丝封孔、耳芽已经隆起时及时吊袋。如果出耳孔菌丝长好后没有及时吊袋，袋内菌丝就会老化，形成胶质化的菌皮，影响木耳出耳。如果菌袋吊袋过早，菌丝还没有封住出耳孔，吊袋后容易引起杂菌感染。

2. 吊袋方法

吊袋方法主要有“单钩双线”和“三线脚扣”两种。

（1）单钩双线　是将两根细尼龙绳（图3-75）拴在吊梁上（图3-76），另一头系死扣，吊绳下段离地40cm（图3-77），防止喷水时泥水飞溅到袋上。绑完一组吊绳后绑另一组，相邻两组间距30cm（图3-78）（不能摆得过密，否则一是影响通风，二是风大耳芽相互碰撞容易掉芽。当然也不能摆得太稀，降低单位面积产量）。吊绳绑好后，将菌袋在输送带上输送到棚内（图3-79）。吊袋时将菌袋袋口朝下放在两股绳之间（图3-80），袋的上面放一个用16#细铁丝做的钩，钩的形状如手指锁喉状（图3-81、图3-82），长5cm。用钩将绳向里拉束紧菌袋，上面再放菌袋，菌袋上再放钩子，以此进行，每串挂5～8袋（图3-83），相邻两串间距30cm（图3-84）。吊袋时，最底部菌袋应距离地面40cm，吊袋密度平均每平方米约70袋。为了提高工作效率可以将吸铁石放在手背上（图3-85），将单钩放在吸铁石上。

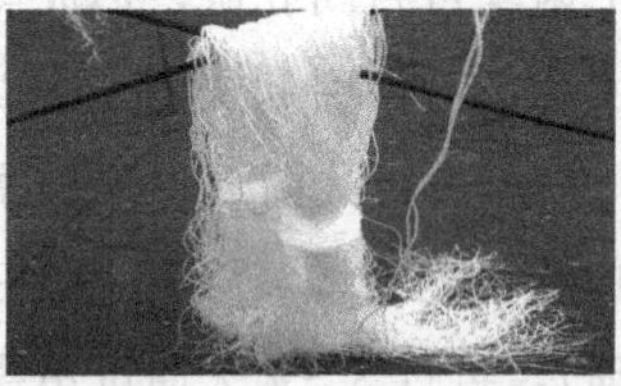

图3-75　细尼龙绳

图3-76　绳拴在吊梁上

图3-77　距地面40cm

图3-78　绳间距30cm

图3-79　菌袋放输送带上

图3-80　袋口朝下

图 3-81 铁制单钩

图 3-82 塑料单钩

图 3-83 挂袋（彩图）

图 3-84 相邻两串间距 30cm

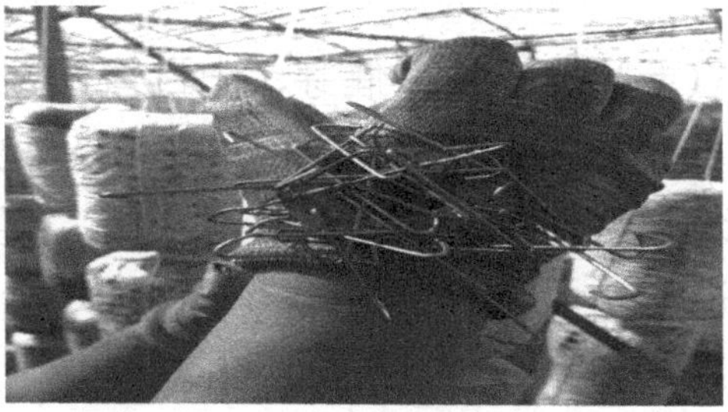

图 3-85 手背上的吸铁石（彩图）

（2）三线脚扣 是用三股尼龙绳拴在吊梁上，另一头也系死扣，吊袋前先放置7～8 个等边三角形塑料脚扣或三角形 16# 铁丝钩（图 3-86、图 3-87），作用也是束紧尼龙绳固定菌袋。吊袋时先将一个菌袋放在三股绳之间，袋的上面放下一个脚扣，再放两个菌袋放下一个脚扣，以此类推，一般每串挂 8 袋，每行之间应按“品”字形进行，相邻两串间距 20～25cm。吊袋时最底部菌袋应距离地面 30～50cm，吊袋密度平均每平方米约 70 袋。垫片可以将上下菌袋隔离开，防止通风不良，引起病害。挂好的菌袋见图 3-88。

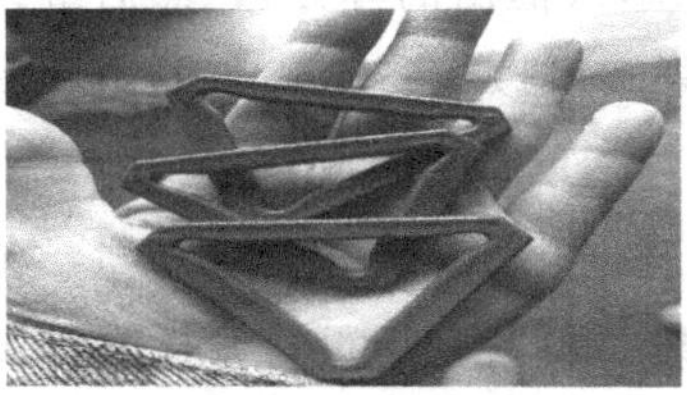

图 3-86 三角形塑料脚扣

图 3-87 铁制三角形脚扣

图 3-88 挂好的菌袋

3. 注意事项

① 一是放菌袋时要注意，菌袋口要朝下（图 3-80），防止浇水时菌袋进水引起菌袋腐烂。下图是某基地发现的菌袋朝上的照片，已经造成菌袋严重积水（图 3-89），应及时发现，排出积水并将菌袋倒立过来。

② 二是要调整绳与划口处的位置，不让绳挡住耳孔（图 3-90）引起憋芽。

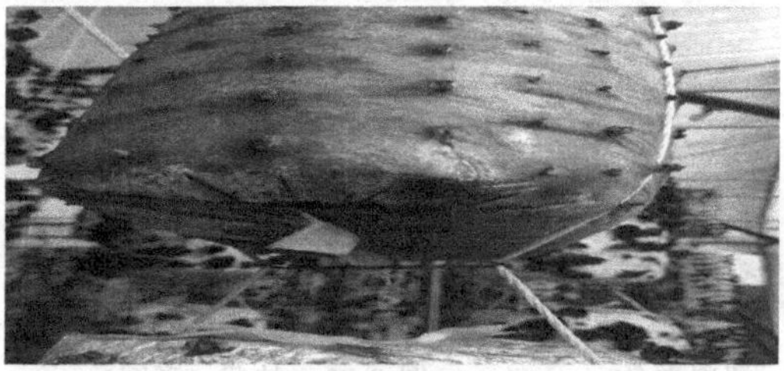

图 3-89　袋口朝上严重积水

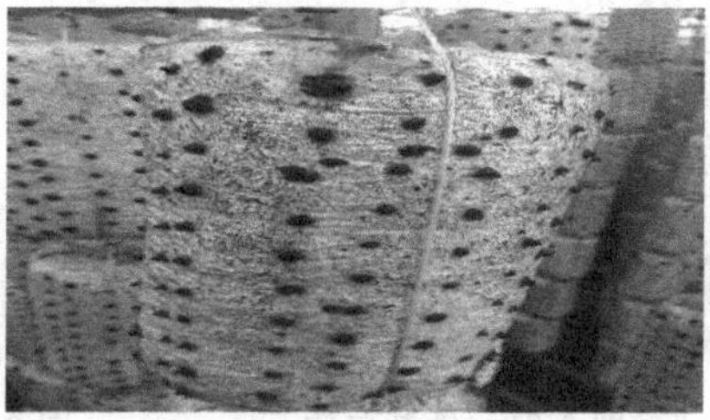

图 3-90　不让绳挡住耳孔

(五) 吊袋木耳催芽、出耳管理

黑木耳栽培，菌包从刺孔、催芽、分床摆放到第一茬耳片的采收大约需要20～30 天时间。其中，原基形成期 7～10 天，耳片分化期 5～7 天，展片期 6～8 天，成熟期 1～2 天。

1. 催芽管理 (7～10 天)

吊袋之后，就进行催芽管理，催芽就是在耳孔处长出耳芽的过程。木耳催芽和作物出苗一样是非常重要的环节。耳芽出得早、出得齐、出得壮，木耳三潮就可以采收结束，可以集中采摘，节省人工。并且春耳可以在高温、雨季到来之前将80%的木耳采收，这期间的木耳颜色深、耳片厚、质量好。实践证明，催芽关键是保证三个条件：一是充足的阳光，二是足够的水分，三是较大的温差。光照有助于耳芽原基的形成；较大的温差加速耳原基的分化；水分除保障菌丝和耳芽原基正常的生理活动外，能更有效地拉大温差。

这一阶段的技术要点是：温度 15～25℃，湿度 85%，光照强度 300～1000lx，二氧化碳含量 0.03%。在管理上要参照保湿为主、通风为辅、湿长干短的原则。正常管理 7～10 天在木耳菌袋开孔处即可呈现黑色原基（催出的耳芽），然后继续保持培养，15～20 天就可以见到原基慢慢长出袋孔外，可以进行下一步的出耳管理环节了。

(1) 湿度　吊袋后如不及时浇水催芽，会造成菌丝老化，影响出耳和产量。菌袋进棚第 2 天应将地面浇透水，一般经过 2～3 天菌袋贴料紧密后可打开微喷（图 3-91），每天早、中、晚浇水，每次 5～10min，棚内昼夜湿度在 85%，保持菌袋表面有一层薄而不滴的露水，直至原基形成。这个时期要以保湿为主，通风为辅，湿长干短。最好喷雾状水，可防止水进入菌袋产生青苔。如果空间湿度过大或喷水在穴口上时，菌丝加速生长，形成一层白色菌皮，这就会影响原基出现或者菌丝易胶质化。目前微喷可以通过自动化的微喷开关控制（图 3-92），只要设置好时间和次数，微喷就可自动进行。

可以通过湿度计测量湿度是否达标，还可以通过人进棚是否有潮湿感，另外通

图 3-91 打开微喷

图 3-92 自动控制开关

过看棚膜是否有水珠（棚膜上没有水珠说明湿度过小，棚膜上有水珠不下滴说明湿度正好，棚膜上有水滴下落说明湿度过大）、菌袋表面是否有一层薄而不滴的“露水”来判断湿度是否合适（如果有，说明湿度达标）。

（2）温度　温度和子实体的形成有很大关系，白天控制棚内温度在 22～25℃，晚间温度控制在 15℃左右，使得昼夜温差达 8～10℃（在黑木耳生产过程中需要 10℃以上的温差刺激，利于干物质的积累、耳芽的形成），可以通过打开棚膜、通风、喷水等方式进行温度控制。在这种条件下出耳快、品质好。温度计有几个区域需要注意，分别是防冻伤、寒冷、舒适、炎热和防暑温度。炎热温度是 30～40℃，防暑温度是 40～50℃，防冻伤温度是－25℃～－10℃，寒冷温度是－10～15℃，舒适温度为 15～20℃。我们在管理上通过通风、喷水等措施，最好保证温度在舒适温度范围内。

（3）光照　需要散射光（自然光照即可），光照强度为 300～1000lx，光线管理为七阴三阳。一般上午 9:00 后，盖上遮阳网（图 3-93），下午 4:00 打开遮阳网，阴天不用盖遮阳网，通过调节遮阳网达到光照要求。光照管理结合温度进行，当大棚内温度高于 25℃时需要将遮阳网遮上部分，棚内温度 25℃以下时就可以把遮阳网全部打开，让耳芽充分接受阳光照射，可以利于耳芽形成，利于黑色素积累。晚上如果棚内温度不低于 15℃就不需要遮盖遮阳网。

图 3-93 盖上遮阳网

（4）通风　前 3 天为了保湿一般不通风或微通风，3 天后一般早晚各通风一次，每次 0.5～1h，保证空气新鲜。当棚内温度超过 25℃以上时，可以通过打开门、棚膜侧面进行通风管理（图 3-94、图 3-95）。形成耳芽后，为了防止通风时菌袋随风摇晃，相互碰撞使耳芽脱落，吊绳底部用绳连接在一起，这样风再大，菌袋可以随风共同摆动，不相互碰撞。也可以用绳将菌袋套住（图 3-96），连接在一起，固定菌袋。

图 3-94　打开门通风

图 3-95　打开棚膜侧面通风

图 3-96　固定菌袋

2. 耳片分化期管理

原基表面开始伸展出小耳片为分化期，一般需 5～7 天。此阶段主要是依靠菌丝从培养基中吸取养分和水分，供幼耳生长。技术要点：控温，增湿，常通风。

分化期的主要管理，像庄稼“蹲苗”一样。分化期的耳芽刚刚形成，相当细嫩，它既需要水分，又不应水分过大。该阶段的湿度以保持形成的原基表面潮湿不干燥为宜。每日早晚各浇水 2～3 次，每次 5～10min，空气相对湿度应掌握在 85%。这个阶段切忌湿度过大，浇大水湿度过大易使刚形成的耳芽破裂烂耳。要加强通风，白天将棚膜卷起 10～20cm，打开门窗通风，防止二氧化碳浓度过高产生畸形耳，产生憋芽和连片。温度保持在 15～25℃，要防止高温伤菌，棚顶设置一根水带，棚内温度高于 24℃，要加大通风，并在棚外浇水降温，避免菌袋流“红水”和感染绿霉菌。

3. 展片期管理（6～8 天）

子实体长至 1cm 大时，边缘分化出许多耳片，耳片逐渐向外伸展，划口处已被子实体彻底封住，这就是子实体耳片展片期，时间大约在 6～8 天。耳片展片期是木耳子实体生长最旺盛的时期，所需养分和水分集中，菌丝必须加速降解培养基内物质，满足子实体生长需求。这时应逐渐加大浇水量通风来保持耳片的迅速生长。此阶段技术要点：开放管理，控制生长，及时采收，干湿交替。

耳片展开 1cm 以后，就可以往耳片上浇大水了。此阶段早春温度低时白天浇水夜晚少浇水，春季应在下午 5 点至次日 7 点浇水；入夏后应在下午 8 点后至次日 3 点前浇水。浇水时应将黑木耳全部湿透，然后每小时浇水 5～10min，控制棚内湿度在 85%～90%。水质对黑木耳影响很大，可以浇井水、泉水，不能喷污染的河水、水坑水。天冷时井水、泉水凉，会使木耳生长缓慢，可先把水引到蓄水池内，太阳晒 1～2 天，水温提升后再浇水。浇水以黑木耳向外展片为标准，浇水频率以干湿交替为特征，坚持“干长菌丝、湿长木耳”的原则，进行水分管理。

与地栽木耳相反，吊袋木耳是保湿容易通风难，展片期应全天通风。耳片直径长至1～2cm时，白天将棚膜卷起20～40cm，耳片直径长至2～3cm时将棚膜卷至棚肩或棚顶。浇水时一般放下遮阳网，不浇水时应将遮阳网卷至棚顶或棚肩处晒袋（图3-97、图3-98）。

图3-97 撤掉遮阳网（彩图）

图3-98 晒袋的木耳（彩图）

4. 成熟期管理（1～2天）

当木耳长到3～5cm，耳根收缩，耳片全部展开、起皱时应停止浇水，1～2天后采收。

5. 二、三茬耳的管理

6月初当木耳采收过半后，应停一次水，将菌袋上的木耳晒干后再进行浇水，待耳片长至3～5cm，将菌袋上的木耳一次采收下来。晒袋1～2天，模仿下中雨的环境进行浇水，7天左右再现第2潮耳原基，连续浇水3～5天即可采收第二茬耳，第二茬耳采收后，按照上述方法依次进行下茬管理。

二、黑木耳大地栽培

1. 排袋时间

以东北为例，露地排袋一般春季在4月中下旬至5月初开始；秋季在8月初排袋。

2. 耳场选择

房前屋后、大田地都可以作为耳场。要求耳场环境清洁，地面平整，通风良好，阳光充足，靠近水源，交通方便，地块不存水，无洪水蔓延（图3-99）。

3. 修建耳床

不同地势、不同降雨量应做不同的床。排水好的场地可以做地平床；积水低洼地，应做高出地面10～20cm的地上出耳床；干旱地区可顺坡做10～20cm的地下床（浅地槽）。

下面以地上出耳床为例，介绍一下耳床的修建。首先将地整平、耙细，然后做

图 3-99　耳场选择

床，耳床宽 1.2～1.5m，高 10～20cm，可因地制宜选择长短，床间过道宽 0.4m，床面的土应压实并呈龟背形（图 3-100）。

图 3-100　地上出耳床（彩图）

4. 耳场消毒

耳床在摆袋前要进行消毒，消毒剂有 2%石灰水溶液、0.2%高锰酸钾水溶液、稀释 500 倍的甲基托布津溶液。方法是分别对过道、耳床进行喷洒杀菌。

5. 菌袋开口处理

掌握好合适的开口时间是出耳催芽的重要环节。由于全国各地的气候条件不一致，不能把一个地区的成熟经验直接照搬到另外一个地区来应用。要根据实际的客观条件来实现差异化对待。在时间安排上我们需要根据当地的物候条件来合理安排，要掌握在当地最低气温稳定高于 10℃的情况下进行开口、催芽管理。

具体方法是将经过后熟的菌袋去掉套环和棉塞（采收窝口的菌袋直接开口），袋口用绳扎实后，再用刀片沿袋壁划成“V”形口，“V”形口的边长 2～2.5cm，角度 45°～55°，深度 0.5cm，以“品”字形分布。“V”形口的尖端要全部向着地面，靠地面的“V”形口尖端离地面要达到 5cm 以上，以防止出耳后喷水溅到耳片上泥土。大量生产用自制“V”形划口器划口。

目前，很多地方进行小孔栽培，小孔栽培的菌袋处理是将菌袋用刺孔机刺孔，每个菌袋刺180～220个孔，孔距为1.5cm，孔深约0.5cm。

6. 催耳

诱发耳芽管理又叫原基形成期管理，或叫催耳期管理。该时期指从划口到形成桑葚状原基。这个时期一般为7～10天。诱发耳芽的方法分为直接催耳法和集中催耳法。

（1）直接催耳法　这种催耳法一般用于自然温度和降雨最适于黑木耳生长的季节。建出耳床，床宽1.2～1.5m，留有作业道（兼排水沟），床面覆盖有带孔的塑料薄膜，将划口的袋间隔10cm左右呈“品”字形摆放到出耳床上，盖上草帘后直接进行催耳。如果春季气温低、风大可在菌床四周用塑料膜围住，整个菌床再盖上草帘避光。

这阶段床内温度控制在25℃以下，湿度控制在70%～85%，2天后开始喷水，一般早晚温度低时喷水，即上午5～9时、下午5～7时，每次喷水5～10min。雨天不喷水，中午高温不喷水，阴天少喷水。大约经过15～25天左右就有耳基形成。耳基形成后应将草帘和塑料膜撤掉，进行全光管理。

该阶段若帘子潮湿度不够，可轻轻往帘子上喷雾状水或将帘子用清水浸泡，沥净多余水分再往上盖，总之不允许帘子上有水滴滴入划口处。如遇雨天，因子实体还未长出封住划的口，经不起雨水的浸淋，下雨时需盖上塑料布遮雨。催芽期间应密切注意菌床的温湿度变化，如果发现温度超过25℃应及时撤掉塑料膜，掀开草帘通风降温。该阶段一怕水浇得大，二怕不通风。

（2）集中催耳法　为保证划口处子实体原基迅速形成，在气温低或风大湿度又低的情况下，应采取集中催耳的办法。集中催耳法又分为大地集中催耳法、室内集中催耳法和大棚集中催耳法。

① 大地集中催耳法　也称密植催芽。东北地区春季气候干燥、气温低、风沙大，为使原基迅速形成，应采取室外集中催耳的方法，待耳芽形成之后再分床，进行出耳管理。

做床前应将周围污染源清理干净或远离污染源，要求床面平整，床长、宽因地制宜，去除杂草，床面宽一般为1.2～1.5m，床长不限，床高15～20cm，作业道宽40cm。摆袋之前浇透水，然后在床面撒白灰或喷500倍甲基托布津稀释液，催芽时床面上可以暂时不用铺塑料膜，直接使菌袋接触地面，利用地面的潮度促进耳芽的形成，保湿效果较好。开口后把菌袋集中摆放在耳床上（图3-101），间隔2～3cm，摆放一床空一床（以便催芽环节完成后分床摆放），盖上草帘。如气温低可先覆盖一层塑料薄膜（图3-102），不能完全盖严，上面再盖草帘（图3-103）。白天每隔3m留一个通风抽换气孔，晚上把通风口盖严。一般10～15天原基就可以形

图 3-101　开口摆袋

图 3-102　盖薄膜（彩图）

图 3-103　盖草帘（彩图）

成。当木耳耳芽长到 1cm 时即可撤去塑料布，继续盖草帘浇水保湿。

子实体的形成需要一定的空气相对湿度（80%～90%）、适宜的温差（10～15℃）、新鲜空气（必须适时定时通风）、适当的散射光（夜间和早晚撤掉帘子光线就够了），子实体才能得以正常尽快形成。催芽过程中耳芽形成的条件及管理要点如下：

第一，湿度。原基形成期主要依靠地面、草帘的湿度保持环境湿度，保证开口处菌丝不易干枯，尽快愈合扭结原基。在管理时一定要注意防止开口处风干，因为风干后形成原基的能力就差。为解决这一问题要保持床内的湿度，可轻轻往帘子上喷雾状水，少喷水，勤喷水，一般用喷水带喷水每次不超过 5min，每天须喷 4～6 遍，做到草帘的水分湿而不滴为宜，不允许帘子上有水滴滴入划口处。

第二，温度。黑木耳出耳时的温度范围是 10～25℃，原基形成和分化的温度为 15～25℃，主要依靠草帘和塑料薄膜保温（图 3-104）。如果气温高于 25℃以上时需要向草帘上浇水降温，如耳床内长期处于 15℃以下温度，可罩大棚膜，利用光照增温，但要注意定时通风。要严格控制菌床内的温度不能过高，出现高温要及时通风，发现菌袋出黄水或者霉菌污染要及时撤掉草帘，进行晒床。

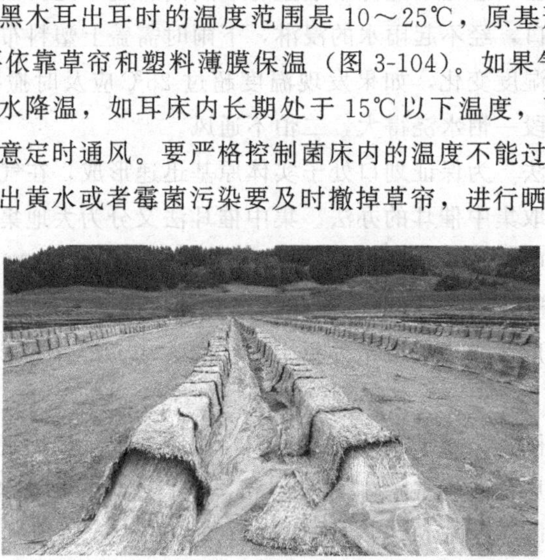
图 3-104　盖草帘和塑料薄膜

第三，温差。黑木耳耳芽形成过程要有一定温差，即夜间的温度与中午的温度差距应大于 10℃。如昼夜温差过小也会造成原基形成过慢。用自然的地下水或井水浇灌，由于水温较凉，可起到加大温差的效果。也可根据栽培地温度情况，用盖或不盖草帘或加盖塑料布等办法增加温差。夜间掀开覆盖草帘，可充分利用北方昼夜温差大的特点，刺激原基形成。

第四，光线。散射光线能诱导原基的形成，调节空气相对湿度，降低环境和子实体的湿度。因而草帘不应过密，以“七阴三阳”为宜，这样菌床内有适当的光线。可视温、湿度情况于早晚掀开草帘 30～60min。

第五，通风。每天通风一次，30min 为宜，通风不宜过大过勤，防止风干开口影响后期出耳，应按照“保湿为主、通风为辅、湿长干短”的原则进行。既要防止通风过大把开口处的菌丝吹干，造成出耳困难，又要防止菌床内高温高湿引起菌袋伤热，造成开口处杂菌感染，出现流红水、霉菌感染等现象（图 3-105）。

图 3-105　通风

② 室内集中催耳法　为避免室外气温、环境的剧烈变化，菌袋开口后可采取室内或大棚催芽。室内催芽易于调节温、湿度，保持较为稳定的催芽环境，菌丝愈合快，出芽齐，比较适合春季室外温度低、风大干燥的地区。

室内催芽要求培养室内污染菌袋少，杂菌含量少，并且光照、通风条件好。催耳时将开完口的菌袋松散地摆放在培养架上。割完口的菌袋菌丝体吸收大量的氧气，新陈代谢加快，菌丝生长旺盛，菌温升高。为了避免高温烧菌，排放菌袋时袋与袋之间应留 2～3cm 的距离，以利于通风换气。如果室内温度过低，菌袋开口后先卧式堆码在地面上，一般 3～4 层，提高温度有利于开口处断裂菌丝的恢复，培养 4～5 天待菌丝封口后采取立式分散摆放，间距 2～3cm，如菌袋数量过多也可以采取双层立式摆放。室内催耳的管理主要是以控温保湿为主。

第一，温度。开口后的前 4～5 天是菌丝体恢复生长的阶段，室内温度应控制在 22～24℃，促进菌丝体的恢复。5 天左右菌丝封口后，可将室内温度控制在 20℃以下，并加大昼夜温差，白天温度高时适当降温，夜间温度低时可以开窗降温刺激出耳。如果室内温度长时间过高，开门、开窗也降不下来，则不适合继续在室内催芽，应及时将菌袋转到室外。

第二，湿度。通过向地面洒水增加湿度。菌丝体恢复生长的阶段，割口处既不能风干失水又不能往割口上浇水，空气相对湿度要控制在70%～75%。之后逐渐增加室内空气的湿度，空气相对湿度要提高到80%，每天地面洒水，空间、四壁上喷雾。

具体操作方法是每天早、午、晚喷水3～5次，喷水前打开门窗通风30min，然后喷水喷雾，再关闭门窗保温保湿。菌丝愈合后有黑色的耳线形成并已经封口后，可以适当向菌袋喷雾增湿。

第三，光照。耳芽形成期间需要散射光照，若光线不足会影响原基的形成，延迟出耳；但是较强的光线会引起菌袋上出现原基，造成不定向出耳。如果大棚或室内光线过强要适当地遮挡，或者在菌袋上盖草帘等遮阳物进行遮光。

第四，通风。室内空气新鲜可以促进菌丝的愈合和原基的分化。适当通风还可以调节环境的温湿度。室内温度、湿度过低时应以保温保湿为主，减少通风，尤其是在开口后的菌丝愈合期应防止过大的对流风造成开口处菌丝吊干（造成吊干死）。如果室内温度高于25℃可全天敞开门窗，让空气对流降温，防止烧菌。

室内催芽一般经过10～15天开口处形成耳基，这时就可以将菌袋摆放到出耳床上进行出耳管理。出袋之前室内停止用水并打开门窗通风2～3天，使耳芽干缩与菌袋形成一个坚实的整体，再运往出耳场地进行出耳管理。

③ 大棚集中催耳法　在温室大棚内催耳比室内保湿好，还不会使木架子发霉而影响养菌室环境，具体方法可参照吊袋栽培催芽管理。

7. 排袋

一般经过10～15天，菌袋划口或刺孔处出现黑色鱼子状原基时可进行排袋。排袋就是把菌袋摆放到耳床上，袋口朝下，袋与袋之间留8～10cm空隙。排袋可用手直接排袋；也可用左手压住袋底，右手用专用铁叉插进菌包挑起（可以防止幼耳脱落，加速菌包通氧）移入栽培床。一般每平方米床面摆25袋，排袋前耳床铺上打孔黑色除草地膜后再进行排袋（图3-106、图3-107）。铺黑色薄膜后，地面杂草因光照条件不足而难以生长。进行打孔处理是为了喷水时多余的水分能通过孔迅速排干，地上没有水，木耳不接触水就不烂耳了。另外，水渗下去以后，地湿了，天气一热，顺着眼往上出潮气，增加空气湿度。

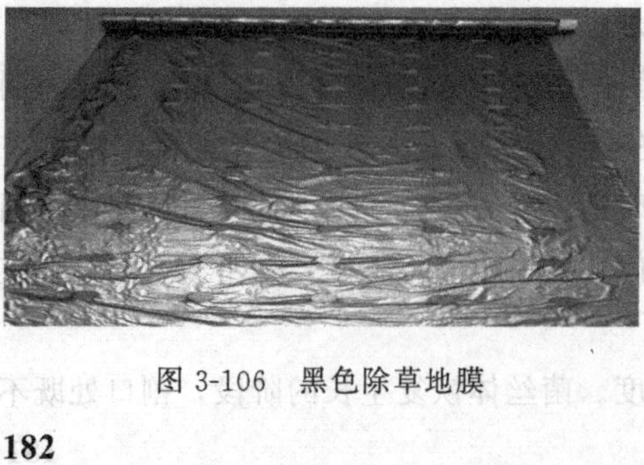

图3-106　黑色除草地膜

图3-107　排袋

8. 浇水设施安置

浇水的设施可以采用微喷管或喷头喷灌，二者均需一个加压泵，或直接用潜水泵抽水浇灌。

(1) 微喷管 微喷管（图 3-108）为塑料输水管，上面用激光打有密孔。当水流到管内，达到一定压力，水就从激光打孔处呈雾状喷出，输水管长度可随出耳菌床的长短而定，最大覆盖面宽度可达 2m，这样，每个菌床用一根输水管即可。如果采用定时器来自动控制水泵开关，使用效果较好，一方面可以免去夜间人工开关水泵，减少工作量；另一方面夜间浇水木耳生长快且不易感染杂菌。微喷管安装示意图见图 3-109。

图 3-108 微喷管

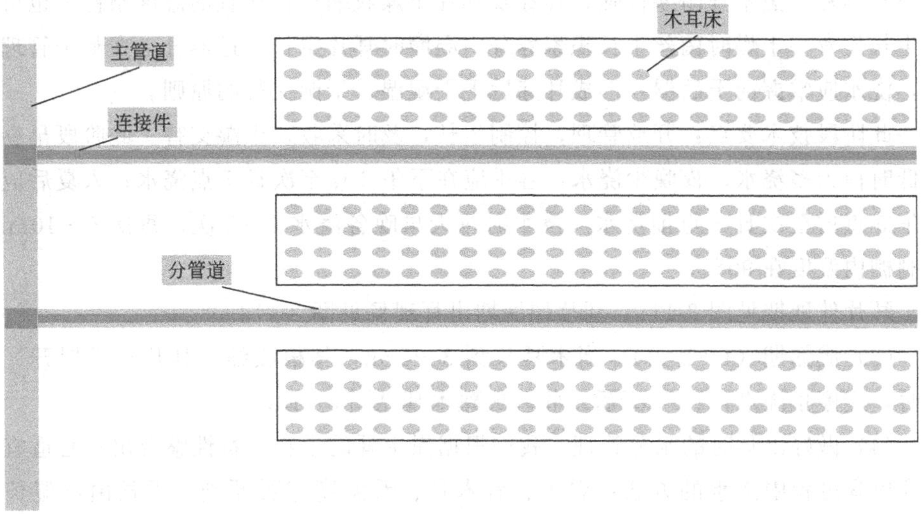

图 3-109 微喷管安装示意图

(2) 喷头喷灌（图 3-110） 旋转式喷头需在各菌床间铺设塑料输水管道，在

图 3-110　喷头喷灌（彩图）

距地面 50～100cm 的高度安置喷头，保证每个喷头可覆盖半径 6～8m 的范围，水在一定压力下经过喷头呈扇形喷出。这种浇水方法水滴大，子实体吸水快，节水效果较好。

9. 出耳管理

（1）耳片分化期（5～7 天）　保持床面湿度在 85%，即床面见湿。如耳芽表面不湿润，可向耳袋喷雾状水。

（2）展片期（6～8 天）　此时为耳片快速生长阶段，要通过加大湿度和通风来保持耳片快速生长，空气相对湿度要达到 90%，正常情况下，每天喷水 3～4 次。如果天气炎热，中午应该停止喷水，喷水应该尽量安排在早、晚进行，上午在 9 时以前，下午应尽量等袋温降至接近气温时喷水。经 7～10 天耳芽长成不规则的波浪状耳片。黑木耳耐寒性强，耳芽及耳片干燥收缩后在适宜的温度条件下也可恢复生长发育。干燥时菌丝生长积累养分，湿润时耳片生长输送养分，在整个管理时期，浇水应掌握前干后湿，形成耳芽后干干湿湿、干湿交替的原则。

此阶段技术要点：开放管理，控制生长，及时采收，干湿交替。此阶段早春温度低时白天多浇水、夜晚少浇水，春季应在下午 3 点至次日 7 点浇水；入夏后应在下午 5 点后至次日 3 点前浇水。浇水时每天早晚各浇水 2～3 次，每次 5～10min，控制棚内湿度在 90%。

耳片伸展期见图 3-111，耳片伸展期出耳现场见图 3-112。

（3）成熟期（1～2 天）　当木耳长到 3～5cm，耳根收缩、耳片全部展开、起皱时，应停止浇水，1～2 天后采收。成熟木耳见图 3-113。

（4）做好出耳时的水分管理　我们根据黑木耳的生物学特性整合出一套适宜黑木耳出耳过程中浇水的方法：看天、看木耳、看温度三看原则，干长菌丝湿长木耳，采用干湿交替进行浇水管理。

① 看天气

a. 晴天多浇。

图 3-111 耳片伸展期

图 3-112 耳片伸展期出耳现场（彩图）

图 3-113 成熟木耳

b. 阴天少浇。

c. 雨天不浇。

② 看温度

a. 当温度超过 25℃时停止浇水，否则木耳耳片生长速度过快，干物质积累少，容易导致流耳。

b. 当温度低于 15℃时停止浇水。温度低于 15℃，木耳耳片生长速度缓慢，不需要浇水。

c. 温度高于 30℃时，需要适当浇冷水降温，以防止高温导致的菌袋内菌丝死亡而引发"西阳病"，原则上是浇水量等于蒸发量，少浇勤浇。

③ 看木耳

a. 木耳耳片处于干燥状态时，就是每天下午或傍晚需要浇第一次水的时间，如果菌袋温度高，需要先浇菌袋降温水，浇水量不以时间计算，以菌袋上沾满水为止。停 10min 以后，开始浇水，一直浇到耳片完全舒展开以后停止浇水。只有当耳片完全舒展后木耳子实体才开始进入正常生长状态。

b. 当看到耳片开始萎缩，从晶莹剔透的状态转向灰黑色，失去光泽度，就需要再次浇水，到耳片舒展状态再停止。如此反复。

c. 停水晒袋，每天浇水都可以看到黑木耳明显的生长情况，当发现浇水以后木耳生长速度减慢时就证明袋内菌丝缺氧，这时就需要停止浇水，开始晒袋。晒袋的要求是将已经膨胀堵塞在菌袋出耳孔的耳基晒至萎缩为宜，具体时间要根据实际情况而定。

以上可以总结为干要干透、湿要湿透的原则。

只要按照上述的要求合理进行浇水，木耳的产量和质量就能得到保障。

(5) 黑木耳晒袋的原则　在黑木耳种植出耳管理阶段有一个环节叫作“晒袋”。晒袋主要是为了恢复菌丝茁壮生长，增加袋内氧气，蒸发培养基内多余水分，只要达到这三个目的以后就可以继续浇水催耳。菌袋晒得好，增产高效；晒得不好，适得其反，将会导致减产，甚至绝收。以下原则供大家参考：

① 以下七种情况，建议不要轻易“晒袋”：

a. 芽不齐不晒袋。耳芽不齐，有的出芽，有的没出芽，如果这种情况下晒袋，就会造成没出芽的孔更不易长出小芽，很容易出现木耳原基在袋内生长、膨大，也就是我们经常说的憋芽现象。

b. 温度低不晒袋。在全光小孔木耳催芽管理阶段，外界环境气温低于 15℃、高于 10℃时也需要持续保持菌袋外界的湿度，如果这种情况下晒袋，就会使袋内温度升高到 20～25℃，在这样的温度条件下非常适合菌袋内的原基形成、生长，膨大，极易产生憋芽现象。

c. 袋料分离不晒袋。如果已经有袋料分离的情况发生，也没有晒袋的必要，越晒袋料分离的症状越严重。

d. 温度过高不晒袋。温度高于 30℃以上坚决不能晒袋，外界温度高于 30℃时，阳光照射下的菌袋内温度可以达到 40～55℃，菌包长时间在高温的条件下袋内菌丝极易衰败、死亡。如果菌袋内有鼓包憋芽的情况，就会使袋内原基腐烂，造成细菌、霉菌感染，导致“西阳病”。

e. 鼓包憋芽不晒袋。有鼓包憋芽的菌袋一定要保持菌袋外界湿度在 80%～90%，促进耳芽在高温来临之前长出袋外。所以这种情况也是坚决不能晒袋的。

f. 不采耳不红根不晒袋。正常管理情况下是采一潮耳晒两天袋，主要目的是采耳之后袋内菌丝恢复生长，新采耳的伤口愈合，避免细菌、病毒侵入感染。如果在采耳之前有红根现象，就是需要及时晒袋了。

g. 不缺氧不晒袋。木耳生长过程中耳基、耳片会把菌袋上所有的小孔全部封闭，持续时间久了以后就会导致菌袋内部菌丝严重缺氧，在严重缺氧的情况下黑木耳就会出现红根，再严重就会出现烂耳。如果没有缺氧现象，即使是在采耳以后，隔一天即可正常进行加湿管理。

② 晒袋需要晒到什么程度也是令很多人纠结的问题。根据经验，具体的晒袋程度要根据菌袋的实际情况来决定。

a. 刚采摘完木耳，有轻微袋料分离的菌袋，没有缺氧现象，晒一天就可以继续浇水催耳。

b. 菌袋的出耳孔被黑木耳耳片、原基封闭严实的情况下，需要晒至袋内耳基干缩，并且在耳基周围出现新生的黑木耳气生菌丝即可。

（6）二、三茬耳的管理　出头茬耳后，菌袋内含水量会明显下降，通常会降低15%～20%。头茬耳采收后，要停止喷水2～3天，菌丝恢复后进行喷水，2～3天内向空间喷雾化水，3天以后可向菌袋上喷雾水，使袋面和原耳口沾有细粒状水珠，空气相对湿度保持在85%。温度控制在15～25℃。7天左右在原耳根上逐渐分化出新的耳片（图3-114），按照头茬耳管理方法即可。第二茬耳采收后，按照上述方法依次进行下茬管理。采收后清理耳床上的残留耳根、严重感染杂菌的菌袋，将污染严重、没有出耳价值的废菌袋剔除，对耳床用石灰或克霉灵等药物进行消毒。正常情况下，采用液体菌种栽培营养转化快，一般一、两茬耳就结束了。硬杂木等优质原料有后劲，可以出两、三茬耳；扎小孔出耳，出耳茬次更多。一般头茬耳朵大、片厚、色深黑、品质好、产量高，以后几茬产量低。

图3-114　二茬耳

（7）春耳秋管技术　东北地区春耳生产时采收结束木耳菌袋内营养还没有消耗使用完，挑选没有杂菌感染、没有软腐严重的菌袋可以进行地摆秋管。黑木耳春耳秋管，重要的是开顶，把袋内残留营养再转化为黑木耳来提高产量。

① 开顶时间　春季黑木耳小孔栽培菌包采摘结束后，7月中旬至8月初期间，节气在立秋前后，把菌包顶部全撕开（即开顶）。时间不宜过早，否则由于气温较高，菌包内部水分含量过高，加上菌包下部营养没有消耗掉，容易引发青苔感染，造成菌袋整体感染杂菌，导致菌袋全部废弃。开顶前关注天气预报，开顶后的几天要晴天无雨，以免菌袋淋水使刚露出的菌块散堆、不盘结。

② 开顶方法　菌包袋顶部经过春夏两季的风吹日晒，到开顶时已经风化，用手轻轻一拽即可达到开顶效果。对于部分质量较好、并未风化的坚固菌包袋，可用刀片在菌包袋袋顶往下1cm的周边割口后，拽去顶盖即可达到开顶效果（图3-115）。也可以用开顶机器（图3-116），省工省时，效果好。

③ 二次扩面　开盖采摘两茬木耳后，菌袋塑料膜再向下撕 5cm（约 3 指宽），使菌包顶部剩余营养得到充分的开发利用。

④ 浇水管理　菌袋开顶后，晾晒 3～4 天，然后开始浇水。浇水时间分别是上午 5:00～10:00，下午 15:00～晚 21:00，浇水十几分钟，间歇 30min，再浇水十几分钟。既不能让菌包的表面风干，也不能过度浇水，注意一定要少浇水、勤浇水，使菌袋休养生息。当菌袋顶部变软，可以分化耳基，按照出耳管理就可以了。采收要及时（图 3-117），不要过大才采，这样底下的芽也能长出来。

⑤ 效益对比　采用黑木耳小孔栽培秋季开盖增产增收技术，在上冻前可采耳片 2～3 茬，而且产出的黑木耳耳片质量优、色泽好、耳片厚，每袋黑木耳小孔栽培菌包可以增加产量 10～20g，效益增收在 0.5 元/袋以上。

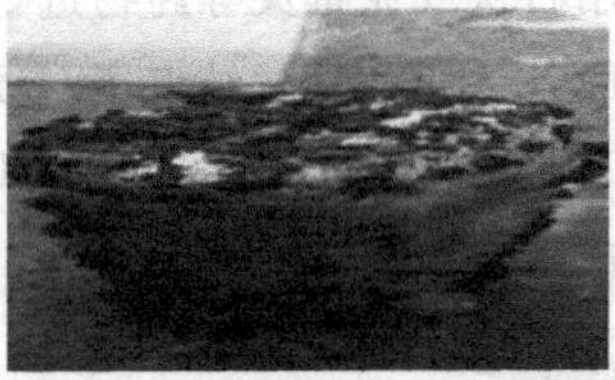

图 3-115　开顶

图 3-116　开顶机器

图 3-117　开顶出耳采收（彩图）

（8）秋耳春管　东北地区秋耳生产时往往会木耳没有采收结束就进入冬季，由于温度下降造成木耳停止生长，木耳菌袋内营养还没有消耗使用完。多数秋耳产量不高的原因也正在于此。对于这种情况，我们需要进行秋耳春管，以提高木耳产量。

要想得到良好的收益，需要从秋季、冬季、春季都要做好相应措施。下面就简单地为大家介绍一下秋耳春管需要做的各个环节：

晚秋季节，最后一潮木耳采收结束，将两床木耳合并到一床，菌棒与菌棒之间保持 2cm 左右空隙，上面盖草帘，定期喷水，将草帘喷湿即可。直到温度降到 0℃以下喷一次重水，用自然冰雪封住菌床。

干旱地区，冬季雪小、风大的地区，需要在草帘上再覆盖无纺布（或遮阳网、塑料布均可），将边缘压牢，防止大风将覆盖物刮走。建议盖无纺布，无纺布的效果最好。如果覆盖塑料布注意防止高温烧菌，先期每隔 2m 需要保留一个通风口。通风口大小保持长、宽、高各 20cm 即可。两边的通风口要交错开。

进入隆冬，当外界最高气温降至－10℃以下时，把通风口全部关闭。冬季需要注意防护工作，防止人、畜践踏，还要防止鼠害。

到了翌年春季，当外界最低气温升至－10℃以上时覆盖塑料布的，需要再将通风口打开；当最低温度升到 5℃以上时，如果菌床内菌棒缺水，可以向床内补水。

只浇菌床，不浇菌棒。使菌棒内菌丝恢复生长活力。

当最低温度升至10℃以上时，就可以进行催芽、出耳管理了。

三、黑木耳大袋斜立式栽培

大袋栽培与小袋栽培培养料配方及拌料方法相同。

1. 装袋

常用装袋机装袋，料袋规格一般常采用长×折径×厚为55cm×25cm×0.005cm的低压聚乙烯袋。装袋时要尽量紧一些，装完料袋后，用扎口机扎袋口，准备灭菌。

2. 灭菌

灭菌方法有高压蒸汽灭菌和常压蒸汽灭菌两种，生产上常采用常压蒸汽灭菌。要求当天拌料当天装完，并且当天装锅灭菌以防酸败变质。一般来说，锅内装5000袋，在100℃条件下需要灭菌15～20h。灭菌后必须停火闷几小时待袋温降至70℃再出锅，以防菌袋内外压力差使外界空气中的杂菌冲进袋内造成污染，还能减少塑料袋胀袋。灭菌的菌袋见图3-118。

图3-118 灭菌的菌袋

3. 接种

接种一般用接种帐，接种速度快，能就地发菌，免搬运，工作效率高，具体操作如下：

首先接种场所要进行消毒。把所有接种工具、菌种瓶（袋）和待接种的料袋放入接种帐内。用气雾消毒粉密闭熏蒸消毒一夜，每立方米空间用量4～6g。

在接种前要进行菌种的预处理，瓶装菌种先用消毒液擦洗瓶外表面后，用接种耙挖去料面老菌块及一薄层菌料。袋装菌种将袋放入消毒液中清洗即可。

接种前先把门打开放气，直到接种人员能够忍受即可进行接种。接种时，接种者必须衣着清洁，并用70%～75%酒精消毒双手。开始接种时，先用直径1.5cm木制或铁制的锥子在料袋上等距离地打4个深2cm的接种孔。然后掰1块菌种紧紧摁入接种孔内，让穴孔与菌种紧密吻合，不留间隙。接种后直接在菌袋外套1个塑料袋。接种注意事项如下：

第一，打孔工具须用酒精灯灼烧灭菌，并保持尖端不接触其他物体以免粘上杂菌。打孔工具稍带旋转抽出，以防进入大量空气造成污染。

第二，接种量以塞紧孔口且微凸为准。接种块要尽量保持整块，以利菌丝的萌发和成活。拿菌种的手不能接触其他物品。

第三，接种过程中尽量不要来回走动和随意进出，以减少污染。最好选静风无雨的天气进行，接种完毕，立即开口通风，并清除杂物、清扫场地。

4. 养菌管理

接种后，菌袋要放入养菌室“井”字形摆放，每层 4 袋，叠放高度为 8～10 层，每堆间留有一定距离。

要求养菌室袋温控制在 25～28℃，相对湿度控制在 55%～65%，暗光养菌，保持通风良好的环境条件。

养菌期间如果发现菌袋内有污染或菌袋内遇高温（超过 30℃）时进行翻堆，要轻轻拿出污染菌袋，尽快与培养室隔离，以减少污染源。翻堆时对菌袋要轻拿轻放，小心搬运，不拖不磨，避免人为弄破菌袋，造成污染。

在正常情况下，菌落直径长到 5cm 时解开套袋袋口。菌落直径长至 6～8cm，为了增加氧气，必须去掉套袋。当菌落相连后，用牙签往菌落上扎眼，以便增加氧气，促进菌丝生长（图 3-119）。脱外袋或扎眼通风后，菌袋可三角形摆放（图 3-120），防止袋温过高。一般情况下养菌约 45 天菌丝长满菌袋。

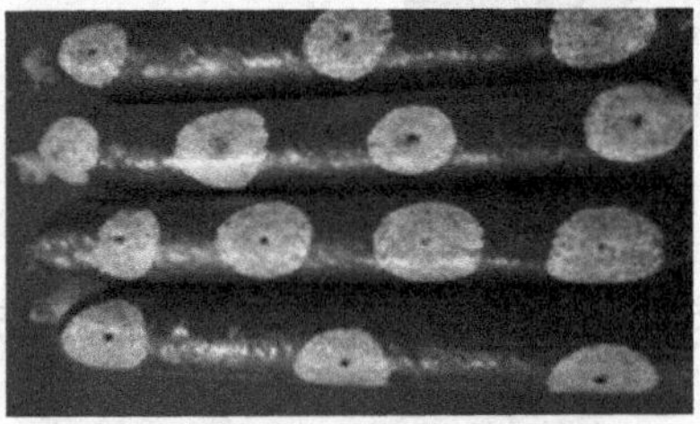

图 3-119　打孔增氧的菌袋

图 3-120　三角形摆放的菌袋

5. 出耳管理

成熟的菌袋经划口（图 3-121）、打孔催耳管理后将菌袋斜立式排放在裸露地面用铁丝和木桩搭设的床架上。袋与袋间距 5～8cm，同地面形成 70°～80°的倾斜角。另外，也可以把菌袋吊挂在棚内进行吊袋栽培，这样可充分利用空间进行立体栽培。催出耳芽的菌袋见图 3-122。出耳期间的水分管理（见图 3-123）与小袋栽培管理方法相同。

图 3-121　划口菌袋

图 3-122　催出耳芽菌袋

图 3-123　出耳现场（彩图）

第五节　黑木耳的采收与加工

一、成熟标志

如果管理得当，从小耳形成到采收需半个月左右。当黑木耳的耳片充分展开，耳片长至 3～5cm，耳色变淡，肉质肥厚，边缘变薄，耳基收缩，个别子实体腹面略见白色孢子，说明黑木耳已经成熟，应及时采收。孢子弹射后子实体开始衰老，逐渐自溶腐烂。所以黑木耳应在孢子刚一弹射就采收，否则会导致子实体色浅、片薄和减产。

二、采收方法

采收前应停水 1～2 天，并加强通风，让阳光直接照射在菌袋和子实体上，待子实体收缩发干时采摘。采收应在晴天上午进行，当天就可晒干。

采收有两种方法：一种是连根带培养基摘下；另一种是把子实体割下，留下耳根在栽培袋上。如果木耳只收一茬结束，就采取连根带培养基摘下的办法。采摘时一手把住塑料袋，一手捏住子实体根部，把子实体连根拔出来。采收后用剪刀剪去带培养基的根部，用水洗净附在子实体上的沙土，然后晒干。如果还想出二茬耳，就把子实体割下，留下耳根（一般在耳根重新长出木耳）。

立体栽培木耳采收见图3-124，地栽木耳采收见图 3-125。图 3-126 为采收的木耳。

图 3-124　立体栽培木耳采收（彩图）

图 3-125　地栽木耳采收

图 3-126　采收的木耳

三、采收注意事项

在采收时要注意操作，务必使鲜耳洁净卫生，不带杂质。如果鲜耳上溅有泥沙或草叶等杂物，可在清水中漂洗干净，再进行干制。但“过水”耳不仅不易干制，而且有损质量，因此，除极其泥污的鲜耳之外，一般的应尽量不用水洗。

不同季节生长的木耳，采收方法有所不同。入伏前所产木耳称为春耳，朵大肉厚，色深质优，吸水率高；立秋后产的木耳称为秋耳，朵形稍小，吸水率也小，质量次之。春耳和秋耳采大留小，分次采收，叫作“间采”，“间采”一般采用留耳根的办法割下子实体。“间采”后干燥 3 天，刀口愈合后再浇水，小木耳长的速度加快。小暑到立秋所产木耳叫伏耳，色浅肉薄，质量较差，可大小一起采收。此时气温高，雨水多，病虫多，易造成烂耳。

四、干制技术

黑木耳采收后要及时晾晒或烘干，由于黑木耳是胶质体，采摘时还在进行着生命活动，采收后的耳片还维系着有氧呼吸，如果不及时晾晒及烘干，就会释放出大量的孢子，导致黑木耳自溶、腐烂。因此，干制是确保黑木耳产品质量的重要一环。

目前干制方法有晾晒法和烘干法两大类。通常采用自然干制的方法，晾晒设施用钢管或木质架子搭成，铺上纱网，把采摘下来的湿木耳放在上面晾晒。

1. 晾晒法

(1) 架子的搭建　简易一层晾晒架一般架高 1.0～1.2m，宽度 1.0～1.5m，晾晒架上铺放纱网。在架上面每隔 1m 用竹条搭制人字架拱棚，顶部纵向拉一根铁丝，搭上塑料布雨天使用。也可在简易的大棚内搭建晾晒架，可以减少外界不良环境的影响。室外晾晒架见图 3-127，棚内单层晾晒架见图 3-128。

图 3-127　室外晾晒架

图 3-128　棚内单层晾晒架

目前规模化生产多采用在塑料大棚内搭建立体层架进行晾晒（图 3-129）。大棚有塑料薄膜和遮阳网，架子一般 3 层，每层架子宽 1.5～2.0m，架子最底层距离地面 0.5m，每层之间距离 1.0m，每层架子可以旋转（图 3-130），便于晾晒操作。

为了防止风天将木耳吹到地上，在架子边缘安装纱网（图 3-131）。

图 3-129　立体层架晾晒（彩图）

图 3-130　旋转层架

图 3-131　架子边缘安装纱网

晴天因纱网通风好，晾晒得快；阴天由于纱网与木耳接触面积十分小，不会粘在纱网上；遇上连雨天，将架子上方大棚的塑料布盖上遮雨，大棚侧面不遮盖塑料布，里面照样通风、透气。这种方法既适合晴天又适合阴天和连雨天，优点是成本低，通风好，晾晒时间快，晾晒出的干木耳形状美观、质量好。

（2）具体的晾晒方法　一般将采下的每朵木耳顺耳片形态撕成单片，置于架式晾晒纱网上（图 3-132），一般厚度不超过 5cm，靠日光自然晾晒，大约为 2～4 天，如果木耳片厚则晾晒时间长些；如果木耳片薄，则晾晒时间短一些。晾晒时先将基部朝上晾晒，然后翻晒。注意晾晒前期不要随意翻动，晒至大半干时再慢慢翻动（图 3-133），直到全干。为了防止木耳破碎，最好用塑料耙子（图 3-134）。翻动过早过勤会使耳片卷缩，影响质量。夏天害虫较多，应将伏耳多晒一段时间，晒干了再翻晒几次，以晒杀躲在耳片里面的害虫。

图 3-132　鲜耳放层架上

图 3-133　慢慢翻动

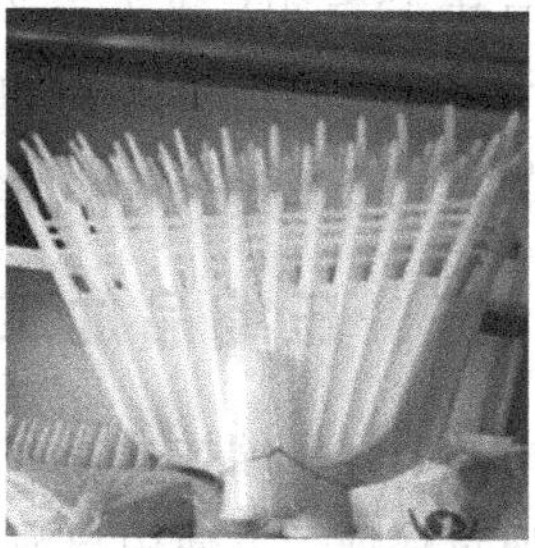

图 3-134　塑料耙子

（3）晾晒时注意事项　晾晒场地要干净，防止洗好的干净木耳又落上灰尘、泥沙、锯木等，影响质量。鲜耳不应随便晒在水泥地上，以免耳片吸附地面沙尘，影响质量。

梅雨时节天不晴，木耳晾不干会腐烂。可将干黑木耳混入湿耳中，使湿耳水分尽快降低，置于阴凉通风处防止霉变。也可采用烘干机烘干。没有烘干机的，可在室内加温至 34～36℃，用风扇吹风晾干，但室温不宜超过 40℃。有冷库的可放入冷库。也可以把鲜耳放在竹筐内，置于流水中浸泡，期间可以延至 8 天，待天晴再拿到阳光下曝晒干燥。

(4) 晒干的标准　干制的黑木耳含水量降至13%以下，用手轻轻握耳片，当感到一握耳片就碎，说明已晾晒好（图 3-135)。晾晒好的木耳应剔除碎片、杂物等，可以按大、中、小和好、中、差分装（图 3-136)，扎紧袋口，密封放置，贮藏在干燥通风的室内。不要用麻袋，否则麻袋毛混进木耳，影响质量。不要和农药化肥放在一起，防止产品污染。

图 3-135　晾晒好的木耳

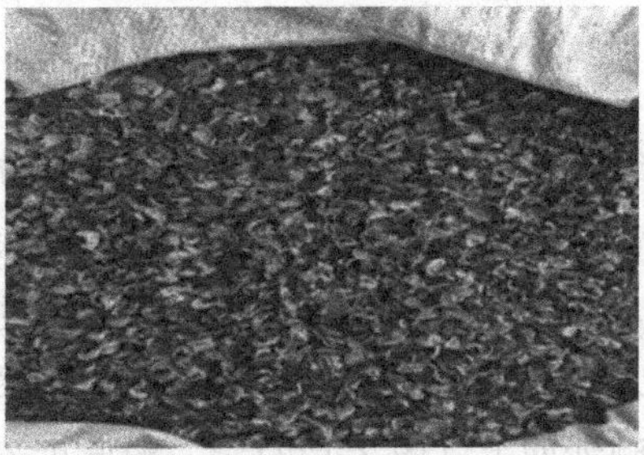

图 3-136　分装的木耳

2. 烘干法

将木耳一层层均匀摆放于烤筛上，排放厚度不超过 6cm，推入木耳烘干房，木耳烘干时的温度应从 35℃开始，如果温度过高，排湿跟不上，容易引起木耳变形。在 35～40℃烘干 4h 后，可适当升高到 45～50℃再烘至 5h，最高不要超过 60℃，然后在 45～50℃烘干至含水率为 13%，期间注意室内通风换气，并不断翻动耳片。整个烘干流程需要 10～14h。烘干后要及时将木耳包装于无毒塑料袋，轻轻压出袋内的空气，扎紧袋口，密封放置在木箱内，贮藏在干燥通风的室内或及时出售。

五、压缩品加工技术

黑木耳压缩技术将木耳压缩成块，也叫耳砖。生产的黑木耳砖具有以下特点：①质量保证，方便用户消费；②贮运方便，减少了因破碎而造成的等级下降；③是原体积的 1/10，携带方便。

1. 压缩工艺流程

干木耳→除杂→喷水打潮→计量称重→加压成型→保压→烘干→包装→出厂

2. 工艺操作规程

(1) 除杂　选料要求干净，无霉变、虫蛀及烂耳现象，以春耳和秋耳为好，剔除草叶、树皮、木屑等杂质，对于有泥沙的原料，必要时洗净后重新晾晒方可投入生产。

(2) 打潮　打潮时最好用温水，水温 50～60℃，用喷雾器打水，均匀翻动，使受潮一致，通常含水量13%以下的干黑木耳加水量以10%～15%为宜，然后用塑料布闷好盖严，12h后使用。这时的原料易于压缩成型，又不造成碎片。称重后放入压缩机投料即可。

(3) 加压成型　设备采用黑木耳压缩机。其特点是称量进料后，下面推出一块，进料口再补充一块的连续压缩方式。一般干块重25g，称料重27.5g或28.75g，要根据加水量来确定进料量。

(4) 烘干定型　对初步压好的黑木耳砖，放在烘干室中进行烘干定型。烘干室的温度由35℃逐渐升至55～60℃。注意对外形不好的黑木耳砖重新定型后再烘干。通常烘干12～14h即可。

烘干室采用电加热或蒸汽加热均可，同时还要设置一个自动控温器，严格按工艺要求操作。

(5) 包装　当烘干的黑木耳砖含水量达到13%以下时，就可以进行包装。包装时，首先用玻璃纸包好，起防潮、防蛀的作用，然后按不同规格放入纸盒中，打上生产日期方可出厂。

六、分级

根据黑木耳的国家标准，将干品黑木耳的质量指标分为3个级别。

一级：耳面黑褐色，有光亮感，背面暗灰色；不允许有拳耳、流耳、虫蛀耳和霉烂耳；朵片完整，不能通过直径2cm的筛眼；含水量不超过13%；干湿比在1∶14以上；耳片厚度1mm以上；杂质不超过0.3%。

二级：耳面黑褐色，背面暗灰色；不允许有拳耳、流耳、虫蛀耳和霉烂耳；朵片基本完整，不能通过直径1cm的筛眼；含水量不超过13%；干湿比在1∶14以上；耳片厚度0.7mm以上，杂质不超过0.5%。

三级：耳片多为黑褐色至浅棕色；拳耳不超过1%；流耳不超过0.5%；不允许有虫蛀耳和霉烂耳；朵小或呈碎片，不能通过直径0.4cm的筛眼；含水量不超过14%；干湿比在1∶12以上，杂质不超过1%。

以上3个级别的黑木耳化学指标均为粗蛋白质不低于7%，总糖（以转化糖计）不低于22%，纤维素3%～6%，灰分3%～6%，脂肪不低于0.4%。

拳耳、流耳、虫蛀耳和霉烂耳的特征如下：

拳耳：因在阴雨多湿季节晾晒不及时形成的，在翻晒时互相粘裹所致的拳头状木耳。

流耳：因高温、高湿导致木耳胶质溢出，肉质破坏而失去商品价值的木耳。

虫蛀耳：被虫蛀食而形成的残缺不全的木耳。

霉烂耳：被潮气侵蚀后形成结块发霉变质的木耳。

第六节　黑木耳栽培中的常见问题和处理措施

黑木耳栽培过程中，杂菌主要有木霉（图 3-137）、链孢霉（图 3-138）、细菌等；虫害主要有蚊类、耳蝇、螨类等；常见的病害有流耳、拳状耳、瘤状耳、青苔等。防治要遵守“预防为主”的原则。采取物理防治为主的防治措施，要把有害的生物体控制在最低状态。采取化学防治时，要选用无公害药剂科学用药。病害防治要从源头上进行预防，在生产中要全部用干净的水源，灭菌要及时充分，严格按照无菌操作。虫害防治：加强环境卫生条件，及时处理废料和污染袋，耳场周围不要有垃圾场和易腐败物质，地面上撒一层石灰，不断清除杂草。可在耳场装上杀虫灯和黄板等进行物理杀虫。如果要用药物防治须采用高效、低毒、安全的药剂，严格按照说明使用。用药尽量在采耳后进行，避免耳片接触药物。黑木耳杂菌和虫害的防治可以参照平菇。下面主要介绍木耳常见病害的防治：

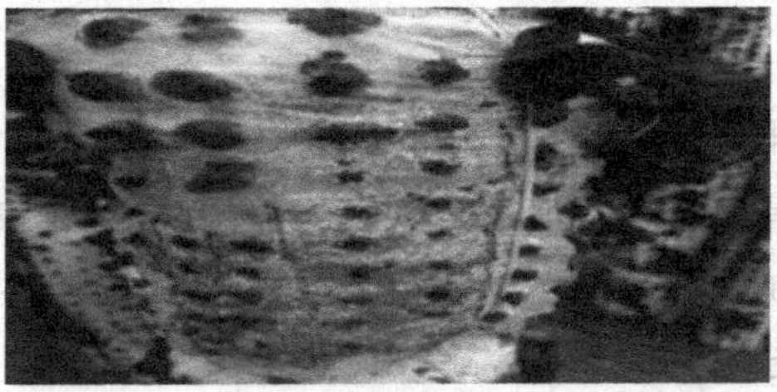

图 3-137　木霉

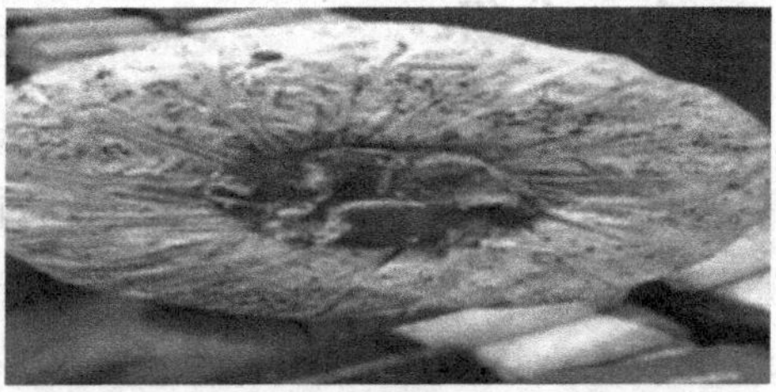

图 3-138　链孢霉

一、菌丝生长细弱无力

1. 含水量小

培养基的含水量在 60%，菌丝才能充分分解吸收基质内的营养。如果含水量偏低，则基质内营养不能被菌丝充分分解吸收，致使菌丝生长细弱无力。拌料时培养料含水量控制在 60%。

2. 灭菌时间短

灭菌有两个目的：第一是杀死培养基中的全部杂菌；第二是增加基质腐熟程度，利于黑木耳菌丝迅速分解吸收营养。因为黑木耳是一种腐生菌，所以培养基的腐熟程度影响到菌丝生长速度。灭菌虽然杀死了杂菌，但如果腐熟程度达不到，前期菌丝细弱无力，长势慢，经过一段时间的培养，逐步会粗壮起来的。灭菌要彻底，灭菌时间要达到标准。

3. 培养基碱值过大

碱对抑制霉菌有积极作用，但碱值过大，黑木耳菌丝是难以适应的。拌料时要严格掌握生石灰的使用量，防止碱值过大使菌丝生长细弱，严重时菌丝不生长。

4. 氧气不足

菌丝萌发后生长速度不断加快，需要的氧气量也不断增多，如果通风不良，使袋内氧气量减少，二氧化碳浓度增加，会使菌丝细弱、稀疏。

5. 培养基内氮源偏低

培养基内麦麸、豆饼粉等比例偏低，造成氮素含量不够，满足不了菌丝生长对氮源的需要，菌丝自然稀疏无力。在配料时要适度加足氮源，满足菌丝生长需要。

二、烧菌

这一现象主要发生在养菌期和催耳期，是指菌袋内温度过高，导致菌丝过快生长、呼吸加快，菌丝逐渐变成黄色，吐黄水（图 3-139）。吐黄水是菌丝死亡的前兆，说明菌丝体经过高温的环境，使袋的局部或整个袋的菌丝都死亡，所以划口后不长子实体。养菌前期料温度不能超过 30℃，超过时可适当打开门窗进行通风、降温。养菌后期不能超过 25℃，注意控制好温度，特别是在菌丝生长到 1/3 处左右时，通过加强通风来控制室内温度，保持在 18～22℃。催耳时的温度不能超过 25℃，如果超过，要通过通风、浇水的方式来及时降温。

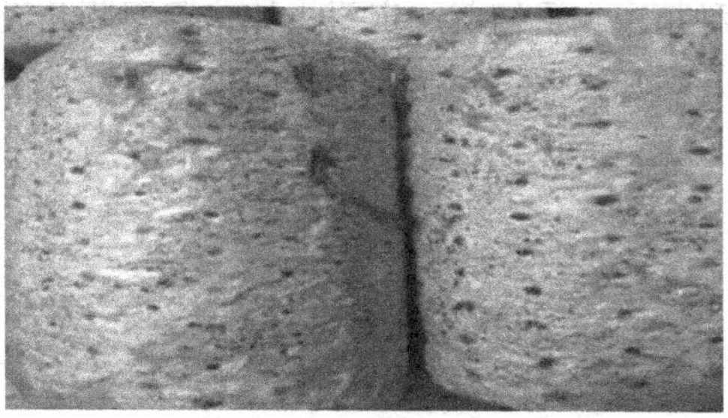

图 3-139　吐黄水（彩图）

三、红根

红根是在耳芽刚出和开片这段时间内，在高温时浇水而且浇水量非常大，内部菌丝营养积累得比较少，外部表现不生长，内部细胞处于膨胀状态，受到刺激使菌丝分泌色素，基部发红，停止生长。

防治措施：应立即停止喷水 2～3 天，使耳片完全干燥收缩，加大耳片底部的通风。

四、耳片变黄

在黑木耳种植行业有一句话“一黑遮百丑”，这句话说明了颜色在黑木耳质量上的重要性。但是在黑木耳生产中，经常遇见耳片变黄的现象（图 3-140），严重的会影响到黑木耳的品质和卖相。黑木耳“黑”的主要原因是它们在生长的过程中能产生大量的黑色素，耳片黑的程度取决于黑木耳在生长过程中产生黑色素的多少。如果在生长过程中产生的黑色素多，耳片就黑；产生的黑色素少，耳片就会变黄。这也是秋耳颜色比较黑的原因。我们在管理上经常晒袋也是因为此。

图 3-140　耳片变黄（彩图）

所以在种植过程中，一定要注意人为地调整光照，尽量增加光照的时间和强度，比如在吊袋大棚种植中在采摘前一定要去掉遮阳网晒几天再摘。在夏季阴雨高温天气，要加大通风、增加光照，控制黑木耳的生长速度，不要让黑木耳生长速度太快，这样就可以积累更多的黑色素。

五、拳状耳

病状：原基不分化，耳片不生长，球状原基逐渐增大，也称拳耳、球形耳，栽培上称不开片。

病因：①出耳时通风不良；②光线不足；③温差小，划口过深过大；④分化期温度过低。

防治措施：划口规范标准；耳床不要过深，草帘不要过厚；分化期加强早晚通风，让太阳斜射光线照射刺激促进原基分化；合理安排生产季节，早春不过早划口，秋栽不过晚栽培；防止分化期过冷。

六、瘤状耳

病状：耳片着生瘤、疣状物，常伴虫害和流耳现象。

病因：①高温、高湿、不通风综合作用的结果，虫害和病菌相伴滋生并加重瘤状耳的病情；②高温、高湿的季节喷施微肥和激素类药物也会诱发瘤状耳。

防治措施：季节安排得当，避开高温高湿季节出耳；子实体生长期要注意通风，为抑制病菌与虫害滋生，耳床应多照散射光；高温时节慎用化学药物喷施。

七、袋料分离引起憋芽

催芽过程中袋内形成耳基隆起，也就是出现我们俗称的鼓包现象（图 3-141）。憋芽后袋内耳基越长越大，导致袋料分离。浇水的时候，菌袋内容易进水，温度高时，容易造成袋内高温高湿的环境条件。这种条件下容易引起杂菌感染，袋内耳基开始腐烂，木霉也随之而来。出现憋芽现象如果处理不当，轻则减产，重则容易造成绝收。

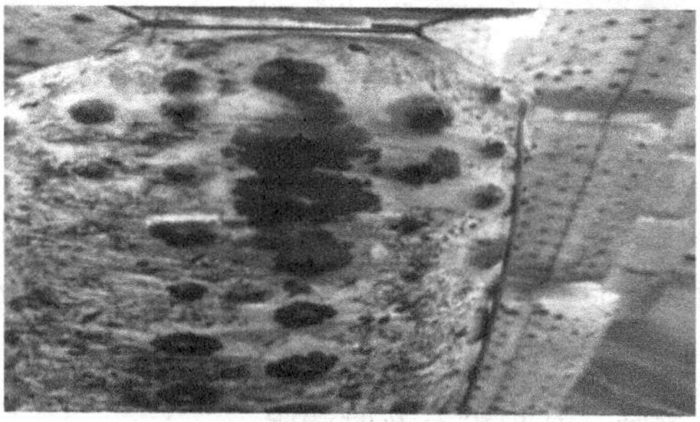

图 3-141　鼓包现象

1. 憋芽的原因

① 品种。憋芽一般发生在打小孔的袋中，没有选择耳基单生的品种。

② 袋料分离。没有使用贴料性好的菌袋；菌袋装得过松；菌龄后熟不够；菌袋入棚后马上开口；菌袋开口后马上吊袋；吊袋后马上往菌袋上喷水。

③ 为了追求单耳片、小耳片，开口数量过多，造成开口过小。

④ 催芽期间温度过低，湿度过小。

2. 解决方案

① 选用耳基单生的品种。

② 精心管理避免袋料分离。

③ 开口大小和数量要适度，一般情况下 16.5cm×37cm 的袋，开“Y”形口约 210 个。

④ 合理地调控好温度、湿度、光照条件来进行补救。保持出耳空间温度 15～25℃，湿度达到 85%，采取间歇性持续加湿的措施保持 3～5 天（喷水时要少喷、勤喷，让耳芽逐步湿润），就可以使袋内耳芽长出袋外形成子实体。

八、流耳

“流耳”又名“水烂耳”（图3-142），是指子实体组织破裂，分解变软，水肿糜烂。流耳可以分为生理性流耳和病原微生物流耳。生理性流耳是由于高温、高湿引起的，病原微生物流耳是由于细菌或线虫引起的。管理不当会造成黑木耳严重减产。

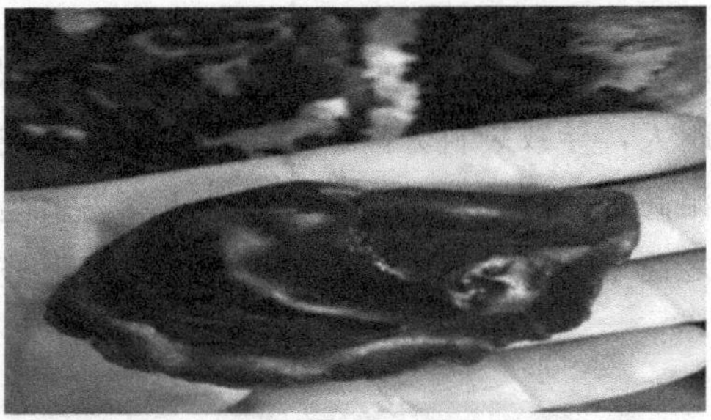

图3-142　流耳

1. 主要原因

① 用水不干净　用养鱼池、臭水沟的水，比用水源好的水容易得病。

② 高温高湿、通风不良　高温高湿、通风不良造成子实体吸水过多，活力差，容易引起线虫、细菌大量繁殖。

③ 其他　如采收过晚；耳根没有及时清除。

2. 流耳的防治措施

① 水源要好　使用地下深井水、山泉水。

② 精心管理　木耳在不同的生长阶段对温度、湿度和通风的要求是不同的。

在木耳原基形成期，保持相对湿度在80%左右，并适度通风。在原基分化期，耳芽相当幼嫩，此时相对湿度不宜过大，保持在80%～90%即可。

在子实体生长阶段，要坚持干干湿湿的原则（“干”有利于根部菌丝的恢复，并能控制杂菌的产生。待菌丝强壮后再恢复环境湿度，使子实体吸足水快速生长），加大通风，相对湿度控制在90%～95%。

当子实体耳片充分展开，边缘变薄，耳根收缩，八分成熟时即开始采收，采收时要清耳根。

③ 药物　发生少量流耳时，先清除流耳，再用1%食盐水喷洒木耳，同时用5%石灰水喷洒地面。

九、袋内长青苔

青苔属低级藻类植物。袋内长青苔，表现为菌袋上附着一层绿色的青苔（图

3-143)，妨碍菌丝通气，与黑木耳争夺养分，分泌黏稠物，抑制子实体的发生和生长。

图 3-143　袋内长青苔（彩图）

1. 主要原因

青苔是水生藻类植物，色翠绿，细如丝，生长在江河内或潮湿的地方。栽培黑木耳需要喷水，不管是喷井水还是河水，只要在菌袋内有积水，保证水分供应，并且有光线照射，就会发生青苔。水分过多和光线过强是导致黑木耳菌袋生长青苔的主要原因。

2. 防治措施

发菌期温度不要过高，强化营养意识，使菌丝强壮，增强抗性。有条件的最好建造蓄水池，对喷灌的水进行处理［稀释 500～1000 倍胆矾（硫酸铜）］，池面上最好加遮阳网。发现长青苔的菌袋时，要转动菌袋使长有青苔的一面朝向阳光，加强晒袋，经阳光照射后，青苔危害可减轻。

十、糊巴口

主要是由于菌袋开口养伤期伤热造成的菌丝老化速度快，死亡以后，由于细胞组织破裂而导致的流黄水、红水现象，再加上细菌感染、湿度过小，这些物质干涸在菌棒开口处，形成一层深褐色的物质（图 3-144），在原开口处不易形成耳基，长出耳芽。

遇到这种情况，我们可进行二次重新开口，打破老菌皮，促进木耳菌丝重新生长扭结，形成耳基。然后按照正常的催芽管理方式进行下一步的管理即可。

十一、风干口

主要是开口以后没有及时地将湿度调节适宜而造成的。如果没有袋料分离，只

图 3-144　糊巴口（彩图）

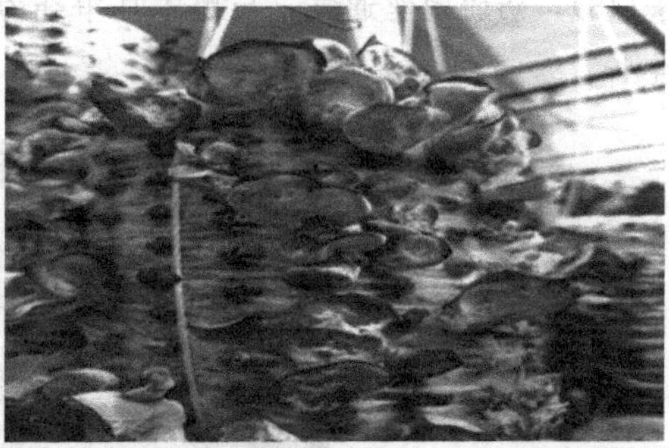

图 3-145　白粉病（彩图）

要正常增加湿度、温度，耳基自然就会长出来了；如果袋料分离了，就需要紧袋口，摆床时注意轻拿轻放。

十二、白粉病

发生情况：耳片上附着一层厚厚的棉絮状白粉（图 3-145），耳片不再生长，严重降低商品质量。产生原因主要是木耳进入成熟期，遭遇连阴雨天气，病菌乘虚而入。

防治措施：及时收获，阴天时烘干处理；一旦发生病害，立即采收，清水浸洗干净，晒干或烘干。

第四章　灵芝栽培

第一节　概　　述

灵芝（*Ganoderma lucidum*），隶属于真菌门、担子菌亚门、层菌纲、非褶菌目、灵芝科、灵芝属，又名灵芝草、仙草、红芝、赤芝、万年蕈等。灵芝属约有100多种，野生灵芝多分布于热带和亚热带地区，红芝为主要的药用真菌。我国最早的灵芝栽培方法记载于王充的《论衡》一书中（距今已有1900余年），当时的栽培方法是用灵芝孢子自然接种。灵芝的人工栽培生产开始于20世纪60年代初。1960年陈梅朋首先进行了人工瓶栽，1969年中科院微生物所分离到灵芝、紫芝等4个菌株，人工栽培成功。此后，许多相关研究陆续开展，我国出现了灵芝热。灵芝的人工栽培一般以室内瓶栽为主，后来发展为塑料袋栽培、室外脱袋覆土栽培及段木栽培。近年来，灵芝熟料短段木栽培发展迅速。袋栽灵芝的生物学效率为80%～100%，段木栽培一般每立方米可采收干芝40～60kg，一般1kg鲜芝晒干后为0.3kg。

灵芝是我国中医药宝库中的一颗璀璨的明珠，从东汉末年的《神农本草经》到明代李时珍的《本草纲目》都详细记载了灵芝的药理、药效、形态、功能以及种类等。灵芝的子实体和菌丝体中均含有多糖、三萜类、肽类、氨基酸类、有机锗及硒元素等。灵芝菌盖药用价值较高，菌柄相对较低。其菌盖内有机锗的含量比人参高3～6倍，常服用灵芝能增加红细胞运送氧气的能力，调节机体新陈代谢，抗衰老，保持青春活力。每人每天服用3～5g即可，连续食用可以延年益寿。2000年出版的《中华人民共和国药典》已经收载灵芝（赤芝、紫芝）子实体为法定中药材，2005年5月国家食品药品监督管理总局将11种真菌列入可用于保健食品的真菌菌种名单（国食药监注［2005］202号文件），其中包括灵芝、紫芝、松杉灵芝。目前，市场上销售的灵芝多以加工成的灵芝保健品和药品为主，种类繁多，包括灵芝片、灵芝粉、灵芝超微粉、灵芝孢子粉、灵芝破壁孢子粉、灵芝丸、灵芝冲剂、灵芝酒、灵芝胶囊等。灵芝形状新奇多样，色彩艳丽，还可形成各种造型，制作成盆景和工艺品，馈赠亲朋，陈列室内，赏心悦目，市场前景广阔。

一、形态特征

灵芝由菌丝体和子实体组成。

1. 菌丝体

菌丝体是灵芝的营养体，相当于植物的根茎叶。菌丝（图 4-1）为白色绒毛状，浓密、粗壮。培养后期菌丝体表面常有一层白色至浅粉红色的皮膜，培养基由白色变为微黄色。显微镜下观察，菌丝体（图 4-2）为白色透明管状，具有分隔和分枝。

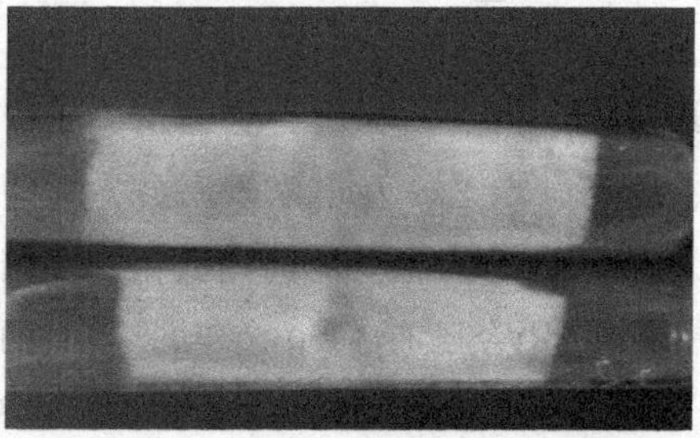

图 4-1 菌丝宏观观察

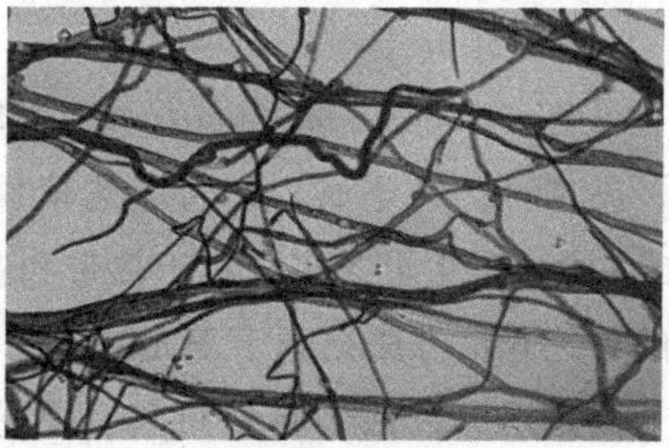

图 4-2 菌丝体显微观察

2. 子实体

人们通常所说的灵芝就是指灵芝的子实体。灵芝大多为一年生，子实体有明显的菌盖、菌管和菌柄。菌盖木栓质，肾形、半圆形或近圆形，直径通常 4～20cm，厚约 0.5～2cm，表面褐黄色至红褐色。菌盖下有许多针头大小的菌管，管口圆形，呈淡褐色，每平方毫米内有 4～5 个菌管，菌管长约 1cm，管口直径 4～5μm。菌柄近圆柱形，侧生或偏生，长 5～19cm，粗 1～4cm，与菌盖同色，有光泽。子实体形态见图 4-3。

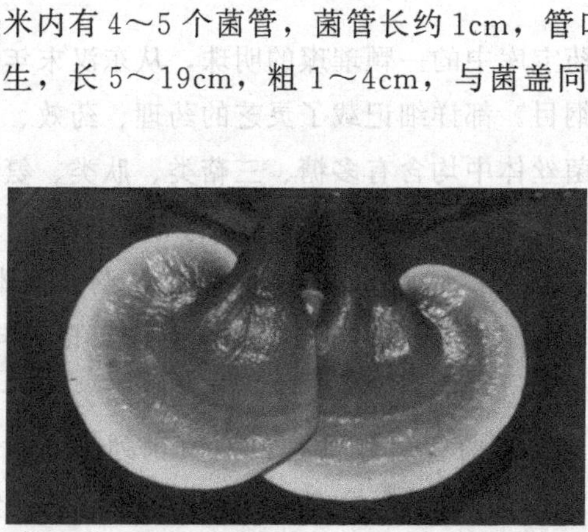

图 4-3 子实体（彩图）

灵芝孢子是灵芝在生长成熟期从灵芝菌盖下方菌管中弹射出来的极其微小的卵

形生殖细胞。孢子卵形，淡褐色至黄褐色，孢子成堆时褐色或棕红色（图 4-4），在 600 倍的显微镜下只有芝麻大（图 4-5）。

图 4-4 孢子（彩图）

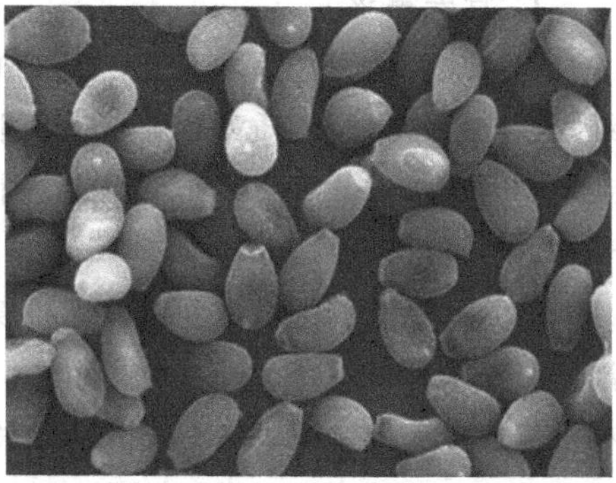

图 4-5 孢子的微观形态

二、生活史

灵芝生长发育与生命繁衍的整个历程叫灵芝的生活史，可概括为：孢子→菌丝体→子实体→产生新的担子和担孢子，开始新的发育周期。具体过程是在适宜的条件下，灵芝担孢子萌发形成单核菌丝，单核菌丝经质配后进一步发育成双核菌丝。双核菌丝洁白粗壮，生长迅速，当双核菌丝生长到一定时期，积累了足够的养分，达到生理成熟之后，表面的菌丝开始扭结，形成一团表面光滑的白色突起，即为灵芝的原基。原基逐渐膨胀伸高，先长出菌柄，进一步分化出菌盖。菌盖颜色由白变黄，由浅到深，最后呈深紫红色，表皮光亮。灵芝在发育阶段长出菌柄、出现菌管时，就能产生孢子，直到子实体生长成熟而干枯时才停止（图 4-6）。灵芝的整个生长周期需要 50～60 天。

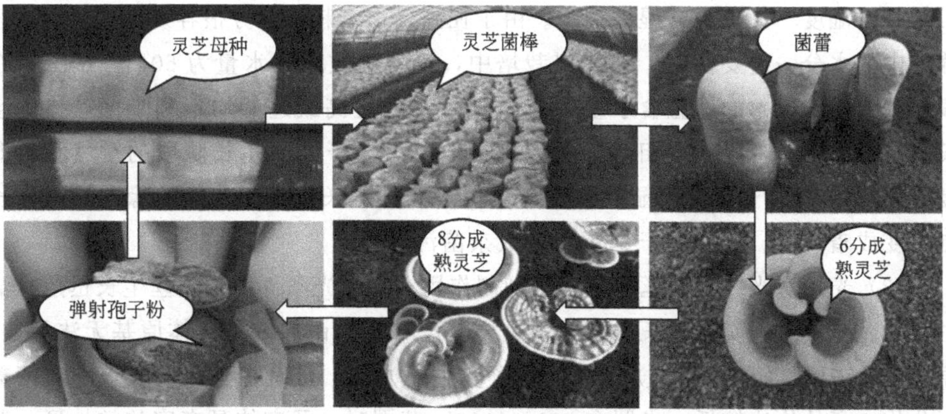

图 4-6 灵芝生长周期（彩图）

三、生长发育条件

1. 营养需求

(1) 碳源　灵芝为木腐菌，属于兼性寄生菌，其可利用的碳源主要有淀粉、纤维素、半纤维素、木质素、葡萄糖、果糖、蔗糖、麦芽糖等碳水化合物。灵芝代料栽培中常用含有纤维素、半纤维素、木质素等有机物的原料，有木屑、棉籽壳、玉米芯、甘蔗渣等。

(2) 氮源　灵芝通常利用的无机氮源有氯化铵、硝酸铵等，有机氮源有黄豆粉浸汁、玉米粉、马铃薯浸汁、蛋白胨、酵母膏、尿素、豆饼、米糠、麸皮等。通常有机氮源比无机氮源更适合灵芝的生长。

灵芝在营养生长阶段，碳氮比以（20～25）∶1 为好，而在生殖生长阶段以（35～40）∶1 为宜。

(3) 矿物质营养　灵芝的生长发育也需要磷、钾、硫、钙、镁及锗、硒等矿物质元素，但对磷元素的需求更多一些。常利用的矿物质原料有碳酸钙、硫酸镁、磷酸二氢钾、磷肥、石膏等。

(4) 生长因子　灵芝生长常利用的生长因子有维生素、氨基酸、生长素等。因灵芝自身不能合成 B 族维生素，故常在灵芝栽培中添加维生素。

2. 环境需求

(1) 温度　灵芝属于高温型恒温结实性菌类，变温条件对子实体的分化与发育不利。菌丝可在 3～35℃范围内生长，最适生长温度为 25～28℃。子实体分化和生长发育的温度范围为 5～30℃，对高温的适应能力较弱。原基分化温度为 22～28℃，温度持续在 35℃以上或 15℃以下难以形成子实体。子实体发育的适宜温度为 18～30℃，以 25～28℃最适宜。

(2) 湿度　灵芝是喜湿性菌类。由于在高温季节栽培水分很容易散失，因此培养料中的水分一定要适宜。在代料栽培中，培养基质的含水量为 60%～65%；在段木栽培中，段木的适宜含水量约为 40%。水分过高或过低均不利于菌丝体的生长。菌丝体生长阶段空气相对湿度为 40%～50%，子实体生长阶段的空气相对湿度应保持在 85%～90%。湿度低于 85%，子实体生长发育不良，盖缘的幼嫩生长点将变成暗褐色。湿度高于 95%易造成杂菌污染。

(3) 光照　光线对菌丝体生长有抑制作用，在无光条件下，菌丝生长迅速且洁白健壮。光线对子实体生长发育非常重要，没有光的诱导，子实体原基无法形成，原基分化需要 20～100lx。光照不足，子实体无光泽，呈黄白色，柄长盖小或菌盖不分化，商品价值较低。光照在 300～1000lx 范围时，子实体具有完整的外形，菌盖和菌柄分化完全。当光照低于 100lx 时，绝大部分灵芝无法形成菌盖。光照大于

5000lx 时，子实体生长常呈短柄或无柄状态。灵芝具有很强的趋光性，子实体朝着有光源的方向生长，幼小的子实体趋光性更强。因此，在栽培管理过程中，菌段不宜经常移动，以免造成畸形。

(4) 空气 灵芝是好氧性真菌，对氧气的需求量大。在菌丝体生长阶段，氧气不足时菌丝生长缓慢，严重缺氧时，菌丝停止生长或窒息。

空气中 CO_2 浓度在正常情况下为 0.03%，当空气中 CO_2 浓度为 0.034%时，可加速原基分化，若超过 0.1%则对原基分化产生抑制，超过 0.3%则不能形成原基。子实体形成期间 CO_2 浓度以不超过 0.03%为好，当高于 0.1%时，菌盖分化受到抑制，不利于孢子形成，菌柄伸长形成鹿角形分枝（图 4-7），已形成的菌盖会出现二次分化。当 CO_2 浓度超过 1%时，子实体虽能生长，但发育形态极不正常，没有任何组织分化，甚至连皮壳也不发育。当 CO_2 浓度达到 10%时，已形成的菌盖在边缘及子实体层面形成浓密的白色气生菌丝，最后将菌管全部封闭。因此，人工栽培灵芝必须注意培养场所的空气流通。

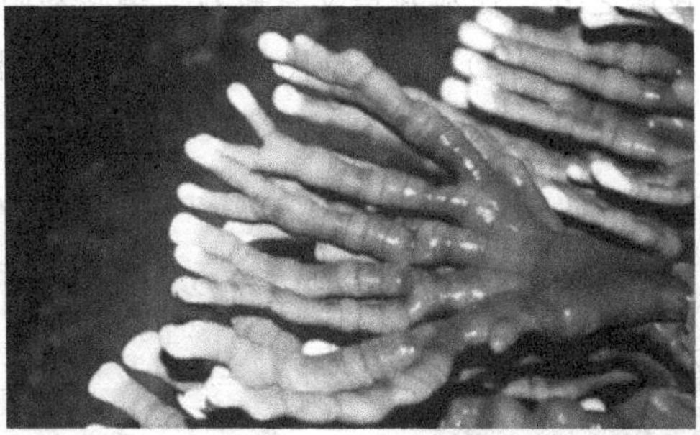

图 4-7 鹿角形分支

(5) 酸碱度 灵芝菌丝体喜弱酸性环境，pH 3～9 范围内均能生长，以 pH 5～6 为宜。生产时，配料中加入 1%～2%石灰粉，调高培养基 pH 值至 8～9，灭菌后 pH 值会自然降至 7 左右。栽培时覆盖用的泥土宜选用偏酸性沙壤土。

第二节 栽培灵芝的准备工作及材料

一、栽培季节

目前，我国灵芝栽培大部分利用自然温度栽培，因此灵芝栽培的季节选择主要依据灵芝子实体自然发生的季节及栽培方式而定。

段木栽培可以依据选择原木的最佳日期及段木内菌丝长满的时间来选择接种日期。东北地区 6～9 月份平均温度在 10～29℃，是野生灵芝自然发生的时期。因此，东北地区应在 1～3 月接种，有利于 6～9 月份出芝。华中、华东地区灵芝段木的接种季节可安排在11月下旬至翌年1月下旬，或2月中旬至3月上旬，当年均可收获2潮灵芝。11月下旬至翌年2月上旬正值农闲，劳动力富余，且树木积累养分最多，含水量适中，气温较低，空气相对洁净，可以有效控制杂菌繁殖，提高菌棒成品率。在室内适当加温，菌丝即可旺盛生长，污染率低，菌材下地时间早，当年生灵芝多、产量高、质量好。

代料栽培，在东北地区可于4月下旬或5月上旬开始生产菌袋；在华东地区，可以在11月下旬至翌年1月下旬生产菌袋。接种后培养40～60天移入栽培场，6～9月份可收2～3潮灵芝。若在室内或塑料大棚下面套小拱棚栽培，一年可以栽培二季。

二、栽培场所和方式

灵芝的栽培场所主要有室内、温室、塑料大棚、野外阴棚等。人工栽培灵芝的方式大体上可分为段木栽培和代料栽培两种。段木栽培又有生料段木栽培、熟料短段木覆土栽培和树桩栽培之分。代料栽培又有瓶栽、袋栽和脱袋覆土栽培之分。目前，熟料短段木覆土栽培（图4-8）和木屑代料墙式栽培（图4-9）是我国灵芝栽培的主要方式。

图4-8　熟料短段木覆土栽培（彩图）

图4-9　木屑代料墙式栽培（彩图）

三、生产设备和原料

1. 生产设备

主要生产设备包括木材切片机、木材粉碎机、筛料机、拌料机、装袋机、灭菌锅、接种设备、浇水设备、烘干设备、孢子粉采收加工设备等。

2. 生产原料

灵芝代料栽培中，常选择阔叶木屑、棉籽壳、玉米芯等作主料，麸皮、米糠、玉米粉、黄豆粉等作辅料，此外还需要一些矿物质元素、维生素等营养，培养料应新鲜、无霉变。灵芝段木栽培中，主要以硬质阔叶树种为好，属于壳斗科、杜英科和金缕梅科的树木。

第三节 菌种制作技术和菌种的选择

灵芝菌种分为三级，即母种（一级种）、原种（二级种）、栽培种（三级种）。在25℃条件下，灵芝母种的培养时间为7～10天，灵芝原种的培养时间为30～40天，灵芝栽培种的培养时间为40～50天。因此，一般在段木接种之前40～60天开始生产灵芝栽培种。制作灵芝的三级菌种要严格按照食用菌菌种生产技术规程的要求进行，下面介绍灵芝菌种的分离技术，母种、原种与栽培种的制作技术。

一、菌种分离

灵芝菌种分离可采用基质分离、组织分离和孢子分离。从木材组织中分离得到的菌丝生活力强弱难以测定；孢子分离得到的双核菌丝，其产量形状都有较大差异，一般用于菌种选育；生产上较为常用的为组织分离。下面介绍一下组织分离的具体方法。

1. 种芝选择

灵芝的菌丝体和子实体很容易纤维化，纤维化的细胞空腔很大，细胞质、细胞器含量比幼嫩子实体还要少，所以一般选用无病虫害的6～7分成熟的鲜芝作种芝。

2. 组织分离的培养基

综合马铃薯培养基：马铃薯200g，葡萄糖20g，琼脂18～20g，磷酸二氢钾3g，硫酸镁1.5g，pH 6.5～7.0，水1000mL。

3. 组织分离

组织分离之前，先用酒精棉球擦拭种芝的表面，再将菌盖撕（切）开，一分为二。一般选择灵芝菌盖黄白色生长区菌肉组织，或者灵芝菌柄上方菌盖中部的菌肉组织，作为取种部位。组织分离时，可先用无菌手术刀小心切割灵芝菌肉，然后用接种针取3mm×3mm的小块菌肉组织，接入试管培养基中上部表面。

4. 培养

将上述分离物置于生化培养箱中培养。调温至25℃，避光培养。一般3天左右组织块上菌丝萌发，待萌发菌丝长入培养基后，立即移植到斜面培养基上进行纯化培养。一般7～10天可长满试管斜面。挑选菌丝体生长整齐、长速正常，菌丝外观饱满、长势旺盛，气生菌丝洁白、致密、均匀的分离物作为备用母种。

二、母种的制作

1. 培养基

① PDA培养基 马铃薯200g，葡萄糖20g，琼脂18～20g，磷酸二氢钾3g，

硫酸镁 1.5g，pH 6.5～7.0，水 1000mL。

② 综合马铃薯培养基　马铃薯 200g，葡萄糖 20g，琼脂 18～20g，磷酸二氢钾 3g，硫酸镁 1.5g，pH 6.5～7.0，水 1000mL。

③ 马铃薯麸皮综合培养基　马铃薯 200g，麸皮 100g，葡萄糖 20g，琼脂 18～20g，磷酸二氢钾 3g，硫酸镁 1.5g，pH 6.5～7.0，水 1000mL。

2. 培养

灵芝菌种，表面气生菌丝见光后容易革质化，为了延缓衰老时间，最好用黑纸布包裹试管培养。优良的母种特征：菌丝洁白、浓密、短绒状，气生菌丝不繁茂，生长速度中等，一般 7～10 天可长满试管斜面。

3. 母种生产过程中的注意事项

① 无论是组织分离获得的菌种还是购买的菌种，都要进行栽培试验，符合生产要求的菌种才可用于规模化生产。菌种选择有误，将会对生产造成不可估量的损失。

② 尽量避免多次转管。在转管的过程中可能会出现菌种基因突变，使菌种退化，降低了菌种的生活力。通常，灵芝母种转管不超过 3 次。

三、原种和栽培种的制作

1. 用木屑、玉米芯生产原种、栽培种

(1) 原种、栽培种培养基配方　生产原种用 500mL 的菌种瓶作为容器，生产灵芝栽培种用 17cm×33cm×0.005cm（长×宽×厚）的聚乙烯袋（适于常压灭菌）或聚丙烯袋（适于高压灭菌）作为菌种容器。

适用培养基配方如下：

① 木屑培养基：阔叶木屑 78%，麸皮 20%，糖 1%，石膏 1%，pH 值6.5～7，含水量 60%～65%。

② 玉米芯培养基：阔叶木屑 78%，麸皮 20%，糖 1%，石膏 1%，pH 值6.5～7，含水量 60%～65%。

按常规制备、灭菌、接种，接种时应弃去表面老化菌丝。

(2) 原种、栽培种培养　原种及栽培种接种后在培养室培养。提前打扫培养室，保持环境整洁，维持培养室温度在 25℃，空气相对湿度为 40%～50%，避光，加强通风换气。培养温度不能超过 32℃，也不宜低于 20℃。

菌种培养前期每 2～3 天严格检查一次，菌丝覆盖培养基表面后每隔 7～10 天检查一次。如在瓶壁、料面或接种块发现红、绿、黄、黑等色孢子，说明有红色链孢霉、青霉、曲霉或根霉等杂菌污染，应予以淘汰。在适宜的环境条件下，一般经过 25～30 天的培养菌丝即可扩展蔓延至整个培养料，再经过 7～10 天的培养即可用于转接栽培种或用于生产。培养好的灵芝菌种菌丝浓密，色白，上下分布均匀，后期很容易形成原基。菌种菌龄最好不要超过 2 个月。

制备的菌种如果暂时不用，可在凉爽干燥、通风、避光、清洁的室内短期存放，以确保菌种的质量。即使是低温条件下保存，也不宜存放太久，以防菌种老化而活力下降，导致接种后萌发缓慢，而且容易感染杂菌。

2. 用麦粒菌种生产原种、栽培种

菌丝在麦粒培养基上生长速度快、旺盛，麦粒种接种后具有生长点多、发菌快等特点。生产工艺如下：选麦→洗麦→浸泡→沥干→水煮→加入辅料拌匀→装瓶→灭菌→冷却→接种→培养。

（1）常用配方　麦粒 100kg，石膏粉 1kg。

（2）具体步骤

① 根据配方准确称量麦粒、石膏粉。一般用 750mL 的菌种瓶时，每瓶装干小麦 0.20kg。

② 选麦、洗麦　选择干净、无霉变、无虫蛀、无发芽、籽粒饱满的优质小麦。选好后用清水将小麦冲洗 2～3 遍，除去灰尘、麦糠等杂物，同时也减少培养基中杂菌的基数。

③ 浸麦、煮麦、晾麦

a. 浸麦、煮麦　在煮麦前可提前 12h 用 pH 10 的石灰水（约 1%石灰）浸泡小麦（图 4-10），然后将小麦捞出后在煮麦锅内煮沸（图 4-11），水沸腾后再煮 20～30min，当麦粒从米黄色转为浅褐色，达到“无白芯，不开花”的标准后及时捞出，沥干多余水分，此时麦粒含水量约为 50%。

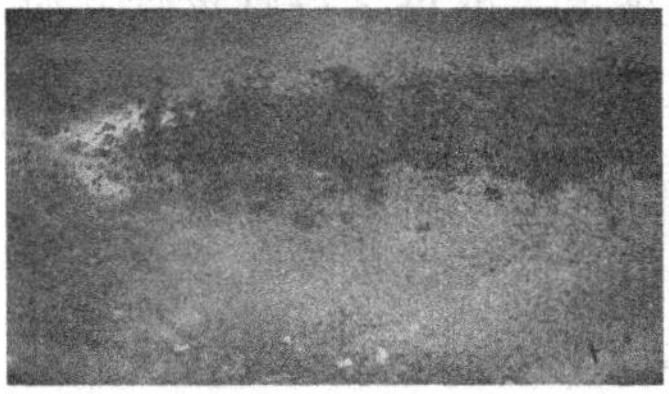

图 4-10　浸麦

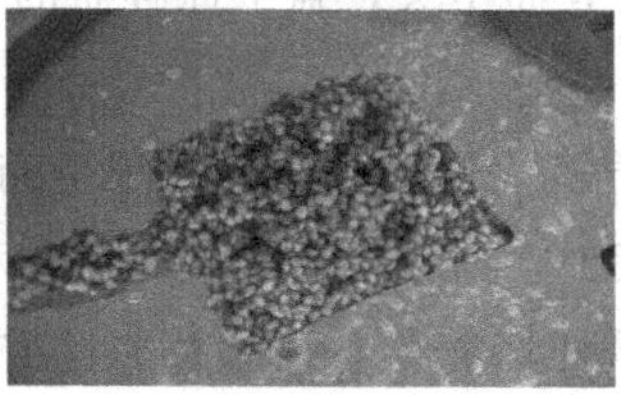

图 4-11　煮麦

图 4-12　晾麦

b. 晾麦　迅速将小麦倒在事先消毒干净的水泥地面，厚约 3～5cm，晾去表面水分（图 4-12）。待麦粒底层不积水、麦粒表面不沾水时收成一堆。

④ 加石膏拌麦　配方：麦粒 100kg，石膏粉 1kg。拌麦时将煮好的麦粒晾干过多的水分后加入石膏，充分混匀（图 4-13）。

⑤ 装瓶、装袋

a. 装瓶　用大嘴短径漏斗套住菌种瓶瓶口的内径，将上述麦粒边倒入瓶内，边

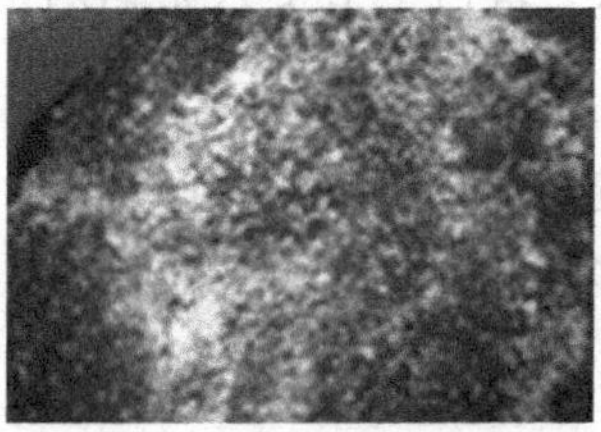
图 4-13　加石膏拌麦

图 4-14　装瓶

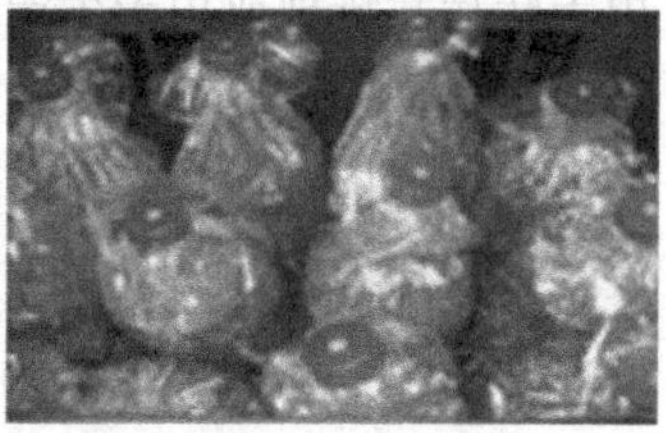
图 4-15　装袋

振动（图 4-14）。通常选用 500mL 的菌种瓶，装到瓶肩，每瓶填干麦粒 0.15kg。瓶口内壁应擦干净，外壁最好用清水洗干净，之后塞入棉塞加塑料布并用细绳或皮套扎好。

b. 装袋　通常选择规格为长 12cm×宽 24cm×厚 0.004cm 的袋，每袋装干麦粒 0.15kg，套上双套环（图 4-15）。

⑥ 灭菌冷却　一般采用高压灭菌方式，0.15MPa 保持 2h。在灭菌时要注意排尽锅内的冷空气，否则易造成假压，灭菌不彻底。灭菌结束后，压力下降至零后，取出瓶移入冷却室或接种室。

⑦ 接种　接种时按无菌操作进行，1 支母种接 5 瓶原种，每瓶原种可接 30 瓶栽培种。

a. 原种的接种　将冷却后的培养基装入接种箱，同时放入母种和接种工具，用甲醛和高锰酸钾混合熏蒸 30min，也可用气雾消毒剂（$4g/m^3$）熏蒸。

接种前，双手经 75%酒精表面消毒后伸入接种箱，点燃酒精灯，对接种工具进行灼烧灭菌。然后将菌种瓶放到酒精灯一侧，用接种钩将母种分为 5 块，挑取一块迅速转移到原种培养基的表面中央，盖上原种瓶的瓶塞。一般每支母种接种 5 瓶原种。

b. 栽培种的接种　培养基灭菌结束后，一般应待其温度自然降至 28℃以下或常温时，再移入接种箱或接种室内进行常规接种。接种过程与原种接种相似，只不过原种生产是将母种接入原种培养基，而栽培种生产是将原种接种到栽培种培养基。由于栽培种生产量大，所以可以在接种室内进行接种。

接种时，用冷却后的接种铲将原种表面老化的菌种去掉，再将原种接入栽培种培养基中，使原种均匀分布于培养基表面，封好栽培袋口。一般每瓶原种接种栽培种 30 瓶。箱内菌种全部接完后移到培养室的培养架上进行培养，并注明品种名称、接种日期、接种人姓名等。

⑧ 培养　培养室应调温至 25～28℃，温度尽量不要超过 28℃，空气相对湿度 40%～50%。培养室应避光，适当通风。麦粒基质原种约 30 天发满菌，栽培种约 25 天长满，菌种须在发满菌后再继续维持 5～7 天，此时是最佳菌龄。

四、液体菌种制作

灵芝液体菌种培养分为母种培养→摇瓶种培养→发酵罐培养。摇瓶培养的培养液配方为：玉米淀粉3%，葡萄糖2%，黄豆饼粉1%，磷酸二氢钾0.2%，硫酸镁0.1%，自然pH。摇瓶培养可采用二级发酵法，一级摇瓶用500mL锥形瓶，加液量为150mL，高压灭菌。每瓶接入母种1支（切碎后接种），置往复式摇床上于180r/min、28℃下培养7天。二级摇瓶可采用5000mL锥形瓶，加液量1000mL，高压灭菌。用一级摇瓶菌种接种，接种量5%～10%，在往复式摇床上于180r/min、28℃下培养3～4天。发酵罐培养基配方为：玉米淀粉3%，葡萄糖2%，黄豆饼粉1%，磷酸二氢钾0.2%，硫酸镁0.1%，自然pH。每70L菌种发酵罐装入培养液50L，在121℃条件下热力灭菌1h。每个发酵罐接种1000～1500mL二级摇瓶种，设定培养温度26～28℃，通气量1∶0.8，罐压0.02～0.04MPa，培养72～84h即可。液体菌种要求立即使用，不宜久存。

培养好的液体菌种可以直接接到栽培种上，接种方法参照平菇液体菌种使用即可。

五、菌种的选择

菌种是灵芝生产的基础，选用良种是灵芝优质高产的首要环节。通常情况下，应选择符合国家（食用菌菌种管理办法）规定的优良品种，以适应性广、稳定性好、抗杂菌抗污染能力强、芝大形好、一级品率高、产量较高的品种为宜。

第四节 栽培技术

一、短段木熟料栽培技术

灵芝的段木栽培与代料栽培相比，子实体的形态较好、色泽鲜亮、商品性较好。段木栽培现有短段木熟料栽培、段木栽培和树桩栽培3种方法，其中短段木熟料栽培的灵芝菌盖厚实、宽大、色泽鲜亮、栽培周期最短、生物转化率最高、经济效益最好。下面以辽宁峪程菌业有限公司为例，介绍一下灵芝短段木熟料栽培技术：

1. 工艺流程

原木选用→截段→装袋→灭菌→接种→发菌培养 —(50～60天；温度21～25℃，空气湿度65%)→ 脱袋覆土→

栽培场管理 —(50～60天；温度25～28℃，空气湿度85%～95%)→ 采收

2. 树种的选择

比较理想的树种应具备以下木材学特征：树皮较厚，形成层发达，不易与木质部脱离；木材容重比较大，材质较硬实；边材发达或不显心材，早材率高；木射线发达或具宽木射线；导管丰富或为大型导管材；单宁酸含量高。大多数阔叶树种都适宜栽培灵芝，多选用栲树、柞树及枫树等木质较硬的树种，树木直径6～20cm较好。一般在树木储存营养较丰富的冬季在接种前15天使用较好，如果2月中旬至3月上旬接种，使用期选在2月。超过3月底接种，会影响子实体产量。使用的段木见图4-16。

图4-16　使用的段木

3. 切断、装袋、灭菌、接种、养菌

(1) 切断、装袋　将栽培用的段木抽水后10～12天运到灭菌场地附近，用锯截成长度12～13cm的段（图4-17），断面要平。新段木和含水量高的树种可在切断扎捆后晾晒2～3天，当横断面中心部有1～2mm的微小裂痕时含水量合适，此时段木含水量为35%～42%，非常适合灵芝菌丝的生长。一般要求冬季新砍下段木，捆扎后可以直接灭菌接种；春季使用段木则需要先排湿，以防湿度过大影响菌丝生长，一般经过15天的晾晒后就可以捆扎灭菌接种了。

短段木用绳捆扎成捆（图4-18），每捆直径30cm，重约7kg。捆扎时，断面要平，用小段木或劈开的段木打紧，并剔除捆四周枝杈，以免刺破塑料袋。捆扎成捆后装袋（图4-19），将袋口用活结扎紧。如果袋头用3cm的无棉塑料颈圈套口，既可以避免袋内出“黄水”，又利于在菌棒发菌后期供氧，效果更好。段木过干时，装袋前应在水池中浸泡1～3h或装袋时每袋装入500mL清水，然后把袋口扎紧，高压或常压灭菌。

(2) 灭菌　高压灭菌于0.15MPa蒸汽压力下维持2h，常压灭菌于100℃下维持15～20h。灭菌结束，待料温降至70℃时出锅，搬入干净并消毒过的接种室内进行冷却，等温度降至30℃以下接菌。常压灭菌装锅见图4-20，灭菌见图4-21，出锅见图4-22。

图 4-17 截段（彩图）

图 4-18 捆扎成捆（彩图）

图 4-19 装袋（彩图）

图 4-20 装锅（彩图）

图 4-21 灭菌（彩图）

图 4-22 出锅

（3）接种 接种前应确保灭菌的段木温度在 30℃以下（低于手心温度），并保证接种室的洁净和干燥。在灭菌段木移至冷却室或者接种室的过程中，必须用塑料薄膜覆盖料袋，防止受灰尘污染，避免杂菌感染。段木移至冷却室后，先按每立方米空间用 4g 烟雾消毒剂（二氯异氰尿酸钠）消毒过夜；第二次消毒在各项接种工作准备完毕后，接种之前 4h，每立方米空间用 4～6g 烟雾消毒剂消毒。

选择优质灵芝菌种在接种室内使用接种机等设备进行接种，17cm×33cm 的菌种袋（1kg）可接种 8～10 个灭菌后的菌袋。接种时要使菌种均匀地涂播在两段木之间及上方段木的表面，用手压实，为了防止菌种在袋内的移动，在扎袋口时一定要扎紧，不留空隙。最好在袋口处塞一团灭过菌的棉花，以利于袋内的氧气供应。袋内有积水时，应倒掉积水。袋子破损时应更换或用胶布贴补小洞。整个过程中动作要迅速，一人解袋，一人接种，一人系袋，一人运袋，多人密切配合，形成流水线（见图 4-23）。接种后的灵芝菌袋见图 4-24。

图 4-23 接种流水线

图 4-24 接种后的灵芝菌袋

(4) 养菌　将接种后的短段木菌袋置于通风干燥的室内较暗处培养。菌袋可以摆放在可移动的层架筐中（图 4-25），也可"品"字形垛式摆放（图 4-26），棉塞不相互挤压。可移动层架或两菌墙之间留 70cm 通道以便于检查。接种后一周内将温度控制在 22～25℃，一般 2～3 天菌种萌发，7 天内菌丝连接成片。菌丝首先沿形成层生长，并形成醒目的菌丝圈，然后逐渐进入木质部和髓部沿维管束生长。接种后 7 天内结合翻堆检查一次，如果发现菌棒感染杂菌，应及时处理。感染杂菌的菌棒可脱袋后重新装袋灭菌，冷却后接种培养，且应适当增加菌种用量。

图 4-25　层架式培养

图 4-26 "品"字形垛式摆放

当菌丝定植后，室温可调节到 22～25℃，相对湿度保持在 40%～50%，每天中午通风 1h。随着菌丝生长旺盛，呼吸量加大，袋内开始产生水珠，此时要适当加强通风，每天通风 1～2 次，每次 1～2h。如果袋内积水过多时，可直接用无菌针刺孔排出；针孔过大时，可以用胶布再贴上。灵芝菌丝定植后，会在段木表面形成一层红褐色菌皮，对段木起到保护作用，防止其他杂菌的入侵。

在接种后 15～20 天，当断面形成菌膜时，可解开袋口，微露细缝，使之通气增氧降湿，待袋壁水珠消失，再扎好袋口，连续处理 3～4 次，菌丝即能健壮生长。加强通气还可使段木表面干燥，抑制杂菌生长，促使菌丝向木材内部生长。特别是含水量过大的段木，袋内湿度大，通过以上管理措施可达到去湿目的。在采取开袋通气增氧措施前，要净化环境，用微型喷雾器交替喷高浓度的保美生、甲基托布津或多菌灵溶液，消毒培养室空间。经过 45～55 天培养，菌丝在料内长透，再经 15～20 天培养便可达到生理成熟。室内培养周期约 2 个月，气温低时培养时间稍长。

优良菌材（图 4-27）具有以下特征：两捆段木被菌丝体所连接，难以分开；表面形成红褐色菌膜，很少有杂菌菌落；用手指重压菌材有弹性感，重量减轻；将菌材劈开，木质部呈淡米黄色；部分菌材或封口棉塞上已形成原基。当日气温稳定在 20℃以上，少数段木有原基出现时，就可在畦上开沟排段了。

4. 整地做畦

将选好的场地于晴天翻土深 20cm。去除杂草、石块，曝晒后按东西走向做畦。

畦床宽 1.5～1.8m，高 30cm，长依场地而定（图 4-28）。场地四周开排水沟，沟宽 45cm、深 30cm 以上。有山洪之处应做好防洪准备，防止洪水冲入畦内。场地四周撒灭蚁灵等灭蚁药。

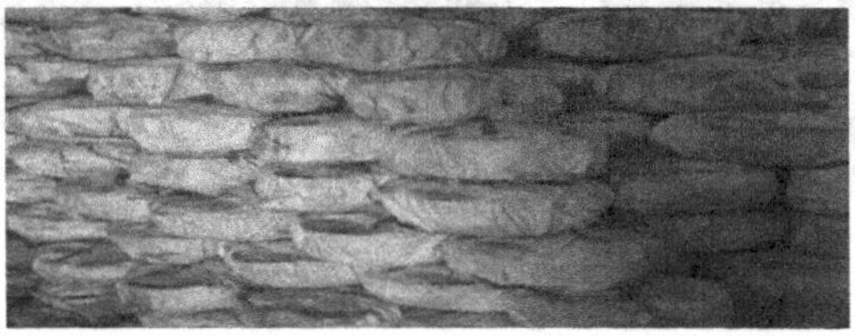

图 4-27　优良菌材

图 4-28　整地做畦（彩图）

5. 排场覆土

（1）菌棒进场　每年 4 月末至 5 月初，选择气温在 15～20℃的晴天或阴天排场。场地应事先清理干净。可将菌棒摆放在芝场内适应养菌“假植”15 天，促使菌棒在运输过程中造成的菌丝体或者菌皮的损伤重新愈合（图 4-29）。在此期间确保大棚通风良好，给予一定的散射光，避免阳光直射。菌棒进场地时按菌丝培养熟化程度分类排场，以便管理（图 4-30）。

图 4-29　菌棒运输

图 4-30　菌棒入棚

（2）割袋、脱袋、覆土　菌段入棚 15 日左右开始开袋覆土，埋段。覆土材料要求用土质疏松的沙壤土，土粒直径以 0.5～2cm 为宜，覆土材料加入生石灰调至 pH 8。菌棒覆土应选择气温在 15～20℃的晴天或阴天进行，切忌雨天操作。首先去除包装袋（图 4-31），接种面朝上放在已做好的栽培畦内（图 4-32），菌材间相距 7～8cm，畦内菌棒的表面应该在同一平面，有利于均匀覆土。排好后将菌棒之间的空隙填满土，顶部再撒上 2cm 厚的土（图 4-33）。覆土后随即浇足水分。

6. 出芝管理

埋土后，如气温持续在 25℃以上时，通常 10～15 天即可出现灵芝子实体，这时，芝床内温度要保持在 26～28℃，空气相对湿度为 80%～90%，减少通风次数，促其芝蕾伸长形成芝柄，同时给予较强的散射光，光照强度为 1000lx，以利芝蕾顺利分化。在生长初期生长的仅是菌柄部分，灵芝菌柄生长至 3～4cm（图 4-34）时，

图 4-31　割袋

图 4-32　入畦

图 4-33　覆土（彩图）

图 4-34　疏蕾前

图 4-35　疏蕾

图 4-36　疏蕾后

按技术员指导要求利用刀具进行疏蕾修剪（图 4-35），每菌段保留一个菇蕾（图 4-36），间距在 20cm 以上，准保每一个灵芝开伞间距。

芝蕾出土时要适当控制通风次数，当菌柄伸长到 5～7cm 时及时加大通风量，使空气湿度保持在 85%～90%，棚温保持在 26～28℃，光照强度为 1000lx，数天后菌柄顶端即可膨大形成菌盖。当芝蕾出土尚未分化菌盖前，棚内相对湿度要保持在 80%～90%，使土壤呈疏松湿润状态，喷水时雾滴要细，可采用朝空中喷雾的方法让雾点自由降落到畦床上。芝蕾露土时顶部呈白色，基部为褐色（图 4-37）。当芝盖分化 5cm 直径后（图 4-38），给予偏干管理，加强通风，使畦床和菌棒湿度偏干，而且空气相对湿度也要偏干，这样可降低芝体生长速度，增加芝盖的致密度，使芝体外观匀称美观，质密体重（图 4-39）。

图 4-37　芝蕾出土（彩图）

图 4-38　菌盖生长（彩图）

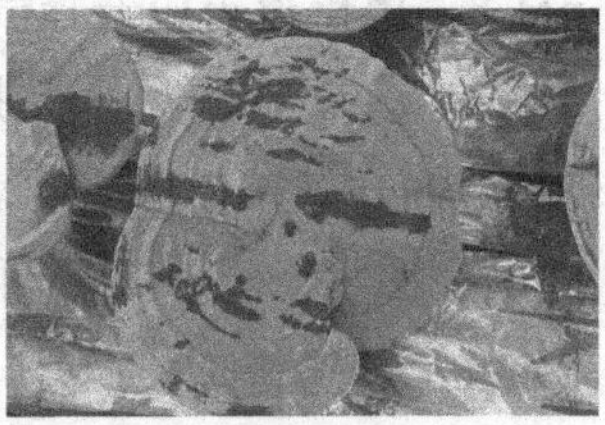

图 4-39　菌盖成熟（彩图）

① 出芝管理重点是温度、水分、通气、光照这四要素的调节，具体如下：

a. 温度　温度是比较关键的因素，原基分化温度为 22～28℃，子实体发育的温度为18～30℃，以25～28℃最为适宜。温度持续在35℃以上或15℃以下难以形成子实体。子实体在25～28℃发育较好，在25℃以下生长速度较慢，但质地坚实、皮壳层发育好、色泽深、光泽好；在温度偏高（30℃左右）时子实体生长快，个体生长周期短，但菌盖薄、质地差。平均温度为18℃时菌盖发育期为25天左右，温度为25℃时则为18天。还应该注意的是，灵芝属于恒温结实的真菌，变温不利于子实体分化发育，温度变化较大时容易产生厚薄不均的分化圈，菌盖呈畸形，商品性不好。

b. 水分　在水分的管理上应按照前湿后干的原则。一定要保证水质要干净，水温与棚温一致或接近，如果用喷雾器并应选用雾点较细的喷头朝空间喷雾，让雾点自由落下。现在灵芝生产管理中多采用微喷灌或雾化技术，既能保持覆土层水分和空气湿度，又避免了因为喷水不慎使得泥水溅到子实体表面而影响品质，比人工喷水省工。当水管末端水压达0.2～0.3MPa时，雾滴直径为0.2～0.4μm，喷洒均匀度高，空气湿度可迅速达到90%以上，创造灵芝生长发育小气候环境。喷水时要根据天气、芝体长势、土质、气温、阴棚保湿程度等情况，判断喷水量。

(a) 根据天气情况：晴天多喷，阴天少喷，下雨天不喷。

(b) 根据芝体长势：在瘤状原基期空气相对湿度80%～90%，柄状原基生长期空气相对湿度90%～95%，也要保持土壤呈湿润状态（土壤水分含量16%～18%），以免因空气干燥而影响菌蕾分化。灵芝菌盖长至3cm开始着色，以盖缘表面有水珠为度。一般菌盖长到直径5cm以上后要减少喷水次数和喷水量，提倡偏干管理，这样可降低芝体生长速度，增加芝盖的致密度，品质好。

(c) 子实体发生个体较多时多喷水，子实体发生较少时少喷。芝体采收后应停喷或少喷水。

(d) 土质情况：要根据覆盖土壤的疏松状态而定，一般土质疏松多喷水，土质较黏时少喷水或不喷水。

(e) 气温情况：气温适宜时适当多喷水；气温偏高或偏低时要少喷水、不喷水或择时喷水。

(f) 荫棚保湿情况：荫棚不严、漏气严重、保湿性能差，要多喷水，少通风；反之，喷水量要适当减少，通风量增多。

c. 光照　光线对子实体生长发育非常重要，没有光的诱导，子实体原基就不能形成，原基分化需要20～100lx的光照度。如果光照不足，子实体呈黄白色，无光泽，柄长、盖小或菌盖不分化，商品价值低。当光照为300～1000lx时子实体具完整的外形（图4-40），菌盖、菌柄分化完全，但要避免阳光直射。若光照度低于100lx时，大部分灵芝无法形成菌盖。光照度大于5000lx时，子实体生长常呈短柄或无柄。此外，灵芝具有很强的趋光性，在整个栽培期，严禁随意改变棚室的结构和透光位置，以免造成灵芝子实体的光诱导畸形。在子实体发育期间，光照强度前期弱后期强，开伞前光线不能太强，以利伸长菌柄，积累营养，最好是七阴三阳；开伞后要半阴半阳，促进开伞，色泽好，这种栽培前期光照要强些，后期适当降低光照度可使菌盖周边分化均匀，盖边缘圆整，朵型美观。使用遮光率为85%的黑色遮阳网效果较好。

图 4-40　光照适度外观好

d. 通气　灵芝属于好氧性真菌。在良好的通气条件下，灵芝可形成正常的“如意”形菌盖。出芝时空气中CO_2浓度一般可控制在0.1%以内，若超过0.1%则对原基分化产生抑制，超过0.3%则不能形成原基。子实体形成期间CO_2浓度以不超过0.03%为好，当高于0.1%时，菌盖分化受到抑制，不利于孢子形成，菌柄伸长形成鹿角形分支，已形成的菌盖会出现二次分化。当二氧化碳浓度超过1%时，子实体虽能生长，但发育形态极不正常，没有任何组织分化，甚至连皮壳也不发育。当浓度达到10%时，已形成的菌盖在边缘及子实体层面形成浓密的白色气生菌丝，最后菌管将全部封闭。因此，人工栽培灵芝必须注意培养场所的通风换气。

另外，为减少杂菌危害，在高温高湿时要特别加强通气管理。每天揭膜通风一次，保证空气新鲜，防止二氧化碳浓度积累过高。通风时，一般只须揭开畦四周的塑料薄膜，揭膜高度略高于子实体，这样有利于菌盖生长发育（图4-41、图4-42）。当芝场太潮湿时，可揭开整个塑料薄膜通风排湿，阴雨天要注意防止子实体淋雨。

② 在不同的生产季节，要根据自然气象条件和灵芝子实体生长发育的具体情况制定相应管理措施。

a. 春末夏初的出芝管理　春末夏初，温度较低，雨水多，空气相对湿度较大。因此，菌材埋土后以保温排涝为主。前期荫棚顶部遮盖物搭稀一些，增加光照度，盖好塑料膜，使畦面温度保持在22℃以上，每隔3～4天选晴天午后适当通风一次，排出二氧化碳，防止段木酸败。适当喷水，保持土壤湿润，空气相对湿度保持在80%左右，促进菌丝转入生殖生长，加速原基的分化。当原基形成后，畦面温

图 4-41 侧面通气

图 4-42 棚两头通气

度控制在 30℃以内，空气相对湿度提高到 85%～90%，促进子实体发育，经常通风换气，防止畸形芝的发生。

b. 盛夏秋初的出芝管理 7～8 月份，气温最高，日照最强，须增厚荫棚的覆盖物，增加荫蔽度，达到八阴二阳，降低芝场温度。经常用清水向空间喷雾，保持空气湿度为 90%，若有盖薄膜的，应打开畦面两端的薄膜，并把畦两侧的薄膜卷离畦面 6～8cm，加强通风，降低温度，排出 CO_2。每批灵芝采收后，应停止喷水 1～2 天，促进菌丝恢复。

c. 秋末冬初的出芝管理 入秋以后，气温渐低，气候干燥，应加强薄膜的覆盖管理，减少荫棚顶上的覆盖物，确保七阴三阳，并增加喷雾次数，维持好土面湿度和空气相对湿度。

d. 入冬后的管理 入冬后，气温降低，已不能出芝。这阶段的管理主要是做防地冻、防水浸、防白蚁危害等工作，保护好段木，来年气温回升后继续出芝。严冬时节，在盖膜的同时还应在床面盖上一层稻草，保持棚内温度。

二、代料栽培

人工栽培灵芝有代料栽培和段木栽培两种方式。代料栽培生长周期从接种到采收结束仅仅 3 个月左右，灵芝产量高，但子实体质地疏松。段木栽培灵芝生产周期需要 1～2 年，产量较低，但质地优良，商品价值高。

1. 工艺流程

原料准备 → 栽培料配制 → 装袋 → 灭菌 → 接种 → 发菌培养 —35～45 天（温度 21～25℃，空气湿度 65%）→ 出芝管理 —40～50 天（温度 25～28℃，空气湿度 85%～95%）→ 采收

2. 培养料的选择和配制

灵芝代料栽培中，常选择阔叶木屑、棉籽壳、玉米芯等栽培原料作主料，麸皮、米糠、玉米粉、黄豆粉等作辅料，此外还需要一些矿物质元素、微量的维生素

等营养。培养料应新鲜、无霉变，木屑、玉米芯等主料应在太阳下曝晒2～3天。但不同的原料对灵芝的产量和质量有较大的影响。壳斗科木屑栽培时，质量好；棉籽壳栽培的灵芝虽有产量高的特点，但品质较差，子实体中的灵芝多糖及灵芝酸含量较低。实际生产中，既要考虑产量，也要考虑质量，还要考虑到所用的原料是否有充足的来源，根据原料的性质进行合理的搭配，使之达到优质高产的目的。常用配方如下：

① 木屑80%，麸皮18%，白糖1%，石膏粉1%。

② 棉籽壳40%，木屑40%，麸皮18%，白糖1%，石膏粉1%。

③ 玉米芯30%，木屑50%，麸皮18%，白糖1%，石膏粉1%。

④ 玉米芯80%，麸皮18%，白糖1%，石膏粉1%。

按照配方选好原材料，参照平菇的拌料方法，将料先干混、再湿混。干混是指将栽培原料的主料和辅料中的不溶物，如麸皮、木屑、玉米粉、石膏等在不加水的情况下将其均匀撒于主料表面搅拌混匀；湿混是将原料中可溶性物质，如白糖等药品溶于水中后加入。拌匀后，使其含水量达到55%～60%（手捏培养料有水滴下，但不成线），pH 7～7.5。

3. 装袋、灭菌

配料后及时装袋，一般选用塑料袋规格为17cm×35cm×0.04cm或20cm×45cm×0.04cm，机械或手工装袋均可。培养料的松紧度以手用力握有弹性为准，便于菌丝发菌，料面压平后在中部打直径2cm的洞，直到料底，紧贴料面扎紧袋口，之后套上双套环。

装好的料袋应及时灭菌，可将料袋排放成“井”字形，高压或常压灭菌均可。常压灭菌一般温度达到100℃，维持10～12h，再在锅内闷12h，灭菌袋数增加时，灭菌时间相应增加。高压灭菌时要求在压力0.15MPa下灭菌2h。灭菌后的料袋移入洁净的冷却室，待料温降至28℃以下时进行接种。

4. 接种

发菌料袋冷却到30℃（料内温度）时抢温接种，在接种室或接种箱内进行。用固体菌种接种时，先挑去菌种瓶内纤维化的菌丝，一般由两人配合操作，一人负责开口和封口，一人负责接入菌种。接种时动作力求迅速，以减少操作过程中杂菌污染的机会。采用规格为17cm×35cm的袋一头接种，接种量一般为每瓶菌种（500mL）接种20袋。采用规格为20cm×45cm的袋两头接种，接种量一般为每瓶菌种（500mL）接种10袋。用液体菌种接种可参照平菇液体菌种接种部分。

5. 养菌

培养场所应事先打扫干净并消毒，创造适宜发菌的环境条件。发菌培养要掌握四个基本条件：暗培养、外界环境干燥整洁、适宜的温度、常通风换气。可把菌袋摆放在床架上，也可直接把菌袋摆放在地面上，一层层卧倒，墙式摆放，摆放5～8层。早春接种因气温低，可把菌袋集中堆放，使之增加袋温，加快菌丝定植，待气温升高后再分开摆放。在发菌的前2～3天，室温控制在25～26℃培养，促使菌丝早定植。此时，不宜翻动，不必通风。第4～5天以后，菌落已经形成，降低温度到22～24℃培养，并注意常通风换气，以室内无异味为标准，保持空气相对湿度在60%～65%。培养15～20天后，菌丝向内吃料4～5cm，此时将温度降到20～22℃继续培养。此时要特别注意气温、料温及通气，养菌期间菌袋温度不要超过35℃，否则菌丝容易发生“烧菌”现象，菌袋变软，培养料发臭。

接种第3天开始检查有无杂菌感染，发现有绿、黑、黄等杂色，即视为杂菌污染，应坚决剔出进行处理。培养25～35天，菌丝即可长满菌袋，再经过7～10天的后熟培养使菌丝“吃透”培养料。在后期发菌过程中，可加大通风量，并给予100～200lx散射光。当菌种处菌丝体上出现黄色水珠，个别的已经分化成原基，标志着菌丝体已经生理成熟，可移入出芝室，进行出芝管理。

6. 出芝管理

袋料栽培出芝主要有墙式出芝、覆土出芝两种方式，管理要点如下：

(1) 墙式出芝（图4-43） 将长满菌丝的菌袋排放在床架上，可堆放5～6层；或在地面上每隔60cm摆1行砖，高12cm，在其上码6层菌袋。去掉菌袋两头封口纸，或用刀片在菌袋两端割去直径为1～2cm的塑料膜，进行保温、保湿等出芝管理。

图4-43 墙式出芝

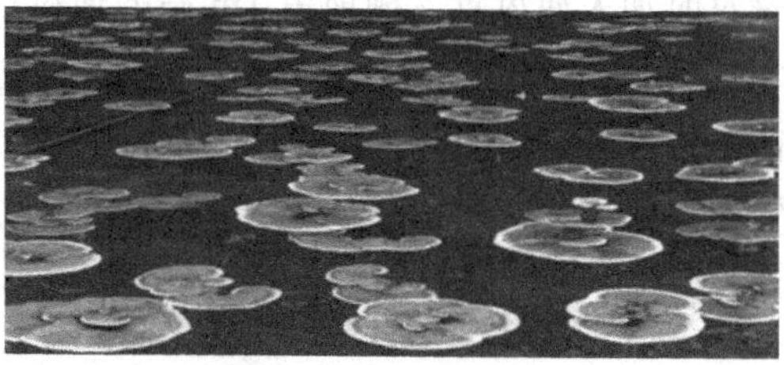

图4-44 覆土出芝

(2) 覆土出芝（图4-44） 菌棒覆土应选择气温为15～20℃的晴天或阴天进行，切忌雨天操作。在出芝场地内修建畦床，深25～30cm，宽120～150cm，畦床间距30cm，长不限。挖好畦床后先曝晒，然后浇透水，喷洒杀虫、杀菌剂，待药剂气味挥发后备用。在用药中必须注意多菌灵和石灰的用量，0.1%的多菌灵、小于2%的石灰对灵芝菌丝生长没有明显的抑制作用。将发满菌的芝袋脱去塑料薄膜，竖立排放在畦床内，菌筒之间留5～7cm的间隙。首先用消毒土填充间隙，然后在菌筒的顶端覆土2cm厚，浇足水，进行保温、保湿等出芝管理。

7. 出芝管理

出芝阶段温度为25～28℃，空气相对湿度控制在85%～90%，光照强度500～1000lx，通风良好。具体管理措施如下：

(1) 光照　灵芝生长要求光线均匀，光照强度300～1000lx。光照不足，灵芝子实体柄长盖小；光照增强，芝盖形成快，芝柄短。灵芝生长具有向光性，出芝期间不要随便移动芝袋的位置和改变光源，否则会影响芝体正常生长发育。光线控制的原则是前期光线弱，有利于菌丝的恢复和子实体的形成；后期提高光强，有利于灵芝菌盖的增厚和干物质的积累。

(2) 温度　灵芝出芝前无须进行昼夜温差刺激，温度保持在25～28℃，一般7～10天可形成白色原基。高于30℃或低于22℃，芝体生长明显减慢，出现减产趋势。盛夏高温季节，温度过高时，可在棚外覆盖物上喷洒井水以降低棚内温度，防止因空气湿度过低（小于75%）造成灵芝菌盖外缘变成灰色。一旦变成灰色，即使再加大湿度也往往不能恢复生长。

(3) 水分管理　可安装微喷保持空气相对湿度为85%～95%，晴天多喷，阴天少喷，下雨天不喷。喷水时应将喷头对空、对地、对四周，避免喷头直接对灵芝喷水，保持棚内空气湿度和地面潮湿。具体可参照段木灵芝水分管理。

(4) 通风　子实体生长发育需较强通风，二氧化碳浓度对菌盖发育有极大影响。据测定，二氧化碳含量超过0.1%时菌盖不发育，含量在0.1%～2.0%之间子实体长成分枝极多的鹿角状。栽培时要根据需要适量通风，芝蕾出土时可适当控制通风次数，现蕾至菌盖分化阶段，以人进棚后感觉空气新鲜为宜，随着子实体长大要及时加大通风量。棚前留1m高的通风口，棚的后墙每3m留一个通风口。

(5) 疏蕾　料面有多个芝蕾出现时用消毒剪刀剪去一些，一般每个出芝面只保留1个位置好、个体大的芝蕾，最多留2个，这样使养分集中，长出盖大朵厚的子实体。

三、灵芝盆景培育技术

灵芝形态奇特，色彩绚丽，自古以来就被认为是吉祥的象征，可以作为盆景以供观赏。在国际市场上，尤其是日本和东南亚地区，灵芝盆景颇受欢迎。我国传统的灵芝盆景制作在《宋史·五行志》《明史·王金传》及《明会要·祥异》等古籍中均有记载。现代灵芝盆景的制作是对灵芝生长环境条件的控制并结合嫁接、造型、采收、装盆等环节，培育出具有不同形态的灵芝，再配以山石、树桩、枯木，便成为古朴典雅、造型奇特的工艺品（图4-45～图4-47）。

1. 生产时间安排

灵芝盆景生产以适宜灵芝生长时期（气温在20℃）为中心向前后推算，找出各

图 4-45 盆景一（彩图）

图 4-46 盆景二（彩图）

图 4-47 盆景三（彩图）

阶段生产时间，做好生产安排。以四川省宣汉县为例，灵芝适宜的生长时间为 4～6 月份，向前推至 2 月初开始生产小菌袋，在室内自然养菌的条件下，3 月中下旬菌丝满袋；3 月下旬至 4 月上旬开始合袋，经过 4～5 月份的生长阶段，灵芝生长到嫁接高度，5 月下旬开始嫁接，6 月底基本成熟，7 月中下旬采收装盆。

2. 盆景培育技术要点

（1）制备小袋 按照主料棉籽壳 90%、麸皮 10%，辅料红糖 1%、石灰 1%、石膏 1%、磷酸二氢钾（KH_2PO_4）0.5%、硫酸镁（$MgSO_4$）0.3%的比例拌料、装袋、灭菌、接种。养菌初期可以适当升温，保证菌种尽快萌发吃料。菌丝生长期间定期检查，及时检出感染的菌袋。

（2）组合大袋

① 袋子规格 菌袋菌丝长满一周后整袋菌丝洁白均匀，此时开始合袋。袋子规格为扁径 60cm、70cm、80cm 均可，根据制作的盆景灵芝大小而定。例如扁径 60cm 的可以装干料 6～7kg，菌袋 7～8 袋。

② 合袋步骤

a. 准备 在棚内按生产布局横向或纵向摆放直径约 5cm 粗的竹竿，为摆放袋子做好准备。棚四周挂起 1.3m 高的遮阳网，保证灵芝生长时光线来自上方。

b. 消毒 合袋场（如大棚内）要提前一周杀虫灭菌，合袋开始时包括空中地面要严格消毒，工具浸泡消毒，工人服装、手、鞋要清洁卫生。

c. 合袋 先把菌袋在消毒液中浸泡几秒钟，再用刀挖掉菌种块，划破菌袋，把菌棒放入消毒液洗过的盆中，分别快速把菌棒掰碎成鹅蛋、鸡蛋、鸽蛋大小三种菌块，大致比例为 5∶3∶2，把鹅蛋大小的菌块装入大袋底部，轻微压平后倒入鸡蛋大小的菌块，压平后倒入鸽蛋大小的菌块，最后再次压平。

d. 扎孔 打开袋口，用直径 2～4cm、一端削尖的木棒或金属棒等在已经压平的面上均匀扎出几个洞，袋子底部一定要扎透，孔与孔间隔 5～7cm（图 4-48）。扎完孔后把袋子摆到竹竿上，底部不接触地面，扎紧袋口，使料面到扎口处呈圆锥形（图 4-49）。

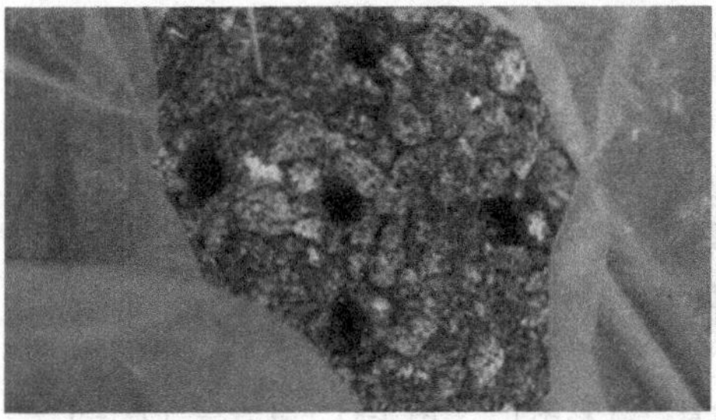

图 4-48 扎孔

图 4-49 摆放

（3）形成原基 合袋完成后，每天检查袋内温度，发现超过 25℃时要通气降温。具体操作是，握住扎口处向下压，把袋内空气挤压出去，再把扎口处提起，反复 2～3 次。如果棚内温度稳定在约 20℃，空气相对湿度在 60%～80%，两三天内就可以明显看到菌丝生长，菌块愈合层一个整体，5 天后袋内料面上就会有白色或肉色凸起，这就是灵芝原基。一般约 10 天全部袋内就会形成大量原基。

（4）培育芝柄

① 压泥 大袋内料面现蕾后，根据盆景重点造型特点，先把袋内空气挤压出去，把袋口收好，用一个长方形的框子（尺寸：长 × 宽 × 高 = 40cm × 15cm × 10cm）轻压在袋子外面，袋口在框内，把原基旺盛部位保留在框内后，把袋子提紧，整理成框子的形状，再把袋口收紧，放在框内，框外部分用软泥压紧抑制泥下生长，保证培养料的营养有效供应。压泥后把框子提起，把袋口打开整理成高15～20cm 的长方形并固定（图 4-50）。

② 遮光 菌蕾开始长高时，用遮光材料如报纸把压泥后保留的长方形塑料袋完全包围，保证光线来自在袋口正上方，使芝柄直立向上生长（图 4-51）。

图 4-50 压泥

图 4-51 芝柄直立向上生长

③ 保湿 培育芝柄阶段是灵芝生长较快的阶段，此时棚内空气湿度应保持在 80%～90%之间，如果棚内湿度难以保持，除了地面浇水外，可以利用喷雾器向棚内和灵芝多次喷水保湿，防止生长端褐化停止生长。

④ 提前处理 当袋内芝柄较少时，可以根据长势分布适当绑扎，使顶端生长点愈合在一起增加表面积，便于后期嫁接。

(5) 嫁接造型 灵芝嫁接与植物嫁接原理类似，就是利用组织受伤后的愈伤机能进行的。不同的是灵芝属于大型真菌，细胞脱分化能力更强，而且灵芝嫁接一般在同一品种间进行，容易成活。制作活体嫁接盆景灵芝关键在嫁接。灵芝嫁接技术主要包括以下几方面内容：

① 嫁接方法 灵芝嫁接就是将需要嫁接的两个伤面靠近并扎紧，借助细胞分裂彼此愈合成为一个有机整体。灵芝嫁接与植物嫁接类似，嫁接方法多用枝接，具体有平接、劈接、侧接等多种方法。

a. 平接 嫁接枝（相当于接穗）底部和被嫁接枝（相当于砧木）顶部削平，扎孔后用竹签固定，根据需要可以嫁接2～3层或更高（图4-52）。此法适用于嫁接枝和被嫁接枝比较粗壮、水平接触面积大的情况，优点是上下层接触面积大，便于营养、水分输送，恢复后生长旺盛。

b. 劈接 把嫁接枝削成楔形，把被嫁接枝劈开，刚好把嫁接枝插进去，完全包裹嫁接枝创面（图4-53）。此法在嫁接枝较高和芝柄单一的情况下比较适用，具有不浪费材料、不易污染、接口愈合快的优点。

图4-52 平接（彩图）

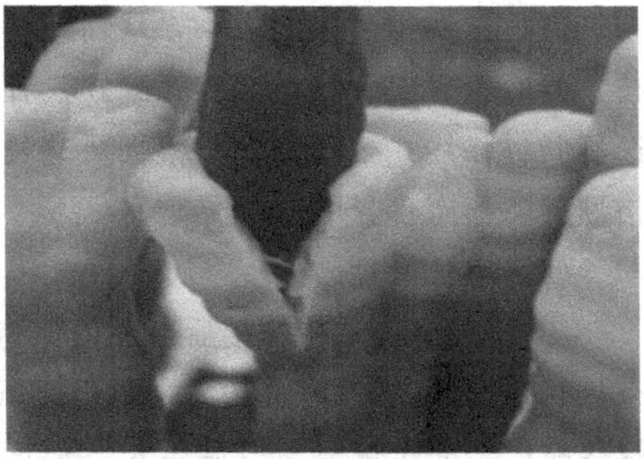

图4-53 劈接（彩图）

c. 侧接 本层芝柄粗壮，但是芝片较小或较少时，把芝柄下部侧切开，插入嫁接枝，可以阻止营养过多地向上运输，增加本层菌盖面积，改变上下层菌盖比例不适的情况。

② 嫁接原则 保证嫁接成活率高要做到四点：嫁接枝与被嫁接枝的切面要平整光滑，贴合紧密；操作的动作要迅速，减少切面损伤和失水；扎孔的锥子和固定的竹签要粗细一致，定型效果好；刀具锋利，及时清洗，保持切面清洁，避免嫁接污染。

③ 嫁接时机 合适的嫁接时机是指芝柄长到合适的高度，即将开始向菌盖分化的时期。按照大袋培养料7～10kg、保留原基面积15cm×35cm的标准，选蕾压

泥后约50天芝柄就会长至15～20cm，这时就可以开始嫁接。嫁接时芝柄生长状态不同，嫁接枝上下高度比例也会有所不同。如果芝柄生长旺盛，嫁接后芝柄还会继续生长，底层尤其明显，这时底层芝柄高度等于或略低于上层高度。如果芝柄开始分化，底层芝柄继续生长的空间很小，底层芝柄要略高于上层高度。如果菌盖生长已经明显，嫁接的最佳时期已经错过，嫁接难度增加。

④ 造型技巧

a. 嫁接比例　嫁接时要注意调整上下层的比例。首先是上下层的高低比例。嫁接时从底层到最上层，嫁接枝的高度依次是递减或等高的，这样才符合盆景生长的自然形态，满足人们的审美要求。其次是上层嫁接枝一定要比下一层略细，相当于下一层的2/3左右。如果上层过于粗大，则会出现上层菌盖过大，下层菌盖过小甚至没有菌盖的情况，上下菌盖不成比例，反过来也是如此，丧失观赏价值。

b. 底层芝柄　嫁接时底层芝柄要注意几点：一是芝柄基部不能过于纤细，否则嫁接后无法承受上部重量会折断；二是芝柄不可保留过多过密，否则底层芝柄菌盖过大，与上层菌盖比例失调；三是选择底层芝柄在剔弱留强的基础上既要考虑空间搭配，还要留下较大嫁接面便于嫁接。

c. 嫁接走向　与植物嫁接改良品质、提高抗性的目的不同，灵芝嫁接目的就是为了造型，在灵芝自然形态的基础上，对芝柄进行新的调整和分布，改变其走向、方位，调控菌盖的大小，从而使灵芝形态达到更美的视觉效果。一般地，嫁接枝主要有直立式、斜出式和弧线式三种走向，直立式造型挺拔健壮，斜出式造型飘逸洒脱，弧线式柔和灵动。根据灵芝长势和嫁接者的构思借助于嫁接技术创造出风格迥异、形态各异的盆景灵芝。

(6) 生长管理

① 环境要求　在嫁接后1周内保持环境温度约25℃，温度较高时嫁接愈合快；空气相对湿度在80%～90%之间，通风保证有充足的氧气，避免大风灌棚。1周后嫁接枝已经完全恢复，开始生长，温度不超过32℃，空气湿度不低于70%，四周去掉遮阳网，增加光线，通风增加。2～3周左右，芝柄开始长出菌盖，随着菌盖的逐步展开，灵芝进入成熟生长阶段开始弹射孢子粉，这时停止补水。菌盖不再弹射孢子粉时用清水把孢子粉冲洗干净，把灵芝摆放到遮阴通风处自然干燥。

② 检查补救　嫁接完成后的3～5天内每天仔细检查嫁接面恢复情况，发现污染枝就及时摘除，避免污染扩大，等到伤口恢复生长时进行二次嫁接。在嫁接枝生长期间，如果发现芝柄比例不合适、角度不正确，要立即削去重新嫁接。后期出现上下或左右菌盖没有如期生长时，可以在其旁边补接已经展开菌盖的灵芝，弥补缺陷。

(7) 采收装盆

① 采收　嫁接完成后约30天，盆景灵芝芝片已经完全展开，基本成型，开始

弹射孢子粉，这时停止浇水，加大通风，让棚内逐渐干燥，灵芝菌盖白色边缘逐渐变少转黄，灵芝生长进入成熟期。当灵芝不再弹射孢子粉、菌盖由平展向下弯曲时，就可以采收了。采收时，用锯割去底部大部分培养料，保留 2～3cm 的培养料，放在干燥处继续干燥。

② 上漆　等盆景灵芝完全干燥后，用水冲去孢子粉，干燥后适当进行打磨、修饰和清理，然后用漆刷薄薄涂上一层清漆，晾干后再涂刷 1 次，共 3 次，以增强光泽和起到防霉、防蛀的效果。涂层不要太厚，可以防龟裂。

③ 盆器选择　按灵芝的种类、色泽、大小、形态等选择不同类型的陶盆、釉盆、瓷盆、水泥盆、塑料盆均可，一般以暗色陶瓷盆较好，不宜选用与灵芝色调相同或近似的盆，以较强的反差突出灵芝的形态特征。盆内的填充物和固盆物可用白云石、泡沫塑料等。

④ 大盆固定　盆内填充沙泥或泡沫明料，将白云石与乳胶或水玻璃拌和放入盆的上部，然后栽入造型灵芝，干燥后即固定于盆内；或将泡沫塑料板裁剪成盆口大小，板面打孔，将菌柄插入固定后再嵌入盆内；大株灵芝造型需用石膏黏合。

⑤ 设景配件　为突出灵芝盆景主题，应适当配置山石、花木、阁楼、小桥等，适当的点缀和装饰可以增加灵芝盆景的情趣和灵动性（图 4-54）。

图 4-54　装盆

⑥ 盆景保存　灵芝的子实层和菌管易被害虫侵入产卵、蛀蚀，平时宜摆放在通风干燥处，盆内放樟脑丸等防虫剂。虫害发生后，应及时用熏蒸或曝晒方法进行处理，并在被侵害部位或虫孔处涂拭滴注水杨酸钠酒精混合液，然后用石蜡或透明胶带封堵。

3. 注意事项

（1）合理安排　不同地区同一季节的气温可能差异较大，灵芝盆景生产环环相扣，一个环节提前或延后就可能造成重大损失。例如，小袋子制作过早，存放时间过长，出现黄水或大量原基，会导致袋内菌丝活力减弱，合袋现蕾难度增加，污染严重。合袋时间过晚，会缩短芝柄适宜生长时间，芝柄达不到理想高度就分化出菌盖，出现盆景灵芝整体偏小，芝柄和菌盖比例失调，观赏价值下降。因此，一定要以灵芝适宜生长的时间为重点，向前后推算各环节时间。

（2）减少污染　污染是影响盆景灵芝生产的一个主要问题，主要有合袋污染和嫁接污染。合袋污染会造成大量菌袋浪费，使生产成本大大提高，解决这一问题要严把三关：制袋关、合袋关和场地关。灭菌杀虫消毒工作要彻底，不留死角。嫁接污染与工具清洗不及时有关。还要防止棚内温度过高，嫁接枝恢复期抵抗力弱容易被空气中的细菌污染。

第五节　灵芝的采收与加工

一、灵芝的采收、干制

1. 灵芝的采收

当菌盖边缘黄白色生长点完全消失，不再长大，表面颜色呈现红褐色，并有大量孢子吸附在芝盖上时采收灵芝。采收前停止喷水2～3天，以便芝盖吸附更多孢子和减少芝体含水量。采收时用果树修剪刀从柄基部剪下（图4-55），留芝蒂0.5～1cm，利于灵芝再生。如果直接（徒手）采收，一只手按住灵芝菌柄基部，另一只手轻轻旋转菌柄，千万不可过分伤害菌皮，以免影响第2潮灵芝形成。采收时不要触摸菌盖下方（菌管）表面，以免出现不可除掉的痕迹，影响子实体的商品质量；不触摸碰撞菌盖，以防孢子粉受到损失。将采收的灵芝剪去过长的菌柄摆放在筐内（图4-56），尽量减少挤压。

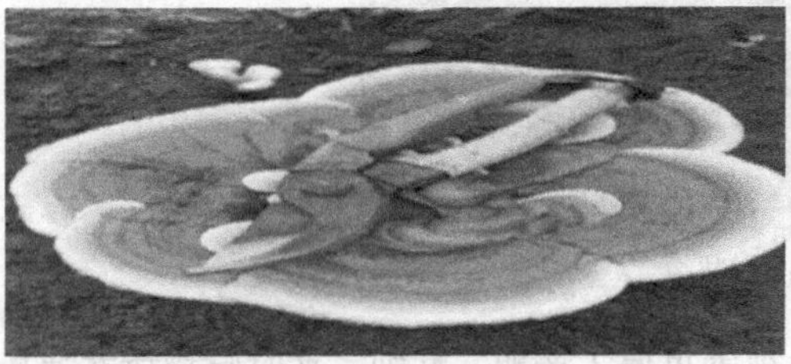

图4-55　采收灵芝

图4-56　灵芝装筐

第一批子实体采收后，停水2～3天，一般在3天后在菌柄截面上又开始形成菌盖，出现第二批芝蕾，按前法进行管理。袋栽灵芝一般可采2潮，主要产量在第一潮芝，当年结束。段木栽培一般可产芝2年，当年收2潮灵芝之后，应将灵芝柄蒂全部摘下，以便于覆土保湿，有利于菌棒安全越冬。当采完最后一批子实体后，清理畦面废物，同时在场地四周施用灭白蚁药，防止白蚁危害，待翌年清明前后，气温稳定在15℃以上时，再清除畦面杂草，重新进行出芝管理。

2. 灵芝的干制

采收的鲜芝不能用手接触子实层面，也不能使子实体挤压擦伤，可用排笔刷下附在灵芝菌盖上的孢子粉，剪去过长的菌柄后，去除泥沙及杂质，排放在晒帘上晒干或烘干。采用晒干方法时要勤翻动，一般4～5天可晒干。烘干时一般应先晒后烘，利用夏季强烈阳光先单个排放在晒帘上晒1～2天，然后集中在50～60℃烘房内烘烤1～2h。如果鲜芝直接烘干，在当天30～40℃下烘干4～5h，最后在55～60℃下烘干1～2h。灵芝干制的折干比为1∶(0.3～0.35)，干灵芝的含水量要降到低于13%，相碰时有响声。干制后的灵芝（见图4-57）要进行分级，用塑料包袋，并在包装袋（箱）内放入防潮剂。

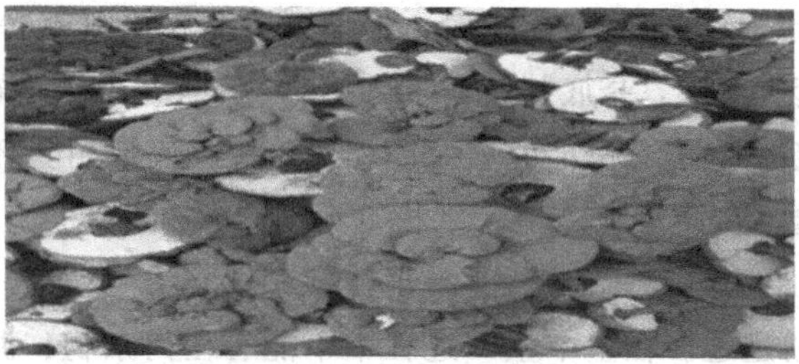

图4-57 晒干的灵芝

二、灵芝孢子粉的采收

灵芝孢子粉褐色或棕红色（图4-58），在600倍的显微镜下只有芝麻大小，状似西瓜子，产量很低，平均每100kg灵芝子实体只能得到5～8kg的孢子粉。灵芝孢子粉凝聚了灵芝的精华，据测定，灵芝孢子粉含有丰富的灵芝多糖、灵芝多肽、三萜类、氨基酸、蛋白质等生物活性物质。经研究证明，段木栽培的灵芝孢子粉在扶正固本、养心安神、调节免疫力、抑制肿瘤、抑杀病毒等方面的功效远远超过灵芝子实体，故有“灵芝是宝，贵在孢子”一说。由于灵芝孢子粉具有很高的经济价值，所以，灵芝孢子粉的收集方法日益受到栽培者的重视。目前收集灵芝孢子粉的方法主要有地膜法、套筒采粉法和利用机械风收集孢子粉的方法。

1. 地膜法

栽培后在每行灵芝中间排放地膜（图4-59），接收降落的孢子粉。在采收灵芝子实体时，用软毛刷把菌盖表面的孢子粉刷入桶内，然后采收孢子粉，采收时只采收地膜粉，下层孢子粉弃之不用。该方法的优点是灵芝整体生长环境操作方便，成本低；缺点是收集的孢子粉中会含有一些沙土，孢子的纯度不够高。

图 4-58　灵芝孢子粉

图 4-59　地膜法

2. 套筒采粉法

（1）套筒时间　当子实体白色边缘基本消失或完全消失，菌盖颜色加深，从菌柄基部开始释放孢子，子实体周围开始出现棕色孢子粉时，应及时套筒盖纸，收集孢子粉。

（2）套筒盖纸法　即将弹射孢子时，地面铺设薄膜（图 4-60），隔离泥土，并及时在灵芝基部套上薄膜，袋底扎紧，袋口朝上，按灵芝的大小在袋内套上透气性好的用曲别针固定的纸筒（无纺布）（图 4-61），薄膜底部用套环固定（图 4-62）。为防止孢子粉逃逸，在筒口上盖上一纸板（无纺布）（图 4-63），盖板与灵芝菌盖要有 5cm 的空隙距离。目前，有的企业在筒口上部统一盖一层黑色薄膜（图 4-64），防止孢子粉逃逸。在整个生产过程中不能有任何杂物、泥沙带入地膜，要保持纸筒（无纺布）干燥。在生产上不用废报纸作为套袋材料，否则会造成铅污染；另外硫酸纸的透光度虽好，但透气性差，也不宜在实际生产中使用。

图 4-60　铺膜（彩图）

图 4-61　放套筒（彩图）

图 4-62　固定好的套筒

图 4-63　筒口上盖上一纸板

图 4-64　盖一层黑色薄膜（彩图）

由于灵芝个体生长速度并不完全一致，因此套筒不能成批进行，只能先成熟者先套筒。套筒操作时，切勿碰伤菌管，以免影响孢子弹射。该方法的优点是收集的孢子粉纯度高，但成本较大。

（3）套筒盖纸后的管理　套筒后灵芝无须喷水，但大棚内地沟要保持湿润不能有积水。在套筒采粉时要十分注意通风，采粉期芝棚两头薄膜需敞开，保持相对空气湿度在75%～80%。温度适宜（22～28℃）时，一般在套筒盖纸的第一周，孢子释放量最多，约占孢子总量的60%以上，孢子释放的时间可长达30～40天。第一次采收在灵芝套筒后40～50天进行，首先打开上面的纸板（无纺布），用干净的毛刷把灵芝上面的孢子粉刷到纸筒里，小心提起小块的地膜，把灵芝孢子粉倒入干净的容器中（期间不能带入任何的杂物和泥沙），然后原样放回地膜和纸筒，盖上纸板继续喷粉（图4-65、图4-66）。第二次采收在9月中旬至10月初，进行孢子粉采收的方法和第一次相同。

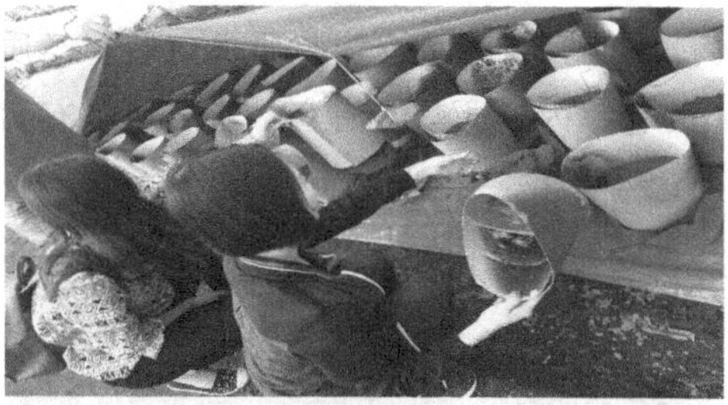

图4-65　取下套筒（彩图）

图4-66　待采收的灵芝孢子粉（彩图）

3. 利用机械风收集孢子粉

（1）时间安排　当灵芝子实体白色边缘完全消失，菌盖颜色加深，菌盖表面灵芝孢子粉比较多时，开启圆筒排风扇回收灵芝孢子粉。

（2）操作要点　在灵芝孢子粉弹射时，在大棚距离地上1m处设备两台换气机器，功率为300W的两台机器就可以供面积为300m^{2}的芝棚运用。在风机的出风口方向套一条长布袋，布袋需求每隔2m处用线、绳将布袋上边拴在大棚上面的杆上，布袋离地面高1.0～1.5m。每天4:00～8:00、17:00～20:00以及阴天全天打开电源，开动风机，形成负压流，采集灵芝孢子粉，吸完后将孢子粉倒入容器内（图4-67）。为了提高收集孢子粉的效率，在收集灵芝孢子粉前，不要喷水，待收集完后再酌情喷水。

图4-67　风机收集（彩图）

（3）特点及存在的问题

① 该方法收集孢子粉的时候

需要关严大棚，比较适合北方大棚栽培灵芝的孢子粉收集。在南方，关严大棚不利于调节大棚的温度与空气相对湿度。

② 该方法需要在大棚内架设电线，存在安全用电问题。

③ 该方法收集灵芝孢子粉省时、省工，但灵芝孢子粉的得率不高，孢子粉中会混有一些灰尘。

三、灵芝孢子粉的加工

灵芝孢子非常微小，有双层坚硬的壁壳，只有打开这层外壁，其有效成分才能更有效地被人体利用吸收。从基地采收的孢子粉，先用 80 目筛除去其中的较大杂质，再用 200 目筛除去较小杂质。除杂后将孢子粉晒干（图 4-68）或用烘干设备烘干到水分不大于 9.0g/100g。然后孢子粉将进入风选工序，除掉杂质、扬尘及不饱满的灵芝孢子。风选后的孢子粉灭菌后通过物料通道进入破壁室，采用低温破壁机进行生产（图 4-69），破壁率不得低于 95%。破壁后的产品按包装要求包装，经质量部检验合格后，存放于通风、干燥、低温的仓库内，严禁与有害、有异味、有腐蚀性的物品混贮，堆放应隔墙离地。

图 4-68　灵芝孢子粉晾晒

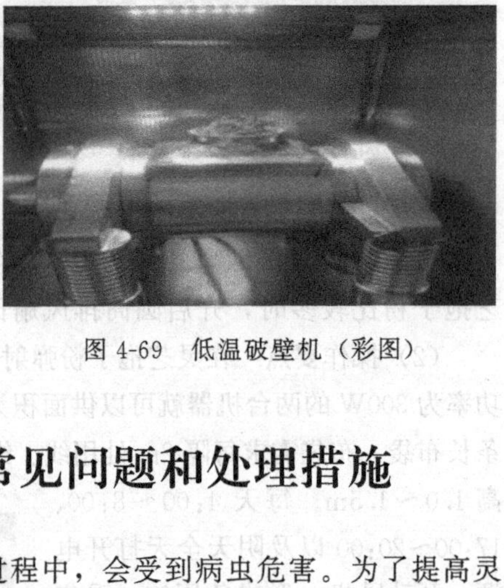

图 4-69　低温破壁机（彩图）

第六节　灵芝栽培中的常见问题和处理措施

灵芝在其生长、发育直到采收整个生产过程中，会受到病虫危害。为了提高灵芝的产量和品质，获得更大的经济效益，掌握病虫害的防治和管理技术是非常必要的。在防治上要遵循“预防为主”的原则，要特别注重无公害问题。灵芝栽培过程中，病虫害主要包括生理性病害、侵染性病害和虫害，侵染性病害和虫害的防治可以参照平菇，下面主要介绍常见生理性病害的防治。

一、灵芝生理性病害

生理性病害也叫非侵染性病害，是指由于非侵染性病原的作用引起的灵芝不能正常新陈代谢而发生的病害。通常是由于生长环境不合适而引起的，如温度、光照、通风、湿度这四大要素及其相互作用而引起的，栽培措施不当也能够引起生理性病害。灵芝的生理性病害主要包括菌丝徒长、菌丝萎缩、畸形芝等，下面分别介绍其发生原因和防治方法。

1. 菌丝徒长

（1）症状　覆土后畦床菌丝长到一定阶段后应由浓密气生状态转入倒伏结菌阶段，若菌丝继续生长而迟迟不倒伏，长时间不出芝，此现象称菌丝徒长。

（2）发生原因

① 没有及时通风或透气时间不够，畦床处于缺氧状态，菌丝生理活动发生紊乱而徒长；

② 畦床所处环境相对湿度太大，气生菌丝不倒伏；

③ 菌丝没有发育成熟，过早进行覆土，使菌丝在畦床上继续旺盛徒长；

④ 培养料中含氮比例过高，易造成菌丝徒长。

（3）防治方法

① 培养料栽培配方中含氮量适当，常用的麸皮或米糠一般不超过 20%，以免菌丝徒长；

② 菌丝体培养成熟后再进行覆土出芝；

③ 注意通风透气，降低畦床水分湿度，控制菌丝徒长；

④ 可用 1%～3%的石灰水喷洒畦床，待表面稍干后再覆盖树枝等遮盖物，也可防止菌丝徒长。

2. 菌丝萎缩

（1）症状　菌棒覆土后迟迟不萌发或萌发后生长不良，慢慢萎缩，或头批芝产出后出现菌丝萎缩，影响产量。

（2）发生原因

① 畦床覆盖物太薄，进床后温度过高，发生烧菌，导致菌丝萎缩；

② 培养料水分过高，引起菌丝自溶；

③ 菌种质量太差，抗逆性差，经不起不良环境的刺激；

④ 畦床环境缺氧，菌丝生理活动受阻导致萎缩。

（3）防治方法

① 选用优质菌种；

② 因水分、温度等条件引起的菌丝萎缩，可重新覆埋菌棒进行补救；

③ 注意畦床水分、温度的调节，注意通风换气。

3. “蜡烛”芝

（1）症状　原基分化后，芝体各部分分化不正常，只向上伸长，不长菌盖，形似“蜡烛”。

（2）发生原因

① 品种选择失误或栽培季节不适；

② 温度过低，湿度过低，不适于原基的生长；

③ 芝房或畦床通风不良，高度缺氧，光线太暗。

（3）防治方法

① 选择适宜温型的优良菌种，老龄退化的菌种不宜使用；

② 空气相对湿度保持在80%～90%，但畦床不能积水；

③ 温度要保持在24～28℃，不能太高，也不能太低；

④ 光线不能太暗，否则会影响子实体生长。

4. 鹿角芝

（1）症状　灵芝子实体生长发育不能形成正常的芝盖及菌柄，而菌柄不断分叉，形似鹿角状（图4-70），没有或很少有菌孔，严重影响产量和质量。

（2）发生原因

① 通风不良、氧气不足、二氧化碳浓度过高（超过1%）；

② 光照方向和受光量经常改变或光照不足时，就会促使芝柄不断分芝，抑制芝盖形成，出现鹿角状灵芝；

③ 如果温度低于20℃或高于30℃，空气相对湿度低于80%，也会影响灵芝正常生长而形成鹿角状灵芝。

（3）防治方法　灵芝子实体生长期间，要保持适宜的温度（25～28℃）、稳定的湿度（85%～95%）、充足的氧气、较低的二氧化碳浓度（小于0.1%）、适当的散射光（300～1000lx）等生长发育条件，可避免形成鹿角状畸形灵芝。

5. 连体芝

（1）症状　芝盖左右相连（图4-71），相互重叠而形成连体芝，形状多不整齐、不圆正，降低品质，失去商品价值。

（2）发生原因　出芝时袋与袋排放太挤、间距太小，致使芝盖彼此相连。

图4-70　鹿角状分枝（彩图）

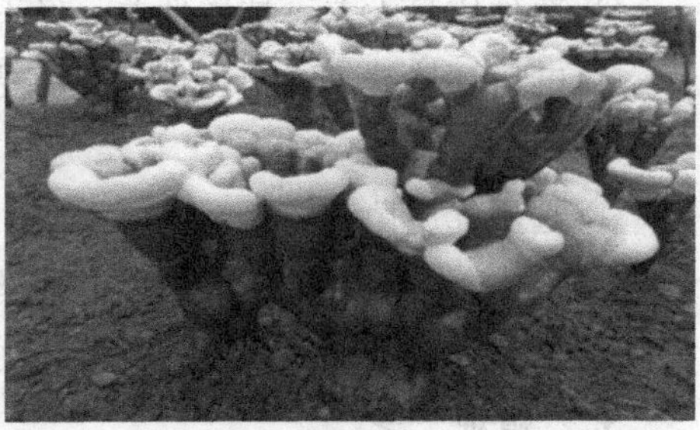

图4-71　连体芝（彩图）

（3）防治方法　袋栽灵芝出芝排袋时，为避免连体芝的发生，可在摞袋时层与层之间放竹竿，袋与袋之间留5～7cm的间距。一头解开开口，控制栽培袋一头出芝；另一头不解开口，不出芝，这样拉大芝盖的距离，就可避免连体灵芝的发生。

二、灵芝侵染性病害、虫害的防治

灵芝的侵染性病害主要有细菌感染（图4-72）、霉菌感染（图4-73）等，在灵芝生长期，天气阴雨连绵时，环境通风不良，菌盖上容易被细菌、霉菌感染。因此，在病害防治中，除了做好环境的消毒工作外，还要防止环境温度过高，加强通风透气，在栽培措施上预防侵染性病害的发生。

图4-72　细菌感染（彩图）

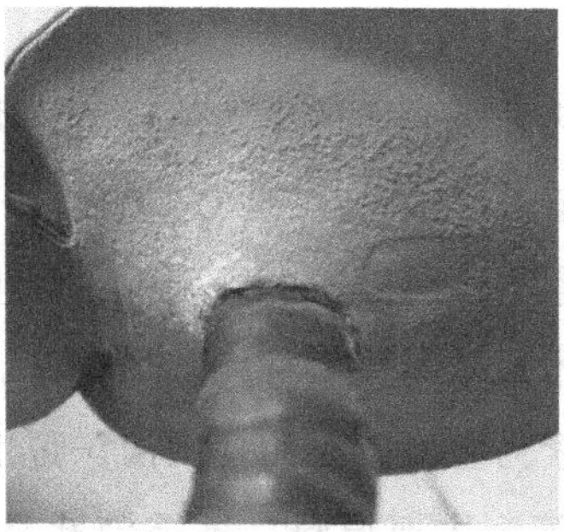

图4-73　霉菌感染（彩图）

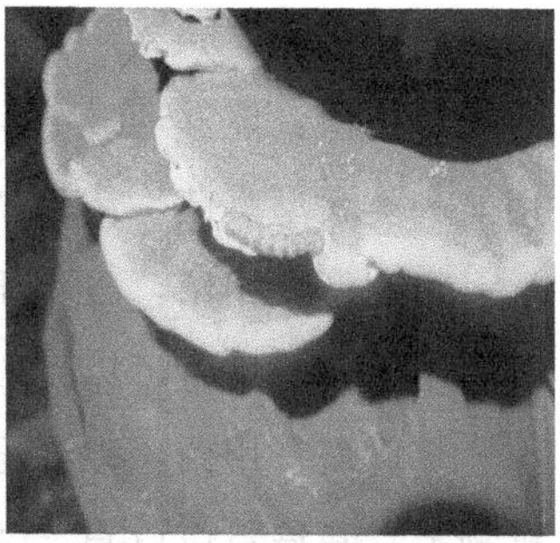

图4-74　虫害（彩图）

危害灵芝的害虫主要有白蚁、螨类等，在灵芝生长期，它们啃食灵芝，刚开始害虫只是啃食灵芝幼嫩部位表面，随后爬进灵芝的内部继续啃食，在灵芝表面留下孔洞，不仅影响灵芝的美观，还会在灵芝内部长时间停留继续为害（图4-74）。虫害防治要加强环境卫生条件，及时处理废料和污染袋，耳场周围不要有垃圾场和易腐败物质，在灵芝菌盖展开后要每天检查，发现害虫及时处理，把损害降到最低。可在出芝场地安装纱门、纱窗或防虫网，防止成虫飞入，场地内吊挂粘虫板或电子杀虫灯，进行物理防治。利用在栽培场四周开沟，撒生石灰防止土生白蚁侵入；同时结合人工捕捉（人工捕杀蜗牛），保证灵芝生产不受病虫危害，使灵芝产品真正实现无害化。灵芝作为高端产品，对病虫害管理要求较严格，不允许有农药残留，要特别注重无公害问题。尽量使用植物源农药和微生物农药等防治病虫害，如喷洒0.1%的鱼藤精防治跳虫。采取化学防治时，要选用无公害药剂科学用药，并且在无芝时进行。白蚁防治采用灭蚁药粉诱杀为妥，溴氰菊酯稀释1500倍液防治菇蝇，克螨特稀释500倍液防治菇螨。

附 录

附录1 名词注释

食用菌：能够形成大型肉质或胶质的子实体或菌核类组织并能供人们食用或药用的一类大型真菌，俗称“蘑菇”或“菇”“蕈”。

木腐型食用菌：以木质素为主要碳源的食用菌。野生条件下生长在死树、断枝等腐木上，栽培时可以用段木或木屑等做材料，如香菇、木耳、灵芝等。

草腐型食用菌：以纤维素为主要碳源的食用菌。野生条件下生长在草、粪等有机物上，栽培料应以草、粪等为主要原料，不需消耗林木资源，如双孢菇、姬松茸、草菇等。

菌丝体：食用菌的孢子吸水膨大，长出芽管，芽管不断分枝伸长形成管状的丝状群，通常将其中的每一根细丝称为菌丝。菌丝前端不断地生长、分枝并交织形成菌丝群，称为菌丝体。

子实体：子实体是由已分化的菌丝体组成的繁殖器官，是食用菌繁衍后代的结构，也是人们主要食用的部分。伞菌的子实体的形态、大小、质地因种类的不同而异，但其基本结构相同，典型的子实体是由菌盖、菌褶、菌柄和菌托等组成。

菌种：人工培养并可供进一步繁殖或栽培使用的食用菌菌丝体，常常包括供菌丝体生长的基质在内，共同组成繁殖材料。优良的菌种是食用菌优质、高产的基础，对食用菌生产的成败、经济效益的高低起着决定性作用。

母种（一级种）：是指在试管上培养出的菌种，是采用孢子分离或子实体组织分离获得的纯菌丝体。再经出菇实验证实具有优良性状，具有生产价值的菌株。

原种（二级种）：是将母种接到无菌的棉籽壳、木屑、粪草等固体培养基上所培养出来的菌种，二级种常用瓶培养，以保持较高纯度。二级种主要用于菌种的扩大生产，有时也作为生产种使用，如猴头菇、金针菇用二级种作生产种。

栽培种（三级种）：由原种转接、扩大到相同或相似的培养基上培养而成的菌丝体纯培养物，直接应用于生产栽培的菌种，也称三级菌种。三级种可用瓶作容器培养，也可用耐高温塑料袋作为容器培养。

碳源：指供应食用菌细胞的结构物质和代谢能量的物质，是构成细胞和代谢产物中碳骨架来源的营养物质。食用菌的碳源物质有：纤维素、半纤维素、木质素、淀粉、果胶、戊聚糖类、有机酸、有机醇类、单糖、双糖及多糖类物质。

氮源：指能被食用菌吸收利用的含氮化合物，是合成食用菌细胞蛋白质和核酸的主要原料。食用菌的氮源物质有：蛋白胨、氨基酸、酵母膏、尿素等。

碳氮比：培养料中碳的总量与氮的总量的比值，它表示培养料中碳氮浓度的相对量。一般食用菌的营养生长阶段的碳氮比为 20∶1，而生殖阶段碳氮比为（30～40)∶1，但是不同的食用菌要求最适碳氮比不同。

变温结实：食用菌形成原基和子实体时，其生长环境的温度必须有较大的温差变化，这种食用菌的出菇方式就是变温结实，常见的变温结实食用菌有香菇、金针菇、平菇等。

恒温结实：子实体分化时不要求温度的变化，变温刺激对子实体分化无促进作用。常见的恒温结实食用菌有木耳、灵芝、猴头菇、草菇、大肥蘑菇等。

灭菌和消毒：灭菌是用物理或化学的方法杀死全部微生物。消毒是用物理或化学的方法杀死或清除微生物，或抑制微生物的生长，从而避免其危害。

常压灭菌：是将灭菌物放在灭菌器中蒸煮，待灭菌物内外都升温至 100℃时，视灭菌容器的大小维持 12～14h。此法特别适合大规模塑料袋菌种或熟料栽培菌筒的灭菌。

高压灭菌：用高温加高压灭菌，不仅可杀死一般的细菌，对细菌芽胞也有杀灭效果，是最可靠、应用最普遍的物理灭菌法。高压蒸汽灭菌主要用于母种培养基灭菌，也可用于原种和栽培种培养料灭菌。一般琼脂培养基用 121℃(压力1kgf/cm^2)、30min，木屑、棉籽壳、玉米芯等固体培养料 126℃（压力 1.5kgf/cm^2)、1～1.5h，谷粒、发酵粪草培养基 2～2.5h，有时延长至 4h。

生料栽培：培养料不经过灭菌处理，直接接种菌种从而栽培食用菌的栽培方法。

发酵料栽培：将食用菌培养料经过堆制发酵处理后再接种栽培的叫发酵料栽培。发酵料栽培是介于生料栽培和熟料栽培两者之间的方法，也称半生料栽培。

熟料栽培：以经过高压或常压灭菌后的培养料来生产栽培食用菌，这种栽培方式称为熟料栽培。

勒克斯：也叫米烛光，简称勒，用 lx 表示。亮度单位，指距离一支标准烛光源 1m 处所产生的照度。在正常电压下，普通电灯 1W 的功率相当 1 烛光，或 1lx。如 100W 的电灯，1m 处的光照度为 100 烛光，或者 100lx。

空气相对湿度：表示空气中的水汽含量和潮湿程度的物理量，测定常用干湿球温度计。干湿球温度计是应用干湿温差效应的一种气体温度计，又称温湿度计，用来观察温度和空气相对湿度。

酸碱度：水溶液中氢离子浓度的负对数，用 pH 值表示。酸碱度的应用范围在 1～14 之间。pH 7.0 为中性，小于 7.0 为酸性，大于 7.0 为碱性，pH 值愈小，酸性愈大，pH 值愈大，碱性愈大。

生物学效率：鲜菇质量与所用的干培养料的质量百分比。如 100kg 干培养料生产了 80kg 新鲜食用菌，则这种食用菌的生物学效率为 80%，生物学效率也称为转化率。

附录 2　常用主辅料碳氮比（C/N）

类别	原料名称	C 含量/%	N 含量/%	C/N	类别	原料名称	C 含量/%	N 含量/%	C/N
草料	麦草	46.5	0.48	96.9	粪肥	马粪	12.2	0.58	21.1
	大麦草	47.0	0.65	72.3		黄牛粪	38.6	1.78	21.7
	玉米秆	46.7	0.48	97.3		奶牛粪	31.8	1.33	24.0
	玉米芯	42.3	0.48	88.1		猪粪	25.0	2.00	12.5
	棉籽壳	56.0	2.03	27.6		羊粪	16.2	0.65	25.0
	葵籽壳	49.8	0.82	60.7		干鸡粪	30.0	3.0	10.0
农产品下脚料	麸皮	44.7	2.20	20.3	化肥	尿素 $CO(NH_2)_2$		46.0	
	米糠	41.2	2.08	19.8		碳酸氢铵 NH_4HCO_3		17.5	
	豆饼	45.4	6.71	6.76		碳酸铵 $(NH_4)_2CO_3$		12.5	
	菜籽饼	45.2	4.60	9.8		硫酸铵 $(NH_4)_2SO_4$		21.2	
	啤酒糟	47.7	6.00	8.0		硝酸铵 NH_4NO_3		35.0	

附录3　培养基含水量计算表

培养基含水率/%	100kg干料应加入的水/kg	料水比（料∶水）	培养基含水率/%	100kg干料应加入的水/kg	料水比（料∶水）
50.00	74.00	1∶0.74	58.00	107.10	1∶1.07
50.50	75.80	1∶0.76	58.50	109.60	1∶1.10
51.00	77.60	1∶0.78	59.00	112.20	1∶1.12
51.50	79.40	1∶0.79	59.50	114.80	1∶1.15
52.00	81.30	1∶0.81	60.00	117.50	1∶1.18
52.50	83.20	1∶0.83	60.50	120.30	1∶1.20
53.00	85.10	1∶0.85	61.00	123.10	1∶1.23
53.50	87.10	1∶0.87	61.50	126.00	1∶1.26
54.00	89.10	1∶0.89	62.00	128.90	1∶1.29
54.50	91.20	1∶0.91	62.50	132.00	1∶1.32
55.00	93.30	1∶0.93	63.00	135.10	1∶1.35
55.50	95.50	1∶0.96	63.50	138.40	1∶1.38
56.00	97.70	1∶0.98	64.00	141.70	1∶1.42
56.50	100.00	1∶1.00	64.50	145.10	1∶1.45
57.00	102.30	1∶1.02	65.00	148.80	1∶1.49
57.50	104.70	1∶1.05	65.50	152.20	1∶1.52

注：风干培养料含结合水以13%计。每100kg干料应加入水的计算公式如下：

$$100\text{kg干料应加入的水(kg)}=\frac{\text{含水量}-\text{培养料结合水}}{1-\text{含水率}}\times 100\%$$

附录4　常见病害的药剂防治

药品名称	使用方法	防治对象
石炭酸	3%～4%溶液环境喷雾	细菌、真菌
甲醛	环境、土壤熏蒸，患部注射	细菌、真菌
新洁尔灭	0.25%水溶液浸泡、清洗	真菌
高锰酸钾	0.1%药液浸泡消毒	细菌、真菌
硫酸铜	0.5%～1%环境喷雾	真菌
波尔多液	0.1%药液环境喷雾	真菌
石灰	2%～5%溶液环境喷洒，1%～3%比例拌料	真菌

续表

药品名称	使用方法	防治对象
漂白粉	0.1%药液环境喷洒	真菌
来苏儿	0.5%～0.1%环境喷雾;1%～2%清洗	细菌、真菌
硫黄	环境熏蒸消毒	细菌、真菌
多菌灵	稀释800倍药液喷洒,0.1%比例拌料	真菌
苯来特	稀释500倍药液拌土;稀释800倍药液拌料	真菌
百菌清	0.15%药液环境喷雾	真菌
代森锌	0.1%药液环境喷洒	真菌
克霉灵	稀释100倍拌料,稀释30～40倍注射或喷雾	细菌、真菌

附录5 常见虫害的药剂防治

药剂名称	使用方法	主要防治对象
石炭酸	3%～4%溶液环境喷雾	成虫、虫卵
甲醛	环境、土壤熏蒸	线虫
漂白粉	0.1%药液环境喷洒	线虫
硫黄	小环境燃烧	成虫
40%速敌菊酯	稀释1000倍药液喷雾	菇蝇、跳虫
10%氯氰菊酯	稀释2000倍药液喷雾	菇蝇
80%敌百虫	稀释1000倍药液喷雾	菇蝇
20%速灭杀丁	稀释2000倍药液喷雾	菇蝇
25%菊乐合酯	稀释1000倍药液拌土	菇蝇、跳虫
除虫菊粉	稀释20倍药液喷雾	菇蝇
鱼藤精	稀释1000倍药液喷雾	菇蝇、跳虫、鼠妇
氨水	小环境熏蒸	菇蝇、螨类
73%克螨特	稀释1200～1500倍药液喷雾	螨类

附录6 菌种生产管理表格

1. 母种生产管理表格

(1) 母种培养基制作记录表

配方	溶液体积/mL	试管数量/支	灭菌条件		制作日期	记录人	检查人
			时间/min	温度/℃			

(2) 母种菌种生长状况记录表

母种名称	培养设备及温度/℃	检测数量/支	长满时间/d	长势	生长速度/(mm/d)	检查时间	记录人	检查人

2. 原种、栽培种生产管理表格

(1) 原种、栽培种培养基制作记录表

配方	袋或瓶规格		装袋或瓶数量/个		灭菌条件		制作日期	记录人	检查人
	袋规格	瓶规格	装袋数量	装瓶数量	时间/min	温度/℃			

(2) 原种、栽培种培养记录表

菌种名称	培养设备及温度/℃	检测数量/瓶或袋	长满时间/d	长势	生长速度/(cm/d)	检查时间	记录人	检查人

附录7 车间安全生产操作规程

① 生产现场所有工作人员必须穿工作服，佩戴工作帽，穿劳保鞋，不允许穿拖鞋、高跟鞋。

② 电器控制中的紧急开关，除发现重大的设备隐患及危害人身安全时不得随意使用。故障排除后，谁停机、谁启动。故障停止按钮、手动开关、安全开关及安全警示牌，谁操作、谁恢复。

③ 设备检查、设备检修或设备清洁保养时，操作者应首先关闭电源开关并把安全警示牌挂在控制盘上。

④ 设备运转中不得打扫运转部分的卫生。不得打开安全防护门。不得用手、

脚直接接触运转设备，不得野蛮操作设备。

⑤ 各岗位在生产结束或日保养完成后，关闭水、气、原料管道开关，车间下班后班组长、车间主任负责安全检查，断电、关窗、锁门，确保安全后才可离开。

⑥ 设备运转后严禁拆开保护罩，发生物料堵塞必须停机，待完全停机后，方可排除故障。

⑦ 机器运转时，如发现运转不正常或有异常声音，应立即停车并及时通知电动维修人员，不得擅动。故障排除后方可开机使用。

⑧ 严禁在生产现场及更衣室等非吸烟场所吸烟，生产中在岗工作人员不得擅自脱岗吸烟。

⑨ 开机前检查信号和设备部件是否正常，机器各部件和安全防护装置是否安全可靠，润滑是否良好，机器周围地面有无杂物，各参数是否符合工艺要求。

⑩ 维修设备结束后，通知操作人员，必须经试运转正常后方可投入使用，并跟踪带料后的运转情况。并对维修现场进行清理，现场严禁存留螺栓、油污、棉丝等杂物。各种防护罩必须立即装上，没有的要立即装配齐全。

⑪ 车间突然停电时，所有人员应该立即停止正在进行的工作，关闭正在使用的水、压缩空气阀门等设备开关，来电后统一恢复。

⑫ 进厂新员工必须经三级安全培训，合格后方可单独上岗作业。

⑬ 水、电混用一起操作时，必须断电后再操作。

⑭ 员工有权拒绝危险性操作。

附录8　食用菌生产中农药使用的安全性原则

对食用菌生产中遇到的病虫害进行化学药剂防治遵循农药使用的安全性原则，符合营养学和医药学双重标准的要求，严格执行《中华人民共和国农药管理条例》，是现代农业发展与产品市场准入的基本要求与必然趋势。应该做到以下几点：

(1) 用药前应先熟悉农药性质　应了解杀虫剂和杀菌剂两大类的区别，分别用于防治虫害和病害，不能互换；杀螨剂不能替代杀线虫剂；要熟悉农药的理化性质、作用特点、使用方法、合适的浓度与喷洒时间等。

(2) 要对症下药　如发生眼蕈蚊、粪蚊可喷稀释500倍的敌百虫；敌敌畏具有熏杀和触杀作用，对菇蝇类的成虫、幼虫和跳虫有特效，但对螨类杀伤力差。

(3) 使用合理浓度　要根据药剂种类、病虫害、食用菌不同生长阶段，选用用药浓度。一般播种前堆料及菇房物料消毒用药范围和浓度相对大一些，播种后及出菇前用药要控制在安全范围之内，子实体阶段浓度更低一些。

(4) 菇期禁用农药　注重菇前预防，并为食用菌生长创造优良的环境，增强本身抗病能力。必须用药时，要选在出菇前，或将菇采净。因为食用菌栽培周期短，药物容易残留而引起食物中毒，进而会对产品的流通与消费产生严重影响；而且这些农药也会对食用菌产生药害。

（5）尽可能选用植物性药剂和微生物制剂　微生物杀菌剂具有广谱、安全、无公害特点，如农用链霉素、春雷霉素、多氧霉素、科生霉素、增产素等微生物农药。植物源农药，如茶籽饼、烟茎、除虫菊、苦皮藤、鱼藤精、草木灰、辣椒水等植物制剂，既能防治病虫害，又不污染环境和毒害人畜，而且对害虫不产生抗药性。

（6）用高效低毒低残留的药剂　常用的杀菌剂有多菌灵、百菌清、克霉灵、代森锰锌、（甲基）托布津、波尔多液、石硫合剂和硫黄粉等；常用的杀虫剂有杀灭菊酯、磷化铝、杀螨特等。

（7）禁用剧毒高残留农药　无论是拌料、堆料或是菇房防治，严禁选用剧毒的、残留期长的有机汞、有机磷等药剂。国家明文禁用的砷酸铅、氟乙酸钠、杀虫脒、甲胺磷、甲基1605、DDT、久效磷、对硫磷、氧化乐果、溃疡净、三氯杀螨醇、克百威、呋喃丹、西力生、砒霜、毒杀芬等一切氯制剂农药及剧毒和高残留农药都不得使用。

（8）不同药剂交替使用　可避免病菌、害虫产生抗药性而降低药效。

（9）保护天敌　在虫害防治过程中，应注意对害虫天敌的保护。

（10）注意人身安全　如磷化铝遇水生成的磷化氢穿透力强，对眼蕈蚊、粪蚊、跳虫、线虫等的防治效果很好，且无残毒、广谱、高效，但其本身有剧毒，熏蒸操作时要戴防护面具，操作人员要2人以上，确保人身安全。

参 考 文 献

[1] 杨新美．中国食用菌栽培学［M］．北京：中国农业出版社，1988.
[2] 黄毅．食用菌栽培（上、下册）［M］．北京：高等教育出版社，1998.
[3] 曹德宾．绿色食用菌标准化生产与营销［M］．北京：化学工业出版社，2004.
[4] 陈士瑜．食用菌栽培新技术［M］．北京：中国农业出版社，2003.
[5] 潘崇环，孙萍．新编食用菌图解［M］．北京：中国农业出版社，2006.
[6] 李洪忠，牛长满．食用菌优质高产栽培［M］．沈阳：辽宁科学技术出版社，2010.
[7] 崔颂英．食用菌生产与加工［M］．北京：中国农业大学出版社，2007.
[8] 刘建华，张志军．食用菌保鲜与加工实用新技术［M］．北京：中国农业出版社，2010.
[9] 黄年来．中国食用菌百科［M］．北京：中国农业出版社，1993.
[10] 张金霞．无公害食用菌安全生产手册［M］．北京：中国农业出版社，2008.
[11] 刘俊杰．香菇半熟料菌柱栽培新技术图解［M］．北京：中国农业出版社，2008.
[12] 刘永昶，王德林，刘永宝．黑木耳无公害栽培实用新技术［M］．北京：中国农业出版社，2009.
[13] 冯景刚．香菇栽培实用技术彩色图解［M］．沈阳：辽宁科学技术出版社，2011.
[14] 张介驰．黑木耳栽培实用技术［M］．北京：中国农业出版社，2011.
[15] 应国华．丽水香菇栽培模式［M］．北京：中国农业出版社，2006.
[16] 吴尚军，贺国强．设施香菇、平菇实用栽培技术集锦［M］．北京：中国农业出版社，2014.
[17] 吕作舟，蔡衍山．食用菌生产技术手册［M］．北京：中国农业出版社，1995.